宏大爆破技术丛书

露天煤矿火区高温爆破

束学来　谢守冬　郑炳旭　著

北　京
冶　金　工　业　出　版　社
2019

内 容 提 要

本书共分为 10 章，主要内容包括：高温爆破技术发展现状、存在问题以及相关法规；高温爆破测温仪器及其使用方法；高温炮孔降温技术及注水降温工艺；爆破器材耐热性能及隔热包装；煤矿火区爆破安全分析；煤矿火区爆破技术和施工组织；其他高温爆破相关技术；高温爆破自动装药装置以及高温爆破的前沿技术和发展方向等。

本书可以供大学师生、研究院所的研究人员以及火区爆破、高温环境爆破工程设计、施工组织的技术、管理人员阅读，还可作为火区爆破作业人员培训的教学用书。

图书在版编目 (CIP) 数据

露天煤矿火区高温爆破/束学来，谢守冬，郑炳旭著. —
北京：冶金工业出版社，2019. 10
（宏大爆破技术丛书）
ISBN 978- 7- 5024- 8244- 2

Ⅰ.①露…　Ⅱ.①束…　②谢…　③郑…　Ⅲ.①露天
开采—煤矿开采—爆破技术　Ⅳ.①TD824. 2

中国版本图书馆 CIP 数据核字 （2019） 第 205183 号

出 版 人　谭学余
地　　址　北京市东城区嵩祝院北巷 39 号　邮编　100009　电话　(010)64027926
网　　址　www.cnmip.com.cn　电子信箱　yjcbs@cnmip.com.cn
责任编辑　王梦梦　程志宏　美术编辑　吕欣童　版式设计　孙跃红
责任校对　卿文春　责任印制　牛晓波
ISBN 978-7-5024-8244-2
冶金工业出版社出版发行；各地新华书店经销；三河市双峰印刷装订有限公司印刷
2019 年 10 月第 1 版，2019 年 10 月第 1 次印刷
169mm×239mm；16.25 印张；317 千字；250 页
68.00 元
冶金工业出版社　投稿电话　(010)64027932　投稿信箱　tougao@cnmip.com.cn
冶金工业出版社营销中心　电话　(010)64044283　传真　(010)64027893
冶金工业出版社天猫旗舰店　yjgycbs.tmall.com
（本书如有印装质量问题，本社营销中心负责退换）

前　　言

煤矿火区在我国的宁夏、内蒙古、西藏等地区常见，但受限于高温爆破的危险性，目前在高温爆破实施的过程中还主要致力于施工管理，在技术方面发展较缓慢，更没有从安全管理、测温、降温、隔热、爆破器材选择、施工组织等全方位形成系统的技术规范，因此还不能对高温爆破进行有效指导，导致高温爆破始终存在的不可预测的危险难以解除，如宁夏大峰矿露天爆破 2007 年和 2008 年的两次爆破事故，造成了 30 人死亡，此外爆破效率和爆破质量没法保证，严重制约了目前煤矿高温火区煤层的开采速度，造成资源的浪费和环境的污染，与绿色矿山理念的实现具有较大差距。

宏大爆破有限公司自 2007 年接触煤矿高温爆破以来，投入大量人力、物力，并借助高校和科研院所的科研力量，将高温爆破研究内容细化，逐一攻关。在将近 10 年的努力下，功夫不负有心人，煤矿高温爆破取得了一系列突破，尤其是在发明 GW 新型热电偶测温仪实现炮孔的精确、快速测温前提下，在掌握爆破器材耐热性能和研发 A 型导爆索隔热套筒的基础上，将炮孔降温设计温度从 60℃ 以下提高至 130℃，并得出注水降温指导时间，极大地减少了注水降温时间和注水量，在缺水地区水源供应受限条件下，将注水降温爆破效率提高了 2~4 倍。此外研制的 B 型导爆索隔热套筒和 B 型炸药隔热套筒，因具有隔热效果优良、抗冲击、抗摩擦等优点，实现了高温炮孔无需注水，即可快速爆破的目的。B 型导爆索隔热套筒和 B 型炸药隔热套筒的耐热性能可以通过改变其组成和厚度而进行调整，理论上对任何温度炮孔都可进行隔热爆破。除了上述研究成果外，宏大爆破有限公司还发明了自动装药装置、探索了机械破碎和强挖等技术，实现高温爆破的无人化，具有本质安全性。

在宁夏大石头等煤矿火区，宏大爆破有限公司通过综合使用上述高温爆破技术，一方面保障了爆破的安全，另一方面实现了高温岩石的快速剥离，远超计划时间，与同类型矿山相比，实现煤矿火区煤层安全高效开采，并为火区资源开发带来巨大的经济效益。

本书由束学来、谢守东、郑炳旭所著，在写作过程中得到了刘殿中、李战军、郭子如、崔晓荣和林谋金等专家的指导与帮助，在此向他们致以谢意。

由于当前国内尚未有一部系统介绍煤矿火区高温爆破的著作，作者根据自己在工作实践中的经验教训，结合研究、学习、施工组织管理的体会，写成此书，希望本书的出版能为高温爆破事业的发展尽自己的绵薄之力，同时也起到抛砖引玉的作用。

作 者

2019 年 5 月

目　录

第1章 概　　述

高温爆破是指炮孔温度高于 60℃的爆破作业。我国《爆破安全规程》（GB 6722—2014）[1,2]中明确规定：温度低于 80℃时，应选用耐高温爆破器材或隔热防护措施，温度超过 80℃时，必须对爆破器材采取隔热防护措施。炸药与起爆器材在高温下不稳定的特点，决定了高温爆破与常规爆破有区别，由高温引起的爆破安全事故时有发生，高温环境确实成为爆破工作的安全隐患。我国的爆破和科研工作者为高温爆破的发展进行许多年努力研究，并取得了一系列非常可喜的成绩，这些都为我国爆破事业的发展起到了积极的推动作用。

1.1 高温爆破相关规定

《爆破安全规程》（GB 6722—2014）对高温爆破做出了相关规定。

1.1.1 一般规定

《爆破安全规程》对高温爆破的规定包括：

（1）高温爆破作业人员应经过专门培训，且形成固定搭配。

（2）高温爆破温度低于 80℃时，应选用耐高温爆破器材或隔热防护措施，温度超过 80℃时，必须对爆破器材采取隔热防护措施。

（3）装药前应测定工作面与孔内温度，掌握孔温变化规律；温度计应进行标定，确保测温准确。

（4）高温爆破作业面附近的非爆破工作人员，应在装药前全部撤离。

（5）装药时，应按从低温孔到高温孔的顺序装药；在既有高温孔又有常温孔的爆区，应先把常温孔装填好之后，再实施高温孔装药。

（6）装药时，应根据孔温限定装药至起爆的时间，并做好人员应急撤离方案，在限定时间内所有人员撤离到安全地点。

（7）装药时，应安排专人监督，发现炮孔逸出棕色浓烟等异常现象时，应迅速组织撤离。

1.1.2 高温岩石爆破

高温岩石爆破的规定包括：

（1）装药前应做好以下准备工作：

1）降低炮孔温度。

2）测温并掌握温度上升规律。

3）爆破器材隔热防护。

（2）降温应遵守以下规定：

1）每次降温后，应重新测量孔深并监测升温过程，如果炮孔变浅或坍塌，应及时调整该炮孔及其周围炮孔的装药量。

2）对回温较快的炮孔应采取进一步的降温措施，并注意观测温度变化。

3）装药前爆破员要对炮孔的温度、孔深进行测量并做好记录。

（3）装药前的测温应遵守以下规定：

1）测温应两人同时进行，并在装药前将孔温在现场标注清楚。

2）测温应使用两种不同类型的测温仪同时进行，并分别做好记录。

（4）露天台阶高温爆破应采用垂直炮孔。

（5）高温爆破时不得在高温炮孔内放置雷管，应采用孔内敷设导爆索、孔外使用电雷管和导爆管雷管的起爆方式；应将导爆索捆在起爆药包外，不得直接插入药包内。

（6）应严格控制一次高温爆破的炮孔数目，确保在规定的时间内完成装药、填塞及起爆工作。

（7）高温孔的装药应在炮孔的填塞材料全部备好，所有作业人员分工明确并全部到位，孔外起爆网路全部连接好后进行。

（8）在装药过程中如发生堵孔，在规定时间内不能处理完毕，应立即放弃该孔装药，并注意观察。

1.1.3 高温高硫矿山爆破

高温高硫矿山爆破的规定包括：

（1）高温高硫矿山爆破应遵守《爆破安全规程》中9.2条款的规定。

（2）高温高硫矿（岩）的大规模爆破应选用稳定性高、不易自燃自爆的炸药；在矿岩与常用炸药接触有较强反应的区域进行爆破作业时，应使用防自燃自爆的安全炸药。

（3）高温高硫矿（岩）的爆破，应尽量避免炸药与高温高硫矿石接触，应控制药包与炮孔壁的接触时间，必要时采取隔离措施。

（4）在具有硫尘或硫化物粉尘爆炸危险的矿井进行爆破时，应遵守下列规定：

1）定期测量粉尘浓度。

2）不许采用裸露药包爆破和无填塞的炮孔爆破，炮孔填塞长度应大于炮孔全长的1/3，并应大于0.3m。

3）装药前，工作面应洒水：浅孔爆破时，10m 范围内均应洒水；深孔爆破时，30m 范围内均应洒水。

4）爆破作业人员应随身携带自救器，使用防爆蓄电池灯照明。

（5）在高温高硫矿井爆破时，应遵守下列规定：

1）应使用加工良好的耐高温防自爆药包，且药包不应有损坏、变形。

2）装药前应测定工作面与孔内温度，孔温不应高于药包安全使用温度。

3）爆前、爆后应加强通风，并采取喷雾洒水、清洗炮孔等降温措施。

4）用导爆索起爆时，应采用耐高温高强度塑料导爆索。

5）不应使用含硫化矿的矿岩粉作填塞物。

6）孔内温度为 60~80℃时，应控制装药至起爆的间隔时间不超过 1h。

7）孔内温度为 80~120℃时，应用石棉织物或其他绝热材料严密包装炸药，采用防热处理的导爆索起爆，装药至起爆的间隔时间应通过模拟试验确定。

8）孔内温度超过 120℃时，应采用特种耐高温爆破器材。

（6）在高硫矿井使用硝铵类炸药进行爆破，应事先测定硫化矿矿粉含硫量和铁离子浓度。当矿石含硫量超过 30%，矿粉硫酸铁和硫酸亚铁的铁离子浓度之和（三价铁和二价铁）超过 0.3%，作业面潮湿有水时，应遵守下列规定：

1）清除炮孔内矿粉。

2）炸药应包装完好，炸药不应直接接触孔壁。

3）不应使用硫矿渣填塞炮孔并严格控制装药至起爆的时间。

（7）在同时具有高温、高硫和硫尘爆炸危险的矿井爆破时，应根据实地情况，制定操作细则并采取可靠的安全防护措施。

（8）具有自燃自爆倾向的露天高温高硫矿山爆破应遵守以下规定：

1）爆前应实测炮孔温度，对高温炮孔应遵守《爆破安全规程》中 9.3.5、9.3.6、9.3.7 等条款的有关规定。

2）应采用添加抑制剂的乳化炸药，或使用高强度塑料袋进行隔离。

3）实施大规模爆破前，应模拟装药条件（炮孔有水，相同环境、炸药、温度等）进行试验，取得可靠经验后，再实施爆破作业。

4）不许实施预装药爆破。

5）应在整个爆区装药完毕后集中填塞，并同时连接起爆网路。

1.1.4　热凝结物爆破

热凝结物爆破的规定包括：

（1）热凝结物破碎宜采用钻孔爆破，用专门加工的炮泥填塞。

（2）炮孔底部温度超过 200℃时，应采用定型隔热药包向炮孔内装药；温度低于 200℃时，炮孔内药包应进行隔热处理，确保药包内温度不超过 80℃。

（3）装药前，先对炮孔进行强制降温，然后测定隔热包装条件下的包装内部温度上升曲线，确认 5min 后隔热包装内的温度。

（4）如孔内装雷管应采用双发，爆破前应先做隔热包装试验，保证雷管在 5min 内不发生自爆。

（5）孔内装导爆索时，爆破前应做导爆索隔热试验，确保传爆可靠。

（6）热凝结物爆破开始装药前应做好清场、警戒工作。

（7）多个药包同时爆破且炮孔底部温度高于 80℃ 时，每人装药的孔数不得超过 2 个，装药时间内炸药温度不得超过 80℃。

（8）采用新型隔热材料应经模拟试验，确认安全可靠；定型隔热药包的作业时间和装药孔数应根据产品说明书和模拟试验结果确定。

（9）热凝结物爆破出现盲炮时，待其自爆后再解除警戒；如需人工处理盲炮，应大量洒水使凝结物温度降至 80℃ 以下再进行处理。

（10）邻近有金属溶液出炉作业时，炉内不准进行爆破。

1.2　高温爆破应用领域和危害

1.2.1　高温爆破应用领域

1.2.1.1　煤矿自燃火灾治理中的高温爆破

在我国新疆、内蒙古、宁夏等很多煤矿中，煤层自燃火灾十分严重。煤层自燃不仅直接烧掉了宝贵的煤炭资源，而且破坏了煤层的赋存条件，危及煤矿的安全生产，更为严重的是煤层无控制地不充分燃烧，释放出大量有毒有害气体，引发一系列的生态环境恶化效应。在煤矿自燃火灾的治理中，采用高温深孔爆破技术将火区下部存在的采空区和煤层长时间燃烧形成的大空洞炸塌垮落，将空洞充填，再向塌陷区裂隙灌注少量复合胶体，将塌陷区进行覆盖、隔氧、降温，可起到熄灭火源治理火区的作用，典型工程如攀枝花宝鼎矿区海宝箐片区 4 号煤层露头火灾综合治理工程[3]。

在有些煤层自燃治理工程中，将火区上部的山体采用硐室爆破的方法剥离，再采取其他的方法对自燃煤层的进行治理，这类硐室爆破就属于高温硐室爆破，典型工程如新疆轮台阳霞煤田灭火工程 2 号子火区高温大爆破工程[4]、宁煤大峰矿羊齿采区硐室爆破工程等[5]。

在这些高温爆破中，通过将炮孔降温、采用耐高温炸药和耐高温材料包装药包的方法，来实现爆破作业的安全。

1.2.1.2　煤矿露天开采中的高温深孔台阶爆破

在进行自燃煤层的露天开采时，高温火区的深孔台阶爆破是一个不可避免的难题。由于地下火区的隐蔽性和地质环境的复杂性，将火区矿山治理到自然的原始状态是很困难的，在这些火区煤矿开采时不可避免的还会遇到一些高温孔，即煤矿露天开采中的高温深孔台阶爆破，典型工程如宁煤大峰煤矿露天开采工程[6]、乌鲁木齐矿务局铁长沟露天煤矿[7]等。

实施高温深孔台阶爆破时，常采用火区洒水降温、高温孔注水降温，使用特殊的爆破器材和采用特殊的爆破安全技术措施来达到爆破作业安全的目的。

1.2.1.3 硫化矿开采中的高温爆破

硫化矿中的各种硫化矿物与水和氧气接触，产生一系列的氧化还原等复杂的化学反应，释放出大量热量，在特定条件下，这些热量积聚产生高温，严重者能致矿石自燃发火，形成高温矿床。这类矿床开采时，如果不采取特殊的爆破措施，可能导致硫化矿体高温炮孔内炸药的自燃自爆。典型工程如广西大厂矿务局铜坑矿开采工程[8]、江西铜业公司武山铜矿等[9]。

这类工程的高温爆破安全措施常采用低火焰炸药、耐高温爆破器材和将药包进行隔热包装防止与孔壁接触等。

1.2.1.4 油气井修复工程中的高温爆破

在我国石油、天然气开采工程中，由于油气井的输送套管长期受地应力变化、地层腐蚀、井内微生物腐蚀等因素影响，常导致套管损害变形、破损、错断或出现孔洞，在进行套管修复或补贴时，常采用爆炸整形、爆炸焊接（贴合）等爆破技术[10~12]，由于爆破环境具有高温高压的特点，因此这类高温爆破常采用爆速低、威力适中、安定性耐热性好、腐蚀性小的耐高温炸药。

1.2.1.5 冶炼生产中的高温爆破

在钢铁企业或水泥工厂的生产中，有时根据生产的需要常进行高炉出铁口高温凝铁爆破、混铁炉内凝铁爆破、高炉炉底凝铁爆破、高炉炉内结瘤浮爆破、炼铁炉体的拆除爆破、水泥生产线的堵塞清理爆破[13,14]等，这些爆破涉及的温度常高达几百度、甚至上千度，这类高温爆破常采用的安全技术措施是强制降温和将起爆器材进行隔热包装处理。

1.2.2 高温爆破危害

由上述可知，高温爆破涉及多个领域，但煤矿开采范围广、量大，故煤矿火区爆破尤显重要，本文也主要介绍煤矿开采过程中的高温爆破相关内容。高温爆破时，有些炮孔的温度很高，炸药在炮孔中处于加热状态，导致炸药安全性成为问题，例如神华宁煤大峰露天煤矿 2008 年发生的爆破事故就与此有关系[15]，另外煤矿火区煤的燃烧不仅浪费了资源，而且会引发自然灾害，给周围的居民的生命健康造成威胁，主要包括以下8个方面，如图1-1所示[16~26]。

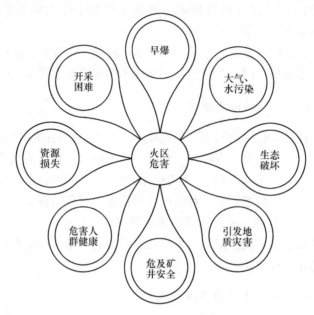

图1-1　煤矿火区的危害

1.2.2.1　爆破过程危害

煤矿火区的高温，使得钻孔后的炮孔具有高温，通过测温仪器测量发现，高温炮孔最高温度可达700℃以上。现今常用的民用爆破器材，如铵油炸药、乳化炸药、导爆索等，普遍不耐高温，将炸药放入高温炮孔中爆破时，炸药热分解速率加快，甚至燃烧转爆炸，一方面降低了炸药的作功能力；另一方面炸药若发生早爆，对炮区内操作人员以及附近人员和设备会造成伤害。

此外为了保障高温爆破过程中爆破器材的安全，需要对爆破器材采取措施，如选用导爆索、乳化炸药等价格较贵的爆破器材，对炮孔注水降温或对爆破器材进行隔热防护等。这些措施，增加了爆破的成本，使得经济效益降低。

1.2.2.2　爆破效率低危害

由于煤矿火区的高温对爆破器材的影响，使得高温爆破无法按照常温爆破那样进行，爆破效率较低，使得大量煤燃烧浪费，造成以下几种灾害。

（1）大气及水污染。据不完全燃烧理论计算，宁夏煤矿火区每年向大气中排放的有害物质可达9万t。这些有害物质中，CO约占46%、SO_2约占14.5%、NO_2约占27.8%、烟尘约占10.6%，除了上述有毒有害气体外，还产生大量的

CO_2 和 H_2S。

某地煤矿火区经取样检测发现，空气污染 H_2S 监测点 100% 超标，超标值达 5.5~13.7 倍，CO 监测点 50% 超标，超标值可达 13.57 倍。可知，煤矿火区污染处于重污染到极重污染。此外煤的自燃影响到浅层地下水，检测发现，生活用井水 NH_3-N、NO_2 超标，受轻度污染。

（2）破坏生态环境。煤层自燃会使得地表温度升高，水分蒸发，地表植物枯死。煤层自燃排放的有毒物质如硫磺、芒硝等也会造成周围植被死亡、枯萎以及在植物叶片中出现坏死斑，经取样分析得出煤矿火区附近范围内的植物，包括乔木、灌木、草等 Zn 超标 1.17~10.95 倍，宁夏大石头煤矿首采区为煤矿自燃重点，现场发现地表无任何植被。

（3）土地荒漠化。受煤层燃烧影响，大片土地荒漠化，即使煤层火势熄灭后，土地也难短时间恢复。根据中国-荷兰合作项目"汝箕沟煤田火区环境监测与治理研究报告"显示，汝箕沟煤田已经造成全区 50% 的土地荒漠化。

（4）诱发地质灾害。煤田火区燃烧，造成土岩性质发生变化，容易发生地裂缝、塌陷、崩塌、滑坡等地质灾害，煤矿火区的燃烧，使采煤塌陷区再度活化，裂缝加深、加宽、山体不稳、整体岩块脱离母体，呈台阶状向下错落。探测发现，大岭湾、阴坡、西沟、大石头、黑头寨、南二、南四等区域受煤田自燃影响地质灾害较明显，危害程度属重大级。

（5）影响矿井安全。受剥采比等影响，综合经济效益，现今露天煤矿附近有时伴随着地采，如汝箕沟矿、白芨沟矿、大丰矿等除了露天矿，也有矿井，矿井周围分布着煤矿火区。而上述矿井皆属于高瓦斯矿井，随着矿井规模扩大，开采范围逐渐向火区靠近。大型矿井开采形成的采煤沉陷，对地表的破坏迅速而剧烈，多表现为不连续变形，形成的大量开采裂缝极有可能将与火区相通，对矿井安全造成威胁，矿井安全隐患与火区伴生。

（6）危害人身健康。煤矿火区的自燃产生的有毒有害物质，危害着附近人民的身体健康。在宁夏某矿经过医疗部门专题调查，发现煤矿火区附近地区是呼吸道和肠道传染性疾病高发地区。呼吸道传染病为结核、麻疹、猩红热、腮腺炎等；肠道传染病为肝炎、菌疾等，此外，煤矿火区也是矽肺病高发区，发病率可达 12.3%。

（7）造成资源浪费。统计发现，某地区煤矿火区每年自燃直接损失的煤炭量最大可达 100 万吨，累计已经燃烧失去的煤炭储存量达 1000 万吨，火区剩余的煤炭储量达 8000 万吨左右。

以上这些问题的解决，既要靠管理，也要靠技术，还要靠组织。因此，全面研究煤矿火区爆破，对实现煤矿火区的开采、治理，保障煤矿火区人民的生命安全以及国家资源利益最大化有着重要意义，尤其在近年来煤炭形势不乐观的情况下，煤矿火区爆破体系的完善和提高将更显重要。

1.3　高温爆破研究现状

目前国内外的煤矿火区爆破主要从管理、爆破技术、施工组织等方面进行研究，研究内容较粗浅。

1.3.1　煤矿火区爆破安全分析

安全是指生产过程在规定的工作秩序和物质条件下进行，避免造成人员伤亡和设备损坏，消除和控制危险因素，保障人身安全、避免设备遭受损害，环境不受破坏。安全管理手段包括法制、监督、行政、作业环境条件管理等。安全管理对象包括人、机、物、料、环五类。安全管理内容包括建立安全管理机构、安全管理人员、优选制定安全管理规章制度、健全安全责任制、管理安全档案、进行安全培训教育等。安全管理包括源头管理、过程控制、事故查处、应急救援四个环节，如图1-2所示[27]。

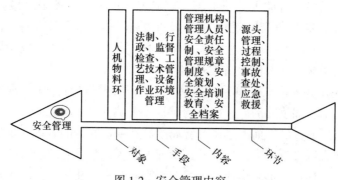

图1-2　安全管理内容

安全管理模式包括：（1）事故管理模式；（2）经验管理模式；（3）以人为中心0的管理模式；（4）01230管理模式；（5）NOSA模式；（6）HSE模式；（7）OSHMS等[28,29]。前两种属于传统的安全管理模式，传统安全管理模式只对危险源进行微观控制，但是对事故隐患的发现和整改缺少时效性，故导致风险控制水平较低，使得事故隐患易变为事故；第（3）种属于对象性的安全管理模式，把作业过程中的人、物等作为重点进行管理；第（4）种属于过程的安全管理，针对作业过程中存在的管理缺陷，在一定程度上综合考虑了人、机、环境系统的管理缺陷，在一定程度上显著提高了安全管理效率，但是需要注意的是这种模式在建立自我约束、自我完善的安全管理，长效机制方面存在不足。后面三种属于系统安全模式，其摒弃了传统的事后管理和处理的落后做法，而积极采取预防措施，依据管理学的有关原理，为用人单位建立了一个动态循环的管理过程框架，如图 1-3 所示。

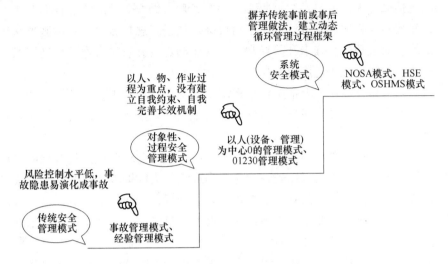

图 1-3 安全管理模式的比较

安全管理可以运用在许多方面，包括建筑施工管理、企业的管理、学校的管理、国家的管理等。在工程中安全管理可以预防事故，实现安全生产，是提高安全水平，预防事故的基本方法[30]。

爆破工程中的安全管理包括爆破工程施工现场管理、爆破器材的安全管理、爆破工程风险管理等内容；爆破施工现场管理包括装药、填塞、联网、警戒、爆后检查等内容；爆破器材的安全管理包括爆破器材的购买、保管、领用、运输、退库等内容；爆破工程的风险管理包括回避、损失控制、风险转移、风险自留等内容。这些内容基本上能满足常规爆破的安全管理需求[31]。

煤矿火区爆破，作为爆破工程中的一种特殊情况，它的危险性决定了其对安全管理的特殊要求。经过多年的实践经验，火区爆破管理已经有了初步的措施。

孙佩和为了确保火区穿孔爆破和采掘工作安全，通过加强火区的监测监控、对灭火水泵管路进行检查、专人领导、落实各项安全技术措施以及培训、制定工作计划等措施保证灭火工作的有效完成[32]。

张加权等人针对火区、采空区环境差，分析其塌陷原因及危害，制定了人员安全管理措施、施工设备的安全措施、爆破作业安全管理措施、空巷区穿孔爆破施工注意事项等，取得了没有发生设备落入采空区、发生穿孔、人员中毒等事故的良好效果。人员安全防护包括做好有毒有害气体伤人的预防、确保采空区和火区爆破时的人员安全、确保爆后炮区检查时的人员安全；施工设备的安全措施含有保证钻孔作业时钻机的安全、爆破前撤走周围的设备、在火区作业时做好设备交接班等；爆破作业安全管理措施包括控制孔排距、严格限制单孔装药量、合理布置炮孔最小抵抗线、做好火区高温孔的跟踪动态管理等；火区钻孔爆破施工注意事项包括做好火区的日常数据收集及跟踪管理、做好爆破前的准备工作[33]。

蔡建德对反程序起爆方法提出了对爆破人员进行思想教育、对爆破方法提前进行演练、对装药中存在卡孔等异常危险现象制定方案、对盲炮处理制定安全措施等方法，保障了施工进度以及质量安全[34]。

付震认为露天煤矿安全措施包括提高煤矿安全生产意识、完善机构和人员配置、进行安全培训和教育考核、贯彻国家政策、严格落实各项制度、针对重点而解决难点等[35]。

宁夏大石头煤矿现场实践过程中发现煤矿火区爆破现今是由具有相应资质的爆破公司实施的，由于火区爆破缺少经验和理论，火区爆破公司的管理模式基本上是在常规爆破管理模式的基础上进化而来，管理人员和施工人员也是从常规爆破人员中选择。机构主要是成立项目部，设置项目经理、项目总工、技术部、安全部、计划部、财务部、办公室等部门，比较完善，但是各部门对火区爆破的认识不足，出现了责任划分不明、爆破设计书忽视了火区特性、爆破技术笼统等问题；同时具体的施工人员缺少分类，缺乏专业性，基本上都是统一管理，安排在爆破组，施工组织混乱；此外各类人员的教育培训等和火区爆破相关性小，采取的基本上还是常规爆破的那一套内容和手段，效果不大，导致出现安全技术较低技术含量低等问题。

此外，火区存在着大量的采空区，由于资料的不全和技术员的不负责，容易发生机械、人塌掉入采空区，发生伤亡事故，同时火区的环境恶劣，空气污染大，工人不注意防护，可能发生中毒事故，在测温和降温的过程中，个别炮孔的温度极高，人容易发生烫伤，有些区域地表的温度也相当高，导爆管等放入上面容易发生变软等现象，导致盲炮的发生。现场的施工人员素质也是个问题，安全意识薄弱，不按照规定进行操作，同时缺乏监管，导致可以控制的事故也造成了人员伤亡等损失。当高温爆破发生盲炮等事故时，导致处理起来相当麻烦，人们误操作可能导致二次事故的发生。

上述各种高温爆破措施都是针对具体的某一个过程如爆破方法等采取的措施，属于对象型安全管理模式。事故的原因归结为人的不安全行为、物的不安全状态、环境不良等，这些因素之间是相互制约的，因而以环境、方法等的管理模式在预防事故中以偏概全，难免顾此失彼。

1.3.2　煤矿火区爆破技术

常规爆破技术主要是涉及炮孔布置、炮孔参数、起爆顺序等内容，由于发展时间较长，人们从理论上和实践上都对其有了很好的认识。高温爆破技术也属于爆破技术中的一种，由于其危险性，研究难度较大，导致现今的研究成果较少，人们对其的认识也存在不少盲区。

　　高温爆破首先是在金属硫化矿高温矿床的开采中得到运用。廖明清等对硫化矿高温采区的爆破技术进行了研究，其从理论和试验两个方面对炸药在硫化矿中自爆原因进行了详细分析，得出了炸药在其中的耐热机理和性能变化情况；此外在防止炸药热分解、防止炸药与硫化矿石发生接触反应、准确测定高温炮孔温度、高温爆破过程的安全监测等方面提高了硫化矿高温爆破技术，保障了生产安全、高效。王国利对硫化矿中炸药自燃自爆机理及危险性评价方法进行了研究，保障了炸药的使用安全。

　　而露天煤矿火区爆破技术却由于实践的缺乏和理论研究的不足，没有系统的形成一套有效的火区爆破安全技术措施。火区的爆破安全技术目前主要包括测温、降温、隔热、爆破器材的选择、爆破技术等内容，如图1-4所示。

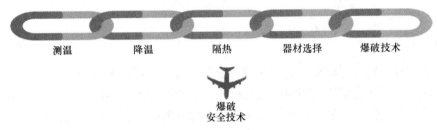

图 1-4　爆破安全技术内容

　　宁夏汝箕沟高温爆破技术现今只是简单地把火区分为常温区和高温区两种情况，常温区为25℃以下的温度区，高温区为25℃以上的温度区，常温区的温度范围窄，高温区温度范围广，造成了爆破技术单一，结果使得安全隐患难以发现，爆破效率低下、成本高。

1.3.2.1　炮孔测温

　　炮孔温度的准确测量，是选择爆破器材、制定高温爆破方案，确定降温方法及隔热装置的一个重要依据。因此，进行高温爆破时必须准确测定每个炮孔温度。

　　廖明清分别使用普通水银温度计、留点温度计、半导体测温计、热电偶电位差计、数字显示测温仪对炮孔进行测温。水银温度计测温是将其装在耐热塑料管中后在放入炮孔中，一段时间后快速拉出来进行读数；留点温度计具有保存温度读数的功能，其测温方法和水银相似；半导体测温是由孔外的显示仪器直接读出炮孔内温度。结果表明：热电偶和数字显示测温仪差不多，前面两种测温方法简单，但是每次读取一个数造成工作量大，炮孔测量温度效率低；后面三种方法属于仪器测温，可连续测温，效果好。最后根据其研究将水银温度计、留点温度计、热电偶电位差计在同一个炮孔中进行测温比较，以留点温度计温标准，结果表明，热电偶测温误差在 1℃ 左右，而普通水银温度计测得的炮孔温度误差在 2～3℃[36]。文献虽然对不同测温方法进行了研究，但是都存在问题，比如测温仪器种类很多，还有很多测温仪器没有进行研究分析，同时测温方法对测温效果的影响也是不可忽略的，也没有详细的介绍。

大石头煤矿的测温仪器主要使用红外测温仪和单个热电偶（由于热电偶测温操作复杂、测温时间长，基本不用），并对整个火区的炮孔都进行测温，测温过程采取施工方、监理方、矿方三方相互监督，高温炮孔测三次，大大增加了测温的时间，另外工人操作时为了方便，随意性很大，如激光简单在炮孔中扫一下，热电偶较快地从孔口放入孔底，测温数据的准确性有待商榷，测温完成后的数据如何上报给其他部门也是问题，现今主要是把测温数据写在纸上用石头压在炮孔旁边，但是遇到雨天、注水降温、人员混杂时，容易发生数据破坏、丢失和混乱。

1.3.2.2　降温

在实际的高温爆破中，有时遇到的温度常高达几百甚至上千度，在这样的温度下现今技术无论采用耐高温爆破器材还是隔热防护都是不可行的，一般都必须使炮孔降到一定的温度之后才开始装药。降温分为灭火和炮孔降温，目前降温的方法有洒水降温、灌浆降温和胶体降温。而洒水降温作为一种传统、简单、实用的方法在各个领域的高温爆破中均得到了广泛的应用。

火区灭火技术是治理火区爆破本质安全的最好方法，它能彻底地从根源上解决火源。目前煤层火区灭火方法有 4 种：地表覆盖；钻孔灌浆；剥离灭火；综合灭火方法。张国彦利用同位素法精确的确定了煤矿火区火源的位置，然后采用在地表钻孔灌浆的方法灭火，并对灌浆材料和工艺参数等进行了分析，取得了良好的灭火效果[37]；王文才等针对浅地表的煤炭火区进行了露天开挖法灭火，同时介绍了灭火工艺以及安全措施，结果表明在浅地表自燃煤层中施工方便、灭火效果和经济效益明显[38]；周俊峰通过建立完善的供水管道和注水灌浆系统，采用地下水、地表水相结合，注水注氮、注浆相结合的方法，达到了降低火区温度和阻断火源的要求，减少了环境污染和煤炭资源的损失，具有很好的参考价值和借鉴意义[39]；地表覆盖一般不作为单一的方法进行灭火，通常与注浆注水等方法联合使用，如牛进忠的研究[40]。上述灭火方法原则上是可行的，但是都存在灭火周期长的特点，而且一般费用较高，这在目前煤炭形式差的情况下，是不符合国家利益的。

炮孔降温是最快速、经济、方便的方法，能够保障短时间爆破安全和可观开采量。周俊峰根据炮孔温度分别采取了炮孔注水法、水药花装法、流水作业法进行降温，认为 200℃ 以下的炮孔经过 30min 的注水降温处理后，温度可降至 80℃

以下，温度不太高时水药花装法可以保证炸药在炮孔内 3min 处于安全状态，流水作业法也可把安全时间控制在 3min 内。长沙矿山研究院的廖明清等人把炮孔降温分为两种情况，一种为用水管将高压水注入炮孔孔底降温，另一种为先把冷水注入耐压容器中，然后通过高压风将冷水注入炮孔来降温。用水降温经济，但是存在用水量大而造成浪费的情况，并且存在水源不足、降温时间长等现象。

大石头煤矿火区降温考虑到经济性，主要是采取注水降温，对其他降温方法缺少研究。火区对超过 25℃ 的炮孔都进行降温，降温时间控制随意性大，炮孔注多长时间水基本上凭借经验甚至感觉，导致发生有些低温炮孔多注水，高温炮孔少注水的情况。由于火区的岩石裂隙多，在注水的条件下很容易发生塌孔等现象，工人对炮孔周边的碎石也不清理，导致水把碎石冲入炮孔中，发生堵孔，此外注水降温方法也较单一，就是用水管对着炮孔冲，降温效率较差。

1.3.2.3 隔热

隔热装置是对炸药进行主动防护的一种方法，不管是在硫化矿还是在煤矿火区中，耐热防护都是适用的。防护材料由于成本高的特点，使得其只能在特殊情况下少量使用。炮孔注水降温后，绝大部分炮孔温度可以暂时降到准许作业温度以下，但是少部分温度异常高、热源复杂的炮孔降温较差或者回温迅速，注水降温满足不了爆破需求时，需要使用隔热装置控制温度，此时少量使用在经济上是可以承受的。

在高温爆破中，对爆破器材进行隔热包装是非常有效的安全措施。特别在高硫高温矿床开采的爆破作业中，炸药中的硝酸铵与硫化矿石接触反应后将引起炸药自燃、自爆。因此国家爆破安全规程规定，对硝铵类炸药采取隔离包装。最初采用的是牛皮纸包装，该包装材料在 50℃ 低温下具有一定的效果，但当硫化矿体内的炮孔温度大于 75~80℃ 时，则不仅要求药包外部包装在装药过程中不发生机械性破损，而且要求包装材质本身具有良好的耐高温、耐酸性腐蚀以及能防止酸性蒸汽渗透，达到高度密封隔离的性能。在特别恶劣的条件下，为保证充分可靠需考虑采用内外双层包装，现代高分子合成的耐高温树脂涂料和薄膜，以及玻璃丝布之类的致密防火织物，可以充分满足上述全部要求，能在 100~300℃ 的孔内环境条件下应用。廖明清等人采用双层耐热包装其外包装为 Z 型涂胶药筒，内包装为 JB 型药袋，能在 100℃ 多的温度下正常使用。另外用玻璃丝布外涂水玻璃防水包装炸药也可应用在 100℃ 以下高温硫化矿爆破中。

在冶炼生产中，由于遇到的高温常高达上千度，因此对隔热材料的要求也特别高，但由于其爆破的规模和用药量较小，因此这类爆破常常采用多种隔热材料进行多层包装以保证爆破的安全。如宋文学等人在清除炉膛高温凝结物时，采用耐热的石棉布、石棉绳以及其他耐热材料，将药包和导火索包裹或包缠起来，将爆破材料与热源隔开，再在石棉层上面均匀涂 1 层耐热泥浆或黄泥浆。史秀志等人在诺兰达炉炉结高温爆破中采用耐温阻燃 PVC 管，外部再缠绕石棉橡胶板，管底用石棉绳和水玻璃进行堵塞。目前常用的隔热材料有石棉布、石棉橡胶板并辅以耐火泥，为使高温爆破工艺更简单，史秀志等人研制出了一种新型隔热材料海泡石，加工后呈白色毛毡状，也便于缠绕到药包表面，其耐热温度高达 700℃。

在煤矿高温矿山的深孔爆破中，主要的隔热材料为 PVC 管和特制的隔热石棉管，其直径可根据孔径的大小进行选择。在硐室高温爆破中，常使用隔热石棉板，硐室底部铺一层红砖进行隔热，宏大爆破有限公司在宁夏的高温硐室爆破中就采用了这种方法。

陈寿如等通过实验室和现场试验，比较和分析石棉绳、海泡石的隔热性能，最终得出海泡石的隔热性能优良[41]。史秀志等把海泡石和石棉橡胶板缠绕到耐热 PVC 管上，另外管的一段用海泡石封堵一定的长度，然后装药，使得炸药可以在 400℃的高温下安全一段时间[42]。张月欣等人将炸药放入耐高温防护被筒中，被筒夹层中含有膨胀珍珠岩、硅酸钠、石英粉、氯化钾、特殊水泥等，使得炸药 200℃下可以使用。需要注意的是现今的隔热装置较贵，同时会降低炸药的单孔装药量，影响了爆破效率，且体积较大，在炮孔直径较小的情况下难以推广、大范围使用。

现今大部分煤矿暂时还没有使用隔热装置对炸药进行保护，这是因为对隔热的原理缺少了解，也没有高效、经济的隔热产品，有关文献上对隔热方法有所介绍，但使用隔热方法比较粗糙，如使用 PVC 管、海泡石、石棉橡胶板等进行隔热，存在价格昂贵、体积大、每次装药量少等问题，很难满足在炮孔中破岩的效果，一般只用于高温凝结物的爆破。

1.3.2.4 爆破器材的选择

爆破器材包括起爆器材和炸药。起爆器材包括电雷管、导爆管雷管、导爆索等。炸药种类众多，其中乳化和铵油炸药的使用量最大，在常温爆破中，炸药的选择主要是依据炮孔含水不含水来划分的。含水炮孔用乳化炸药，保障炸药安全；不含水炸药使用铵油炸药，降低炸药成本。在火区高温爆破中，当炮孔温度高于选用炸药的安全温度时，应重新选择炸药或采取降温措施。

李战军等人通过试验得出二号岩石乳化炸药在 80℃条件下经历 12h 除了爆速下降外，仍具有可靠的雷管起爆感度；在高于 130℃条件下放置 6h 后则不具有雷管感度。普通矿用导爆索在 96℃环境下放置 10d 能正常起爆铵油炸药，且爆速增大；在同一高温下，铵梯炸药爆速下降值低于铵油炸药[43]。分析可见，乳化炸药和导爆索在火区中使用安全性相对较高。

现场火区爆破过程中温度高于80℃，采取的是乳化炸药和导爆索进行爆破。

简单地使用乳化炸药和导爆索并没有考虑火区的实际情况，火区高温区温度变化较大，有可能存在100℃和300℃的情况，当温度过高时，地面也存在一定温度，简单的导爆索不一定可以在地面使用，此外火区爆破中使用电雷管起爆导爆索，电雷管受静电等影响较大，故火区爆破器材的选择需要分类考虑。

1.3.2.5　爆破技术

高温爆破技术在矿山开采领域研究得较为深刻，很多长期进行高温开采的矿山在爆破技术方面都积累了丰富的经验，并在爆破规程的基础上制定了相应的高温爆破安全操作规程和炸药防自爆措施。高温爆破技术研究开始最早的应属硫化矿山，早在19世纪60年代，国内的铜山铜矿、硫铁矿等就开展了硫化矿山高温爆破安全技术的试验研究，其出发点是防止炸药与矿岩接触和避免炸药在高温炮孔中发生燃烧和剧烈分解。主要围绕炸药自燃自爆机理、危险性评价、硫化矿用炸药、炸药隔热包装等几个方面进行研究，其爆破技术主要采用热稳定性好的炸药、降低炮孔温度、缩短装药时间和将药包隔离包装等方法。如陈寿如等人针对硫化矿中的炸药自爆判据进行过研究[44]，孟廷让等人对硫化矿的炸药自爆机理、危险性及安全装药评价进行过论述[45]，王国利等人就硫铁矿高温下的爆破方法从药包包装、炮孔降温等几个方面进行了研究，提出将药包进行内层和外层包装制成防自爆柱状药包，同时要求在施工中要进行炸药耐高温试验、装药前检验炮孔温度、炮孔降温和缩短装药时间等。

煤矿火区的高温爆破技术在硫化矿高温爆破要求的炮孔降温、药包隔热包装和缩短装药时间的基础上，对缩短装药时间进行了深入的研究和试验，并在爆破工序上进行了改进。一般的爆破基本工序为"布孔—钻孔—装药—堵塞—连线—警戒—起爆—爆后检查—解除警戒"。而在露天煤矿的深孔高温爆破中，由于爆破器材在高温环境下的不稳定的特性，可以说从高温炮孔开始装药起就存在了潜在的危险，只要高温炮孔不装药就是安全的，缩短装药时间也就是要缩短炸药在炮孔内的时间。蔡建德等人的煤矿火区爆破的反程序爆破方法，也就是对普通的爆破施工工序进行改变，以减少炸药在高温孔中的时间，提高炸药的安全性[27]。工艺如图1-5所示。将爆破工序改为"布孔—钻孔—连线—警戒—装药—堵塞—起爆—爆后检查—解除警戒"，具体的要求是每次爆破炮孔不超过8个，在装药前将炸药按每孔装药量进行分配，且提前准备好堵塞物，采用导爆索连接网路，然后进行警戒，开始装药、堵塞、撤离、起爆。在此工序中节省了装完药后连线、警戒的时间，从开始装药到起爆的时间要求在3min内完成，装药前做好所有的准备工作。这样就大大减少了炸药在炮孔内的时间，提高了安全性。此方法在高温深孔台阶爆破中得到了广泛的应用。该法具有工艺简单、安全实用的特点。但是该方法注重危险时间段的控制，对非危险时间段缺少关注，不利于爆破过程整体时间的把控。

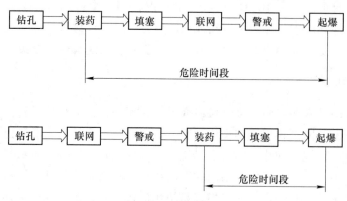

图 1-5 反程序爆破工序

大石头煤矿火区现今的爆破方法采取的是反程序爆炸法，对温度在 25~60℃ 之间的炮孔才允许快速爆破，每次爆破的炮孔数目不多于 8 个，从装药到起爆的时间控制在 5min 内，火区的炮孔相当多的一部分都在 25℃ 以上，这导致了每次爆破量少。另外由于时间短，在炸药发生卡孔等现象时难以处理，且容易发生堵塞质量差，造成飞石伤人的事故。火区的爆破联网是用导爆索进行连接的，导爆索是齐爆的，导致单次齐爆药量大，使得爆破振动大、冲击波危害大。且在装药前连接好网路，在装药时容易受到操作人员的损坏，导致盲炮，也可能受到意外撞击、静电等发生早爆。

1.3.3 爆破器材耐热性能

现今起爆器材的研究比较多，具有耐热导爆索、高强度导爆管雷管等产品，基本上根据炮孔温度，就可以有对应起爆器材可供选择，故不叙述。

1.3.3.1 耐高温炸药的研究现状

高温爆破器材的研究一直是高温爆破研究的重点，主要从爆破器材的耐高温角度进行考虑，而耐高温炸药的研究则是高温爆破器材研究的核心，在硫化矿、油气井修复工程领域中的要求尤为突出。

在硫化矿的高温爆破中，最初使用的是硝铵类炸药，但这类炸药和硫化矿接触后会发生化学反应，严重者会造成炸药自爆。针对这种情况，1981 年长沙矿山研究院研制出了 GW 型硫化矿耐高温炸药，但仍没有摆脱包装；1987 年西安近代化学研究院发明了石油井壁耐热取芯药，该炸药是由高能炸药黑索今、氧化剂过氯酸铵、钝感剂地蜡组成，在温度 150~180℃ 范围内，多年使用安全[46]。

同年北京工业学院发明了一种高爆速耐热混合炸药，是以奥克托今为主体，加入一定量的高熔点炸药，外加 3%～4% 的有机氟胶黏剂作为黏结剂，该炸药承受 180～200℃ 高温 48h 后爆轰性能不变[47]；北京矿冶研究总院与武山铜矿合作，于 1989 年共同开发研制了一种防高温、防早爆型炸药 BMH 型硫化矿用安全炸药，该炸药散装时在 70℃ 以下炮孔温度下 24h 无任何反应，耐高温性能较硝铵炸药有了很大的提高，该发明于 1990 年申请了专利，并在武山铜矿得到了大面积推广，效果良好；1995 年北京矿冶研究总院与德兴铜矿合作，研制成功了 BDS 系列安全乳化炸药，该炸药不仅适合混装车生产，满足了现代大型露天矿爆破作业机械化装药的要求，而且在硫化矿预装药 7～10d 仍可保证安全。西安近代化学研究所同时发明了高温射孔弹用高聚物黏结炸药，该炸药由奥克托今、氟橡胶、硅油和石墨组成，该炸药可装填高温射孔弹，经 220℃，2h 后破甲性能不变，适用于 220℃，2h 条件下的各种油、气井射孔[48,49]。2001 年西安近代化学研究所发明了超高温射孔弹用耐热黏结炸药，装药配方选用耐热吡啶炸药，并能与黏结剂三元乙丙橡胶形成复合物，该炸药耐热性能好，抗高温性能为 210℃，200h；250℃，48h，不燃不爆[50]。2005 年西安近代化学研究所发明一种油田用耐热混合炸药，采用了氟橡胶和氟树脂作混合黏结剂，用石蜡和石墨做复合钝感剂，耐热性能较好，200℃，48h，不燃不爆[51]。2013 年中国工程物理研究院化工材料研究发明了一种普通射孔弹用高聚物黏结炸药，本发明采用乙烯-醋酸乙烯酯共聚物自身的耐热性优于黑索今，表面能低于黑索今，具有一定的降感作用，制备的炸药耐热性较好 150℃，24h 不燃不爆[52]。

　　中国兵器工业第 213 研究所的胡继红、张玲香为了解决油气井高温高压条件下石油套管整形、修补问题，通过调整不同的炸药配方研究出了温度在 100～170℃ 之间使用的不同种类的炸药，其中包括以硝酸脲为主体的爆破炸药（耐温 100℃）、以高氯酸钾为主氧化剂的爆破炸药（耐温 170℃）、以硝酸钠为氧化剂的爆破炸药，并在此基础上，通过添加其他药剂配成了适合不同环境下的油气井高温爆破的烟火爆破炸药[53]。攀枝花恒威化工有限责任公司研制了耐高温三级煤矿型高分子胶状乳化炸药，但对温度超过 100℃ 装药的仍需采取防高温措施。西安近代化学研究所的符文军、郭锐等人为了解决油田超深井使用的射孔弹装药，发明了耐热黏结炸药，该炸药可在 250℃ 的环境下耐热 48h 而不燃不爆，该发明已于 2002 年申请了国家专利。

　　上述各种耐热炸药基本都含有高能炸药，价格昂贵，针对此情况，1992 年长沙矿山研究院发明了一种用于自燃硫化矿的安全炸药，本发明的特点是在炸药制造过程中加入由氧化镁、尿素、乌洛托品组成的复合抑制剂，或在装药现场将该复合抑制剂均匀地混入散装成品炸药中制成的一种安全炸药，该炸药性能接近 2 号岩石炸药指标，此炸药的临界安全温度为可达 135℃[54]。

与此同时，耐高温炸药的理论研究工作也在继续，如吕早生进行了耐热炸药
13-二（3-氨基，2，4，6-三硝基苯氨基）-2，4，6-三硝基苯的合成研究工作[55]；颜事龙、马志刚等人对不同炸药的基质燃烧机理进行了研究[56]，北京矿冶研究总院的科研人员对不同炸药的热分解动力特性提出了新的见解[57]。我公司对乳化炸药、二号岩石铵梯炸药、铵油炸药曾做了耐高温的试验研究，并得出了炸药在不同温度下、不同时间内的性能变化结果，这些都为耐高温炸药的研究提供了参考。

原则上炸药的研究已经相当成熟了，但是提高普通工业炸药耐热性的机理等还没有进行研究，同时经济的耐热工业炸药研制和耐热试验器材的研制目前也是个空白。

1.3.3.2　耐高温起爆器材的研究现状

目前常使用导爆索作为高温爆破的主要起爆器材，这主要是因为导爆索中的主要成分黑索金具有一定耐热性，导爆索本身在高温条件下只会发生燃烧不会发生爆炸。根据我们的试验结果，普通导爆索在 150℃ 高温下 2min 内即可发生燃烧，虽然燃烧的导爆索不会对人身安全造成大的伤害，但由于其在高温下可燃烧的特点，在温度超过 150℃ 的高温爆破中由于燃烧中断，容易产生盲炮，所以导爆索的使用也有一定的局限性。

目前对耐高温雷管的研究工作目前比较少见。清原红光电器厂研制生产了高强度耐高温导爆雷管，该雷管具有一定的耐高温性能，可在 100℃ 温度下正常使用；沈兆武发明了高精度高安全无起爆药延期雷管，该雷管同样具有一定的耐高温性能，在 100℃ 温度下 24h 内可保证安全[58]；杨耀华、崔勇等人进行了煤矿许用耐温电雷管可燃气安全性研究[59]。根据我公司的试验结果，一般的高精度雷管均具有一定的耐高温性能，在不超 100℃ 的高温下，均可在一定的时间段内保持稳定。而在温度超过 100℃ 情况下的电雷管使用情况国内很少见到。导爆管雷管由于导爆管在 50～100℃ 时变软，强度降低，而且容易穿孔，影响秒量精度，在高温爆破中很少使用。

1.3.4　煤矿火区爆破施工组织

露天煤矿施工组织的设计编制一般需要满足：编制依据的基础资料要齐全、实事求是的采用先进可行的施工工艺、坚持科学化、制定科学合理的施工方案、采用现代化项目管理方法等五项[60]。

一般爆破的施工包括施工方案的编制、施工进度计划的编制、施工平面图的设计、爆破作业环境要求、爆破施工现场管理、爆破器材的安全管理、爆破工程效果的评价等信息，内容比较详细，指导性较强。但是火区的危险性导致了爆破

施工组织的高要求，很多火区爆破事故都是由于没有科学的、规范的施工组织而造成的，一套科学的、详细的施工组织可以大大降低危险性。

徐晨等对火区高温爆破需要特别注意的地方进行了阐述。内容包括作业前必须提前测量和记录孔温；装药前清理炮孔，准备好药量和堵塞物；炮孔温度注水后降至80℃以下才可进行爆破作业；炮孔注水后需重新测量孔深；根据火区情况确定炮孔数目，定员装药人员；高温孔和常温孔一起爆破时，遵循先常温孔装好，后装高温孔，并严格控制装药时间；炮孔全部装药完成后才可以快速填塞炮泥，填塞后检查无误后立即起爆；装药过程中如发生堵孔等现象时，应立即按照规定处理，规定时间内处理则放弃该孔，当装药的炮孔当发生燃烧等异常现象时，所有人员立即撤离；针对不同温度和区域的炮孔，研究注水量与炮孔温度变化的规律，确定不同温度的注水量和降温标准；一般情况下根据温度分为低温孔（80℃以下）、中温孔（80~150℃）、高温孔（150℃以上注水后快速回温的炮孔）3种情况，低温孔遵循常规爆破，中温孔注水降温使温度降至80℃以下才进行作业，高温孔如果注水后温度降到80℃以下，且温度无快速反弹则同中温孔处理，对于注水后快速回温的炮孔须隔热防护或不装药。

蔡建德对高温爆破中的反程序爆破方法进行了说明，内容包括高温爆破装药前的准备、高温爆破装药的快速施工。前者包括钻孔注水降温和钻孔二次检验、孔口填塞物的准备、钻孔药量的量化、网路铺设、装药人员的分配、清场警戒，后者包括装药、人员撤离、起爆、爆区检查等程序。

齐俊德对剥离灭火工艺进行了研究，认为剥离工艺环节包括工作面注水降温、火区穿孔、爆破、采装、运输、排弃等。

这些施工工工艺内容比较多，但是缺乏理论支持，没有完整的综合起来，难以推广。

1.4 火区爆破存在问题

1.4.1 安全分析缺乏科学性、不完善

从安全管理方面来看，现今的安全管理可应用于小到小企业的管理，大到国家的管理；应用范围广泛，可从人、机、物、料、环多方面进行研究，制定内容全面和充分，消除和控制危险因素，保障了人、机、环境的安全。安全管理内容众多，这也导致产生了许多安全管理模式，安全管理模式包括传统安全管理模式、对象型安全管理模式、系统安全管理模式，其中系统安全管理模式效果最好。

安全管理模式在常规爆破中的运用已经经过上百年的发展，涉及拆除爆破、土岩爆破等，其系统安全管理体系已经建立起来，评价方法有层次分析法、事故树分析法、LEC法等，已经取得了良好的效果，内容涵盖施工管理、爆破器材管

理以及风险管理等，保障了常规爆破的顺利组织和安全可靠[49~51]。

煤矿火区爆破作为爆破中的一种特殊情况，由于发展时间较短和理论研究的限制，现今的煤矿火区爆破管理措施还存在不少问题，主要是对爆破作业过程中的机械、人员等不安全行为重点进行了研究，从而对个体防护等进行局部控制，但是没有进行系统的研究，没有将安全、健康、环保等融入管理体系中。另外安全管理很大程度上是依靠个人经验或者事故教训进行制定的，缺乏危险源的识别，存在着漏洞，风险控制水平低，事故隐患在一定条件下会导致事故的发生。

1.4.2　爆破技术需要精细化，融合性有待提高

常规爆破技术的研究在理论和实践方面都比较完善，但是高温爆破技术却存在着不少问题。爆破技术内容较多，其首先是运用在硫化矿等矿产资源的开采中，人们对其研究也比较充分，研究了炸药与硫矿反应的理论以及炸药自燃自爆判据等内容，基本上解决了硫化矿爆破开采的问题。

煤矿火区的面积远远大于硫化矿等的开采，同时炮孔温度也普遍较高，其发生爆炸危险主要是炸药在高温下受热造成的，与硫化矿大多数是由于其含有水溶性的离子以及含水和 PH 等因素造成的不同[52~54]，由于温度对炸药的影响更为重要，这就使得硫化矿中的研究难以运用到高温爆破中，也说明煤矿火区爆破比硫化矿爆破更复杂和危险。

煤矿火区爆破技术由于难以进行试验和应用时间短，造成了理论研究不足，使得爆破技术是在实践或者初步的理论结果的基础上开展的，导致存在测温的方法不精确、降温缺少理论指导、隔热装置不经济、炸药的耐热性能优化理论研究少、爆破方法单一等问题，同时各种爆破技术各自为伍，没有区别化对待和有效融合，虽然可能保障了安全，但是降低了爆破效率和提高了成本。

1.4.3　炸药缺乏耐热性研究

炸药的耐热性能目前主要集中在以高能炸药如 RDX 等为原料，价格昂贵，难以大范围、大量使用，而普通的工业炸药只能在常规爆破中使用，在高温下使用时，会发生热分解，最后可能爆炸。

使用普通的工业炸药制造出具有一定耐热性能的炸药，首先需要从分子角度分析其受热物理化学变化过程，然后结合前人的研究，得出炸药的耐热机理，制得合适的耐热炸药配方，最后在使用合适的试验器材模拟炮孔中炸药的实际受热情况，标定炸药的耐热性能。但是这些方面的研究目前都是空白，少有人总结。

1.4.4　施工组织指导性存在不足

常规的爆破具有地质条件单一、施工环境友好等特点，造成施工组织比较容

易制定，经过多年的发展，其基本上已经完善，对整个爆破流程和配套的施工都有较好的经验和理论借鉴。但是火区地质条件复杂，环境较差，缺乏理论研究，造成对危险的认识不足，具有一定的风险，施工过程容易出现人员、设备等安全问题；同时施工过程的顺利实施缺少管理保障和责任的落实。

煤矿火区爆破的质量是与爆破技术分不开的，现今的爆破技术不精细，大块率比例较高，需要进行二次处理，另外爆破后产生的自由面也比较粗糙，根底较大，对后面的爆破影响较大。火区爆破存在钻孔、测温、降温等多个施工单位，单位间协调容易出现问题，同时爆破还与挖运排等部门相关联，更加造成了施工协调的难度，影响了爆破施工进度。火区高温爆破的组织不精细，使得需要的施工人员较多，同时工人知识水平有限，容易出现重新钻孔、水源浪费、炸药装药不合理等情况，造成了成本的增加。现有的施工组织存在的这些不足，也使得其难以与同行业进行交流，难以形成标准而推广。

1.5 解决路线

针对目前煤矿火区爆破存在的问题，本文主要在别人的研究基础上，完善和提高煤矿火区爆破体系。

1.5.1 强化管理体系

针对目前火区安全管理存在的片面性和不完善的问题，根据系统安全管理理论，先通过现场调研和文献调研分析火区存在的危险因素，然后用事故树安全评价方法对高温火区危险源进行全面识别，并确定其中的割集和结构重要度，最后根据危险源，从技术、管理两个方面解决火区爆破难题，深化火区安全管理，保障火区爆破的安全。

1.5.2 提高爆破技术

针对现今的火区爆破技术存在效率低、成本高的特点。本文先对测温、降温、隔热等进行研究，然后利用测温技术、降温技术、隔热技术，采取注水降温爆破法和隔热保护爆破法两种方式对高温炮孔进行爆破。具体的爆破技术研究包括以下的内容：

（1）分析和比较现今的测温原理和测温仪器，研制了 GW 新型热电偶测温仪，结合红外测温仪优点，联合对炮孔进行测温，实现了炮孔测温快速、准确、方便。

（2）对不同炮孔温度进行注水降温试验，得出其降温效果。再结合爆破器材耐热性能和隔热材料的隔热性能，将爆破降温的设计温度从以前的60℃以下升高至130℃，大大减少了炮孔注水降温时间。此外根据降温效果得出各个不同温度区间注水降温的至少时间，一方面确保降温效果达到设计温度，另一方面避免炮孔过度注水而造成水源浪费，也减少炮孔的损坏程度。

（3）分析比较目前的隔热材料种类，并结合火区现状，对隔热材料进行优选，发明了 A 型导爆索隔热套筒、B 型导爆索隔热套筒、B 型炸药隔热装置，实现了导爆索和炸药在高温炮孔中一段时间内处于安全状态，使得炮孔无须注水即可爆破的目的。

（4）利用测温、降温、隔热技术，得出注水降温爆破法和隔热保护爆破法。注水降温法把火区分为常温区、普通高温爆破区、一级高温区、二级高温区、三级高温区、四级高温区、异常高温度区、多温度区 8 种情况，然后联合使用测温、降温、导爆索隔热、爆破器材选择、爆破方法（装药、堵塞、联网、警戒、起爆、爆后检查）等内容，最后分别提出其使用工艺，精细指导施工；隔热保护爆破法利用 B 型导爆索隔热套筒、B 型炸药隔热装置的优良隔热性能，结合抗冲击、抗摩擦、较大殉爆距离等特点，实现干孔快速安全爆破。两种爆破方法的结合，有效解决了煤矿火区高温爆破的难题，大幅度提高了煤矿火区爆破的效率。

1.5.3　研究炸药耐热性

对各种民用炸药（胶状乳化、粉状乳化、铵油、水胶）的物理化学机理进行分析，分析其受热变化和耐热性，结果得出胶装乳化炸药具有良好的耐热性；然后对耐热炸药进行分析，从理论上得出耐热炸药耐热的原因，从而改进工业炸药，以提高其耐热性，结果表明改性的普通工业炸药，耐热性能可得到大幅度提高，其中阻止硝酸铵热分解反应的抑制剂效果最好；最后基于现今炸药耐热性表征不明这一情况，分析和研究了现在常用的热感度测试标准（5s 延滞期法、1000s 延滞期法、铁板试验法、烤燃弹法），并结合高温爆破，对耐热试验装置进行优选。

在上述分析的基础上，使用铁板试验，对各种现今常用的民用爆破器材进行加热试验，得出其耐热性能数据，一方面指导高温爆破民用爆炸物品的选择，另一方面指导注水降温爆破法、隔热保护爆破法的安全时间等操作。

1.5.4　完善施工组织

在安全管理、爆破技术等的改进基础上，结合宁夏汝箕沟火区现场情况，从联合作业规程、施工组织结构、施工方案、施工计划、安全保证及安全技术措施等多个方面完善了施工组织，保障煤矿火区爆破的安全性、快进度、高质量和低成本。

（1）了解研究煤矿火区爆破过程与其他施工单位之间的协调，以及爆破过程中各个工序的连接。

（2）制定详细的施工方案，主要对施工作业区进行划分，并详细叙述各个温度区间的施工工序和方法。

（3）通过使用设置安全组织机构、建立安全生产责任制、进行安全教育和安全检查、制定应急预案等内容，形成安全保障体系和制定安全技术措施。

1.5.5 其他相关技术

除了人工装药爆破外，研制自动装药系统，分析了机械破碎、强挖火区岩石等内容，实现煤矿火区爆破无人化、机械化，体现了本质安全性。此外采取弱松动爆破思想，在爆破效果可接受前提下，增加孔网面积，减少爆破次数，相对提高爆破安全；最后分析了液态二氧化碳爆破、大孔径爆破技术、注冰降温、无人机检查炮区、盲炮探测等前沿技术和发展方向，更深层次保障火区爆破安全。

第 2 章   钻孔温度测控

高温炮孔温度的准确测量，是保障爆破安全的前提。目前的测量方法主要是使用红外测温仪和铠装热电偶。红外测温仪为非接触式测温；铠装热电偶为接触式测温，但铠装热电偶操作复杂、测温时间长，且为点测温，测温数据少，难以满足现场需求。本章针对现今热电偶测温仪器的缺点，通过研制新型热电偶测温仪，并结合红外测温仪，实现了对炮孔的精确测温。

2.1   测温方法及各种方法的优缺点

对炮孔温度的准确测量，是对火区准确分区处理的前提，根据温度的数值，施工人员根据现场情况设计爆破方案，或注水降温，或对炸药进行隔热防护，或控制装药时间、或控制炮孔数量等，不仅可以提高爆破效率，也可以保障作业人员生命安全。

现今火区测温存在着火区测温仪选用单一、测温时间长、误差大等问题。故本节将对测温仪器进行研究，得出各种测温方法的优缺点，从而优选出合适的测温仪器，保障火区测温的高效和准确。

2.1.1   火区测温的要求

煤矿火区由于常年高温，导致该区域异常热，尤其在有裂隙区域，能感觉到明显的热浪，且煤层的燃烧会释放含有大量二氧化硫、一氧化碳、一氧化氮、硫化氢等有毒气体的烟雾；煤矿火区的地质也异常复杂，岩石由于受到高温的烘烤，其物理化学性质变化明显，岩石发生脱水、氧化等，导致岩石破碎，产生大量的裂隙，这会造成钻孔容易出现卡孔现象，且随着裂隙的发展和不断增加，使得深部煤层与外界空气相遇，造成火势增大。

火区上述地质特征复杂，造成其炮孔具有以下一些特点：

（1）由于火区岩石长期在高温下烘烤，具有裂隙多、脆等特性，使得炮孔孔壁不完整，粗糙不平。

（2）火区炮孔裂隙多，有些裂隙与深部明火接触，温度异常高，且炮孔孔底温度不一定最高，温度的变化规律也较复杂，甚至没有规律可循。

（3）炮孔一般都是深孔，深度在 10m 左右，孔径一般为 140mm，对大型测温仪器显得空间狭窄。

（4）炮孔中存在着大量的二氧化碳等气体和粉尘，在经过水降温后，湿度也较大，导致光线较暗，且孔外也存在着大量的烟尘。

（5）火区面积大，一天的爆破方量多，也就是说炮孔的数目总体很多。

（6）温度越低，炮孔中温度变化越小；反之，炮孔中温度变化大。

测温是对炮孔而言的，根据炮孔的特点，可以分析出测温仪器需要满足以下特点：

（1）为了对炸药的耐热时间有个准确的预测，炮孔测温应该准确，误差要控制在较小范围内，也就是测温仪器要测得炮孔实际温度，精度高。

（2）炮孔较深，基本上整个炮孔的温度都需要测量，使得测温仪器能较远距离的准确测量温度。

（3）对于温度异常点，炸药需要进行特殊防护，故测温仪器须能定点测温，知道测温的位置。

（4）炮孔以及孔外环境较复杂，如大风、阴暗、电磁辐射等，需要测温仪器抗干扰能力强。

（5）火区炮孔较多，一个炮孔测温点众多，且从装药到放炮时间一般较短，施工人员文化水平也有限，使得测温仪器可以快速测量、轻质方便携带，能够简单使用。

（6）现场测温仪器经常会发生碰撞等导致损坏，使用量也较大，故测温仪器的价格应该较实惠，最好能便于维修。

（7）测温范围要广，能测低温、常温、高温，一般要求温度范围在 0~500℃ 之间。

（8）炮孔孔壁不完整，有些是斜孔，故要求测温仪器测温段若能放到孔底或者规定的位置，必须具有一定的柔性和重量。如图 2-1 所示。

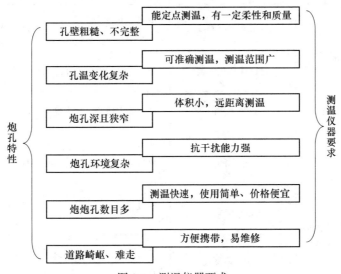

图 2-1　测温仪器要求

2.1.2   主要测温方法及其对火区爆破的使用分析

2.1.2.1   测温原理与类型

温度测量其值大小的原理有很多种，基本上都是通过测量某种与温度有关的物质的特征值从而得到温度值，比如温度与体积的关系、温度与光强的关系、温度与辐射的关系等。不同的测量原理、方法，其适用环境、误差等各有差异，需要合理的选择测温仪器，以符合现实使用环境。

温度测量一般按照其是否与介质直接接触可以分为接触式测温方法和非接触式测温方法两大类。接触式测温方法又分为接触式光电（光导管、光纤）或热色测温（示温漆、示温液晶）、膨胀式测温、电量式测温（热电偶、热电阻、热敏电阻）等几种；非接触式测温方法可以分为声波或微波测温方法、辐射式测温方法（全辐射高温计、亮度式高温计、比色式高温计、多光谱测温、热像仪测温）、激光干涉式测温方法（散斑照相法、纹影法、干涉仪法、全息干涉法）、光谱测温方法（瑞利拉曼散射光谱、CARS、受激荧光光谱、光谱吸收法）等几类[61]。

2.1.2.2   测温方法及其对火区爆破的使用分析

根据资料分析，上述各种测温方法的优缺点如表 2-1[62~83]所示。

表 2-1   各种测温仪器的优缺点比较

类　别		测温方法	优　点	缺　点
接触式测温方法	接触式光电、热色测温	接触式光电测温	准确、抗干扰、多点远距离测温	价格昂贵、体积庞大
		接触式热色测温	能够记忆、方便、经济	受外界影响大、污染环境、不易放入炮孔
	膨胀式测温	膨胀式测温	便宜、方便、读数直观	响应时间长，误差大，不易远距离测量
	电量式测温方法	热电偶测温	精度高、范围广、不受外界影响、方便、远距离使用	易腐蚀、抗噪性差、易损坏，500℃以下误差较大
		热电阻测温	精度高、稳定性好、寿命长	不耐腐蚀、动态响应差
		热敏电阻测温	灵敏度高、工作范围宽、便宜	互换性差、非线性严重、稳定性差，不适用高温

续表 2-1

类别		测温方法	优点	缺点
非接触式测温方法	声波或微波测温	声波或微波测温	工作范围广、精度高	易受杂波影响，不能定点测温
	红外测温	全辐射高温计	结构简单、成本低、能测全波段	受环境影响大、不能定点测温
		亮度式高温计	灵敏度高、受外界影响小	不适合低发射率物体、只适合高温测量
		比色式高温计	精度好、误差小、受外界影响小	适合高温测量、必须选择发射率相当两个波长
		多光谱测温	相应快、不破坏温度场、精度高	必须选择适当波长、结构复杂、用于高温
		热像仪测温	测温快、可测整个温度场	受外界影响大、价格贵、适用短距离测温
	激光干涉式测温	散斑照相法	简单、显示温度场、不需要参考光	不能瞬态测温、需要温度场较大的温度差
		纹影法	测量温度场	适合温度变化小的温度场、价格贵、受外界影响大
		干涉仪法	实现多点测温、抗干扰能力强、滞后性小	对振动敏感、造价贵
		全息干涉法	灵敏度高、实时测量、可测温度场	受振动和环境影响大、造价贵
	光谱测温	瑞利、拉曼散射光谱	系统简单、可测瞬时温度、能测温度场	易受环境影响、信号弱、适用性差
		CARS	方向性强、抗噪声、高空间和时间分辨率	价格昂贵、信号处理复杂、精度受仪器影响大
		受激荧光光谱	准确度高	不合适快速变化温度场、受环境影响大
		光谱吸收法	装置简单、准确性好、测温范围广	不适用温度变化大温度场、价格昂贵、技术复杂

由表2-1得出以下结论：

（1）接触式光电测温中的光导管式和光纤直接测温的测温范围不适合火区测温，但光纤可以作为传输材料用于火区测温，热色测温中的示温漆和示温液晶缺点较多，难以运用于火区测温。

（2）膨胀式测温方法具有滞后性、不能远程读数等特点，导致其不能在火区爆破中广泛使用。

（3）电量式测温方法中热电偶测量是三者中的较好测温方式，火区炮孔温度除非在有明火等区域，一般不超过300℃，在炮孔温度相对较大的情况下热电阻、热敏电阻也可以使用。

（4）声波或微波测温受外界影响大，不适合运用于火区测温。

（5）红外测温中亮度式高温计、比色式高温计、多光谱测温基本上不能适用于火区测温，全辐射高温计和热像仪测温在一定条件下能满足火区测温，且热像仪能够连续测温，优于亮度式高温计的不连续测温，但是两者都受到外界的影响大，也不能定点，只能粗略的测得火区的温度。

（6）激光干涉式测温测量方法测得的基本上都是炮孔内激光传输路径上的平均温度，且造价昂贵，不方便携带，故激光干涉式测温难以在火区测温中使用。

（7）光谱测温方法一般用于测量高温燃烧流场、等离子体、火焰等复杂流场的测温，所测温度比较高，受到外界环境影响较大，且价格昂贵，在火区中测温意义不大。

2.1.2.3 测温工程实践

在宁煤集团汝箕沟煤矿火区，我们运用了热电偶、热敏电阻、红外全辐射测温仪和热成像仪、光纤测温仪进行测量，测温仪器如图 2-2 所示。

结果表明，热敏电阻和热电偶测温较准确，但是测温响应时间长，且容易损坏。热敏电阻遇到特高温点测温不准，且在测量降温炮孔温度回温时，其效果差，误差大，热电偶就没有这些缺点，响应快，故热电偶综合效果好，和理论分析结果一样。

红外全辐射测温仪在运用中容易操作，测温迅速，但是不知道其测温的具体位置，且在炮孔中烟雾大的情况下，误差大。热成像仪价格昂贵，价格需要十几万，能够显示温度场，但是同样在炮孔中存在烟雾等情况下，误差较大，甚至不能测温，测温距离也受限制，无法测得深孔下部温度。由于炮孔环境一般都比较复杂，故这两种方法都很少使用，基本上只用于定性测量。

1号光纤测温仪的光纤外层是用金属铠进行防护的，其耐热温度高，耐温可达700℃；2号光纤测温仪的光纤外层是用橡胶进行防护的，其耐热效果差，只

图 2-2 火区实践测温仪器

(a) 红外全辐射测温仪；(b) 热敏电阻；(c) 1 号光纤测温仪；(d) 2 号光纤测温仪

能测量 100℃以下的炮孔温度。测量结果分析可知，光纤测温仪的测温快速，几秒内就可以快速测出温度，同时可以同时多点测温，可以 0.1m 取一个点进行测温，如图 2-3 所示。

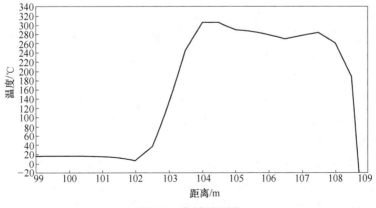

图 2-3 光纤测温图

　　为了表征光纤测温仪的准确性，我们把热敏电阻的端部与 1 号测温仪的端部用胶布绑在一起，然后同时放入炮孔中如图 2-4 所示，等热敏电阻温度稳定后，把两者数据进行对比，发现温度数值基本一样，误差在 2℃ 以内，这表明了光纤测温的准确性。

图 2-4　1 号测温仪和热敏电阻共同测温

　　但是在测温过程中发现，该仪器体积较大，笨重，需要大功率的电池进行供电，在崎岖的山路上需要安排三个人来辛苦搬运，同时测温的数据需要笔记本电脑安装专门的软件来显示和保存，电脑的操作和电量长时间供应在火区也是一个问题，在实践中，就发生了电脑电源不足而导致测温过程中断事件，另外其光纤也较容易损坏，价格也相当昂贵，都在百万元以上，这些造成了虽然其测温效果非常好，但是在现今的条件下难以广泛使用。

2.1.2.4　煤矿火区测温方法的选择和展望

　　根据上一节的分析可知，接触式测温和非接触式测温原理上都可以测温，但是各自都存在优点，也存在缺点。

　　非触式测温或不能定点和多点测温，或测温距离有限，或受杂波、外界光、水汽等影响较大，或价格昂贵，造成了其在火区爆破中不能或大范围使用。其中全辐射高温计和热像仪在炮孔烟雾较少、深度较浅的条件下，能够粗略的快速测温，且炮孔温度越低，烟雾越少，其精度越高，同时一个良好的使用方法也可以提高测温的准确性。现今的红外测温仪就是全辐射测温仪的具体体现，故下文用其代替全辐射测温仪进行叙述。

　　接触式测温能够定点测温，且能长距离的测温，受外界影响弱，这些优点是非接触式测温难以达到的。在所有的接触式测温中，光纤测温效果最好，抗干扰能力强、测量准确、能够远程测温等，基本上能满足火区炮孔测温的所有需求，但是其价格、体积等限制了其应用。综合可以得出，在所有的接触式测温中，热电偶测温基本可以满足要求，但存在难以克服的困难，测温时间比较长、容易损坏、不易操作等。

2.1.3 柔性耐高温热电偶多点测温仪

热电偶为接触式测温，测温数据准确，且可以根据补偿导线长度确定其探头位置，但大石头煤矿由于使用的热电偶（热电阻、热敏电阻）具有测温响应速率较慢（4min 以上）、操作复杂（补偿导线硬度高、直径大，难以放入炮孔）、不可以立即显示温度历史曲线等缺点，使得炮孔多点测温变得耗时、烦琐，故目前基本不采用，而主要使用红外测温仪对炮孔测温，因为红外测温仪具有相应快、操作简单的特点。当炮孔深度大于 13m、炮孔内有较浓灰尘、炮孔内粗糙不平时，红外测温仪误差较大，甚至错误，此外不可以根据测温结果显示炮孔最高温相对位置。

由上可见，红外测温仪的缺点可以由热电偶弥补，但是需要对热电偶进行改进，使其克服炮孔多点测温耗时、烦琐的缺点。

2.1.3.1 热电偶测温仪

热电偶测温仪包括热电偶、补偿导线、显示仪器几个部分。其一些参数如表 2-2~表 2-4[84] 所示。

表 2-2 补偿导线材料及其耐热温度

材　　料	聚四氟乙烯	玻璃纤维	石英砂	陶瓷纤维
温度范围/℃	0~250	0~600	0~1000	0~1200

表 2-3 铠装热电偶套管外径和时间常数的关系

套管外径 /mm	时间常数 τ/s		
	露头型	碰底型	不碰底型
1.0	0.01	0.3	0.7
1.6	0.06	0.6	1.2
3.2	0.12	1.8	3.6
4.8	0.24	3.0	6.1
6.4	0.36	4.9	12.3
8.0	0.61	6.7	19.6

表 2-4　常用 8 种热电偶的测量范围、准确度等级及允差

序号	热电偶名称	分度号	等级	温度范围/℃	允差/℃
1	铂铑 10-铂 热电偶	S	Ⅰ	0~1100	±1
				1100~1600	±[1+ (t−1100) ×0.003]
	铂铑 13-铂 热电偶	R	Ⅱ	0~600	±1.5
				600~1600	±0.5%t
2	铂铑 30-铂铑 6 热电偶	B	Ⅱ	100~600	±1.5
				700~1700	±0.5%t
			Ⅲ	100~600	±4
				700~1700	±0.5%t
3	镍铬-镍硅（铝）热电偶	K	Ⅰ	−40~1100	±1.5 或±0.4%t
	镍铬硅-镍硅热电偶	N	Ⅱ	−40~1300	±2.5 或±0.75%t
4	镍铬-铜镍热电偶	E	Ⅰ	−40~800	±1.5 或±0.4%t
			Ⅱ	−40~900	±2.5 或±0.75%t
5	铁-铜镍热电偶	J	Ⅰ	−40~750	±1.5 或±0.4%t
			Ⅱ	−40~750	±2.5 或±0.75%t
6	铜铜镍热电偶	T	Ⅰ	−40~350	±1.5 或±0.4%t
			Ⅱ	−40~350	±2.5 或±0.75%t
			Ⅲ	−200~40	±1 或±1.5%t

2.1.3.2　解决路线

结合热电偶相关知识，针对以上所述热电偶存在问题，从以下三个方面进行优化。

（1）细化、裸露测温探头。现今使用的热电偶的探头体积较大，且有保护管保护，测量液体等密度大的物体温度其速率较快，但是炮孔内为空气，其温度传至探头，需要经过空气传热于保护管、保护管传热于与探头间的空气、保护管与探头间空气传热于探头三个过程，这三个过程传热速率都较小，故测温时间较长。细化和裸露测温探头，可增加探头与炮孔内热空气的传热速率，故可提高探头的灵敏度。

（2）柔化、细化、强化热电偶补偿导线。现今为了使热电偶具有耐高温的

特点，其补偿导线一般是金属铠装，金属硬度大，从而导致补偿导线在炮孔中收放比较复杂，此外其直径较大，限制了捆绑的补偿导线根数。选择柔性补偿导线，使其如绳索般，可大幅度简化操作；细化补偿导线，则可增加捆绑的补偿导线数量，扩大每次测温点数目；强化补偿导线，可增加热电偶线的使用寿命，使其受孔内岩石摩擦、突出岩石穿刺而不受损坏。

（3）强化热电偶显示器功能。现在使用的热电偶记录仪具有显示温度和记录温度两个简单的功能，记录的温度需要外接电脑进行处理，才能显示出温度与时间的关系，时效性较差。而对记录仪进行强化，使其内部安装温度处理模块，则可以在记录仪上随时形成温度曲线，观察温度变化情况，以便判断温度恒定、最高温以及发现收放线时温度异常变化情况。

2.1.3.3　热电偶测温仪

根据解决路线和已发明的柔性、多点热电偶专利，联系厂家，采取国内外技术和产品，最终与某家公司进行合作，研制了 GW 新型热电偶测温仪，包括 DD 记录仪和耐高温柔性测温线 GW，如图 2-5、图 2-6 所示。

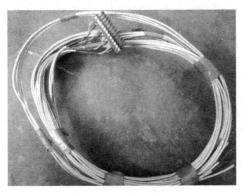

图 2-5　高温柔性测温线

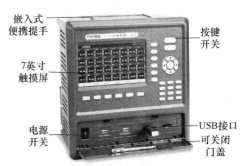

图 2-6　GW DD 记录仪

GW 新型热电偶测温仪首先可用于测量炮孔温度，测温系统简单轻便，组装简单，容易携带，操作方便，对人员数量和知识水平限制少，一个普通人员可快速掌握和运用；其次可测量 1~64 个温度点，可对一个炮孔或多个炮孔同时多点进行测量，可快速测得一个或多个炮孔的最高温度，为炮孔的装药提供温度参数，保障爆破的安全；最后测量温度范围广，除了炮孔存在火源，基本可满足煤矿火区所有炮孔的测温要求。

2.1.3.4　使用效果

为了验证 GW 新型热电偶测温仪的测温效果，在宁夏大石头煤矿火区选择高温炮孔，进行测温试验。得出其具有以下一些优点。

A　测温响应迅速

测温响应迅速包括两个方面，一方面是指测温时间短；另一方面指对温度变化捕捉能力强。

（1）各种温度孔测温时间短。为了了解测温仪器测温过程所需时间，选择不同炮孔温度，进行测量，所得温度曲线如图 2-7~图 2-9 所示。

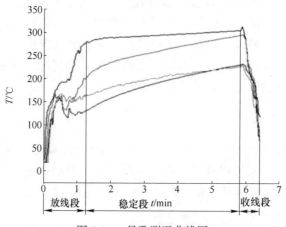

图 2-7　1 号孔测温曲线图

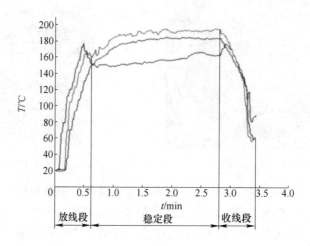

图 2-8　2 号孔测温曲线图

由图 2-7~图 2-9 可得出以下结论：

1）放线段温度快速变化，其末端时间点基本上就达到各测点的平衡温度，耗时约 1 分钟。

2）稳定段温度基本围绕平衡线上下波动。

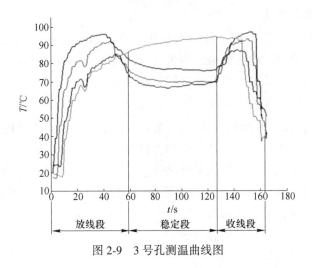

图 2-9 3 号孔测温曲线图

3）收线段温度快速变化，当测温探头离开炮孔时，其温度与当地空气温度相差不大。

4）去除稳定段，整个炮孔测温时间约为 2 分钟，比以前所用热电偶测温时间缩短了 1.5 倍以上。

5）炮孔孔底温度在稳定段基本无波动，说明其与炮孔孔底接触，能代表孔底温度。

（2）温度变化捕捉能力强。测温仪器对温度的变化情况可以通过测温过程快速收放线来表征，其测温曲线图如图 2-10 所示。

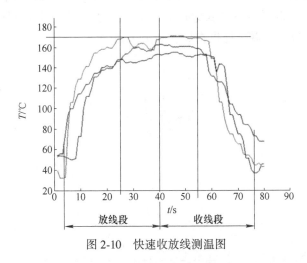

图 2-10 快速收放线测温图

由图可知，放线段和收线段基本对称，可见测温仪器对温度变化捕捉迅速。

B　测温操作方便

整个测温操作简单方便，可一人操作。首先测温仪器记录仪体积小、质量轻，拥有提手、可移动电源充电，携带方便；其次测温线直径小、轻质、具有柔性，测温过程收放线快速，不存在打结、弯曲现象。

C　显示器功能强大

首先显示器可以以数值、棒图形式显示实时温度；其次把温度以曲线图的形式显示，能够观察历史、现在的整个测温过程的温度-时间变化曲线，从曲线上可明显看出温度变化规律、最高温度等信息；第三显示器具有报警功能，通过设置最低温度、最高温度等信息，当温度超过设置温度上限时，可发出蜂鸣声报警，提醒操作人员；最后显示器可以最多容纳 64 根测温线，同时测量 64 个点温度，实现了同时多孔、多点测温目的。

D　测温线耐温性能优越、长度上限无限制

不同于一般的聚乙烯材料的测温线只能测量 100℃ 以内的温度，该测温线由于选材合适，具有耐高温的特点，最高温度可达 480℃，基本高于现今所有炮孔最高温度。

热电偶测温线长度可任意变化，可根据需求，让厂家设置，使其长度为 20m，可测的炮孔任意深度温度，提高对炮孔温度的掌握。

E　对注水炮孔温度具有指导意义

炮孔注水后，高温孔孔口部分存在大量的水汽，而孔内则可能存在着高温水蒸气。红外测温仪测温时，测得为孔口位置水汽温度，一般不高于 93℃。而热电偶测温仪，其测温导线可放入炮孔内，准确测得炮孔内部水蒸气温度，局部可达 110℃ 以上，为后续爆破提供指导，如图 2-11 所示。

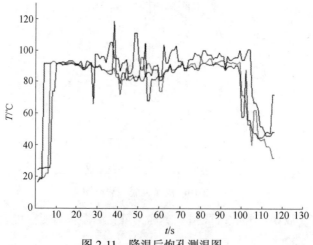

图 2-11　降温后炮孔测温图

F 粗略探测异常温度

局部炮孔内部温度变化异常,与一般炮孔下端温度最高规律不符,且其温度可能存在突变性,不存在缓冲变化区,该种情况,由于测温仪器响应迅速,可由其曲线图中显示出来,如图 2-12 所示。

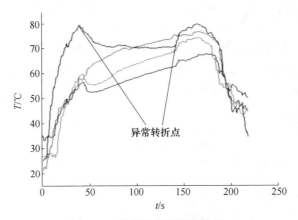

图 2-12 异常炮孔温度曲线图

G 耐摩擦性能优越

GW 测温线具有优良的耐磨性能,符合现今炮孔粗糙、岩石突出的需求。一方面在使用过程中发现,不锈钢网防护热电偶柔性优良,不打结,可任意弯曲,能在炮孔中快速收放;另一方面在现场选择高温孔,把测温线放入炮孔中,循环100 次摩擦试验,结果显示,测温线无明显破损处,如图 2-13 所示。

图 2-13 GW 测温线炮孔摩擦效果图

H 现场使用操作性、可靠性强

经过在大石头项目部现场使用,由于测温仪器具有以上优点,得到业主、项目部领导、炮队工人的高度认可,甚至高温降温孔、异常温度孔,把其所测温度作为能否放炮的标准，符合推广使用的需求。

通过上述分析可得出，DD 记录仪和耐高温柔性测温线 GW，具有柔性、高强度、多点测温、测温时间短、响应迅速、操作简单、测温范围广、接触式测温等优点，符合现今火区高温炮孔测温的需求。

2.2　测温仪使用方法

煤矿火区炮孔测温使用红外测温仪和 GW 新型热电偶测温仪，两种测温仪器优劣互补、相互检验，可实现炮孔的精确测温。好的测温仪器作用的有效发挥，离不开正确的操作，本节将对两种测温仪器的使用方法进行叙述。

2.2.1　红外测温仪

2.2.1.1　红外测温仪技术参数

红外测温仪技术参数如下：
(1) 测量温度范围-30~900℃。
(2) 测量精度±2℃。
(3) 响应时间为 0.3s。
(4) 显示分辨率 0.1℃。
(5) 可记录和保存所测温度最大值。
(6) 环境温度为 0~50℃。
(7) 距离系数为 120∶1。
(8) 瞄准方式为激光瞄准或望远镜瞄准。
(9) 一般测量干孔温度，无法准确测量烟雾孔或积水孔。
(10) 使用前进行用温度计进行校准，误差控制在±2℃。
(11) 价格适中，保修期 2 年，材料不存在自燃、自爆等危险，无任何有毒物质，使用过程也不会对环境带来任何变化。

2.2.1.2　红外测温仪使用方法

红外测温仪，测温快速，能够测得炮孔孔壁温度，但是在炮孔存在烟雾等情况下，误差较大，很难精确测得整个炮孔的温度，且人员拿测温仪需要对准炮孔，容易发生烫伤，故测温时，需对人员进行防护，包括耐热手套、防护眼镜等。

红外测温仪测温时应该先把测温仪放在炮孔中心轴线上，接着分别顺时针和逆时针从孔口螺旋打到孔底，再从孔底螺旋打到孔口，记录最高温度 T 作为炮孔温度。

2.2.2 GW 新型热电偶测温仪

2.2.2.1 GW 新型热电偶测温仪技术参数

GW 新型热电偶测温仪技术参数如下：

（1）GW 热电偶补偿导线线芯直径：0.255mm；线直径：2mm。

（2）整个测温操作简单方便，可一人操作，整个炮孔测温时间约为 2min，测温过程快速收放线迅速，同收绳索一般。

（3）显示器可以以数值、棒图形式显示实时温度，显示分辨率为 0.1℃，1s 中记录一次温度；可以将温度用曲线图的形式显示，能够观察包括历史的、现在的整个测温过程的温度–时间变化曲线，从曲线上可明显看出温度变化规律、最高温度等信息；显示器还具有报警功能，通过设置最低温度、最高温度等信息，当温度超过设置温度上限时，可发出蜂鸣声报警，提醒操作人员。

（4）显示器可以最多容纳 64 根补偿导线，同时测量 64 个点温度。

（5）热电偶补偿导线最高温度达 480℃，即热电偶测温系统可在 480℃ 以下炮孔中使用。

（6）循环 100 次摩擦试验，结果显示，热电偶补偿导线无明显破损处。

（7）热电偶补偿导线应在使用前使用温度计进行校准，误差应控制在 ±2℃ 以内。

（8）热电偶补偿导线下端吊的重物与热电偶补偿导线最下端距离不超过 2cm。

（9）热电偶补偿导线在收放线过程中若发现温度异常升高（一般瞬间升高 10℃ 以上），应停止收放线，等显示器稳定后，记录下最高温度。

（10）比较收放线过程中记录的最高温度和热电偶补偿导线放到孔底记录的最高温度，取最大值作为该炮孔的最高温度。

2.2.2.2 GW 新型热电偶测温仪使用材料

新型热电偶测温仪使用的材料包括：

（1）记录仪 1 台。

（2）热点偶补偿导线数根（一般 4~8 根）。

（3）细铁丝 1 捆。

（4）卷尺 1 卷把。

（5）重物 1 个。

除了记录仪和热电偶补偿导线是研制产品，其他材料来源广泛，价格便宜。材料全部可重复使用，记录仪保修期 2 年，热电偶补偿导线使用寿命至少 3 月。

材料不存在自燃、自爆等危险，无任何有毒物质，使用过程也不会对环境带来任何变化。

2.2.2.3　GW 新型热电偶测温仪使用工艺流程图

GW 新型热电偶测温仪使用包括校准、补偿导线绑扎、放入炮孔、记录温度等步骤，具体方法如图 2-14 所示。

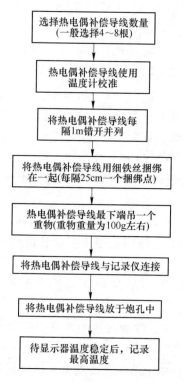

图 2-14　GW 新型热电偶测温仪工艺流程图

2.2.2.4　GW 新型热电偶测温仪和红外测温仪联合使用

GW 新型热电偶测温仪和红外测温仪各有优点，红外测温仪间接测温的快速性，可用来粗略测温，GW 新型热电偶测温仪的接触式准确测温，可用来精确测温，两种测量仪器同时使用，一方面可以相互检验测温数据的准确性，另一方面根据各自的优点，可简化测温步骤和减少测温时间。两种测温仪器共同使用的测温工艺流程图如图 2-15 所示。

一般炮孔测温分有三种，分别是初测、中测、末测。初测安排在钻孔完成 3 小时后，中测安排在注水降温一段时间后确定是否满足爆破条件，末测安排在装药前确定是否允许装药爆破。中测、末测用来确定炮孔温度是否满足爆破条件、是否允许装药爆破，故准确性要求高，一般使用红外测温仪和 GW 新型热电偶测温仪联合测温；初测是用来判断炮孔温度属于哪个区间，有些许误差对整个注水降温影响不大，一般使用红外测温仪测温即可，但对无须注水降温（如下文红外测温仪测量温度范围在 50~60℃之间、普通高温爆破区、一级高温区等）或红外测温仪测量误差较大（如炮孔较深、炮孔粗糙不平、炮孔内有烟雾等）时，应附加 GW 新型热电偶测温仪测温。

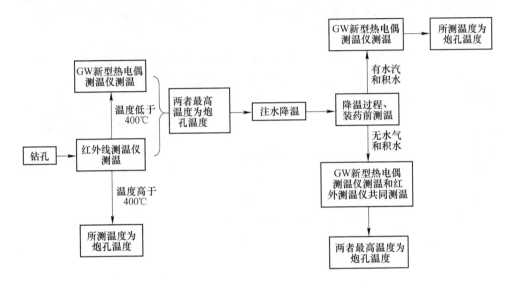

图 2-15　联合测温工艺流程图

2.2.3　测温仪快速定性测温

上述测温仪器的测温方法需要对整个炮孔段进行测量，一方面延长了测温时间，另一方面也缺乏对高温部位重点测量，易产生误差。如果知道炮孔的温度分布特性，则可以针对性地对高温部位进行测量，减少测温时间和提高测量准确性。

2.2.3.1　炮孔温度分布特性

煤矿火区的来源，一方面是由于人为造成的火种，使得煤层燃烧，如新中国成立前矿工井下烧火做饭，火管理不当而使得煤层着火；另一方面是由于煤层自燃，以往小煤窑开采，遗留下大量的采空区和废弃巷道，采空区大量遗煤和废岩层剥离时，打钻、爆破作业，造成裂隙充分发展，在内部煤层与大气之间形成了多条裂隙通道，形成漏风通道，为煤自燃提供了氧化条件。外部岩层的覆盖，使煤氧化产生的热量不易扩散，为煤自燃提供了良好的蓄热条件。自燃煤层的煤体经风流氧化后蓄热自燃，形成火区。火区上部爆破钻孔形成后，煤自燃产生的高温烟气从钻孔或裂隙流出，与钻孔壁不断进行热量交换，致使钻孔内温度逐步升高，最终使钻孔内温度超过装药安全温度。

结合煤矿火区温度的产生来源，利用 ANSYS 软件模拟火区炮孔温度分布情况。煤矿火区的温度来源主要可分为高温热源的热传导以及裂隙中热气体的热对流，故模拟工况主要以这两种方式为主。为了方便模拟，假设火区炮孔除了热源裂隙和上端孔口外，处于完整状态，不存在其他的可通风、散热处。

　　A　热传导模拟

此时模拟工况为温度场，炮孔底部有一壁面，用其来代表火源温度，下壁面温度为 200℃，上部温度为 25℃。模型长为 100mm，宽为 14mm，为 10：1 建模，结果如图 2-16 所示。

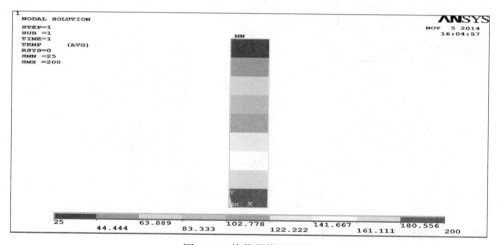

图 2-16　热传导模拟结果

由结果可见，炮孔具有以下特点：

（1）离热源处越近，温度越高，即炮孔底部温度最高。

（2）整个炮孔段温度均匀变化，无温度突变现象。

　　B　单一裂隙热对流模拟

假设炮孔底部有一裂缝，裂缝内的温度对炮孔进行加热。

此时模拟工况为温度场，炮孔底部有一裂隙，裂隙有一底面，用其来代表火源温度，壁面温度为 200℃，上部温度为 25℃。模型长为 100mm，宽为 14mm，裂隙长为 50mm，宽为 14mm，为 10：1 建模。结果如图 2-17 所示。

结果如下：

（1）裂隙最近处温度最高。

（2）裂隙较近处温度变化较慢，而靠近空气短温度变化较均匀。

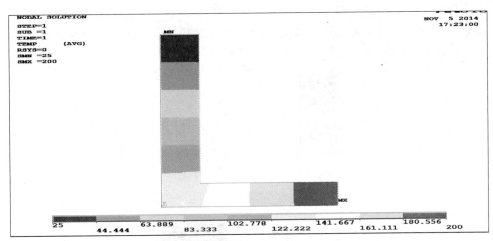

图 2-17　底部单一裂隙热对流数值模拟

炮孔中裂隙较复杂，位置可在炮孔底部，也可在其他部位，故模拟裂隙在炮孔中部时其温度变化规律。结果如图 2-18 所示。

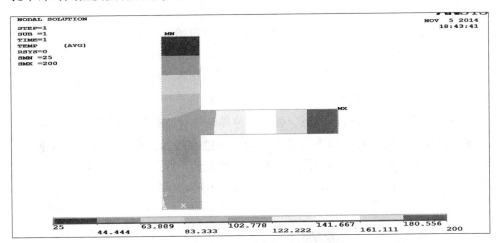

图 2-18　中部单一裂隙热对流数值模拟

结果如下：

（1）裂隙下部（炮孔底部区域）属于高温区，上部温度较低。

（2）裂隙附近炮孔温度变化较慢，且越靠近底部温度变化越慢，而裂隙上段靠近孔口位置，温度会发生突变，温度变化较大。

C　多裂隙热对流模拟

火区部分炮孔裂隙较多，且各个裂隙都可能存在高温气体，故需要研究多裂隙热对流情况。

此时模拟工况为温度场，炮孔底部和中部有两裂隙，裂隙有底面，用其来代表火源温度，壁面温度都为 200℃，上部温度为 25℃。模型长为 100mm，宽为 14mm，裂隙长为 50mm，宽为 14mm，为 10：1 建模。结果如图 2-19 所示。

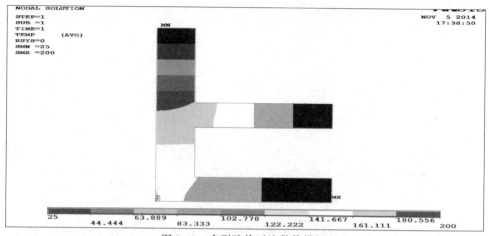

图 2-19　多裂隙热对流数值模拟

结果如下：

（1）高温区域位于炮孔下端，且下端裂隙部位的温度最高。

（2）炮孔下端温度变化较慢，而裂隙上部温度变化较快。

（3）下部裂隙对炮孔温度影响大，上部裂隙影响较小。

D　热传导和热对流相互作用模拟

现场许多炮孔靠近较高热源，处于热传导和热对流相互作用情况。此时模拟工况为温度场，炮孔底部和中部有两裂隙，裂隙有底面，用其来代表火源温度，壁面温度都为 200℃，上部温度为 25℃。模型长为 100mm，宽为 14mm，裂隙长为 50mm，宽为 14mm，为 10：1 建模。结果如图 2-20 所示。

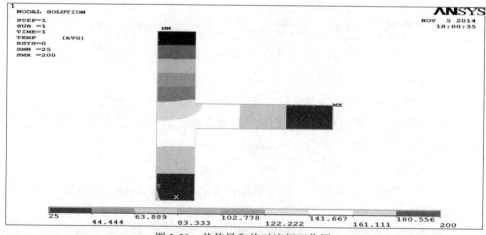

图 2-20　热传导和热对流相互作用

结果如下：

（1）高温区位于炮孔底部。

（2）裂隙下部炮孔温度变化较小，上部温度变化较快，但都属于均匀变化。

E　比较分析

对比以上分析结果，可得出以下规律：

（1）最高温度出现在热源处。

（2）炮孔温度最高处位于炮孔下端。

（3）裂隙影响时，炮孔下端温度变化缓慢，存在较大的均匀温度区，且裂隙越少，变化越缓慢。

（4）炮孔热源上部温度变化较快，但是变化较均匀。

2.2.3.2　炮孔温度定性测量

由上述分析可见，炮孔底部为温度最高区域，或者温度与最高温度相差不大，故在炮孔仅有热源裂隙而无其他传热裂隙时，可考虑重点对炮孔下端进行测温，定性测出最高温度。

根据现场观察和实践，炮孔仅有热源裂隙可通过以下几点进行判断，如图 2-21所示。

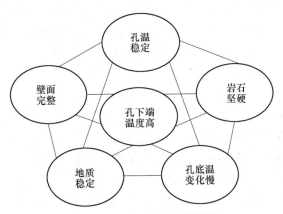

图 2-21　炮孔下端温度高情况

（1）炮孔温度达到稳定状态，一般时间需要 3h 以上。炮孔刚钻好时，由于烟囱效应，热气流会向炮孔位置汇聚，不断对炮孔加热，使炮孔温度处于变化状态，一段时间后，在外界冷空气和炮孔裂隙热气体的相同作用下，炮孔内部温度会达到恒定状态。

（2）观察炮孔岩石硬度。高温软岩裂隙较多，而硬岩基本上可忽略其冷空气流动。

（3）根据测温结果可进行一次快速测温，若孔底温度变化快，则炮孔底部不是最高温度，若温度变化慢或者基本无变化，则说明最高温度在炮孔底部。

（4）观察炮孔有无穿孔或者靠近地下河流等，若炮孔发生穿孔等，说明下部可能存在大量冷空气流动，需要注意。

（5）观察炮孔外侧岩石壁面，若壁面明显可见较多裂隙，且存在较大裂隙，需要慎重。

根据以上几点判断，基本上能判别出炮孔内部温度异常变化情况。在大石头煤矿火区，在满足上述条件的情况下，对火区进行测温，测得结果显示最高温度都位于炮孔底部。

为了提高测温效率，合理安排测温人员。火区爆破出于安全方面考虑，必须限制火区爆破量。火区一般有常温区和高温区两类，其一般在不同区域，故可在常温区安排一套测温仪，高温区安排一套测温仪。高温孔数目不多，为了错开测温时间，可在中午和傍晚进行放炮，这不但不影响其他施工如挖运等操作，也方便管理。可安排上午两炮或一炮，下午一炮或两炮，测温人员完成 1 个炮孔的测温时间在 2min 左右，初测可安排在炮孔降温之前，可安排在前一天或者早些时候，不影响当天放炮测温时间。中途测温和末测时间根据火区温度，安排在放炮前一段时间，这样可把测温时间错开，如果两次放炮位置在相邻很近的位置，可把时间稍微提前，如中途测温在 4h 前，放炮测温在一个半小时之前。测温人员闲暇时间可协助对常温孔测温。常温孔测温在放炮前两个小时左右进行复测。一般炮孔深度越深，温度变化越大，炮孔越浅，温度变化越小，同时也越方便测量，测量也越准确，故对浅孔测温，测温速度可稍微放快。

2.3　小结

本章小结如下：

（1）红外测温仪在炮孔烟雾较少、深度较浅的条件下，能够粗略的快速测温，且炮孔温度越低，烟雾越少，其精度越高。热电偶测温仪能够长距离、定点测温，受外界影响弱，但存在测温时间长、容易损坏、不易操作等缺点。

（2）GW 新型热电偶测温仪的记录仪和测温线，具有柔性、高强度、多点测温、测温时间短、响应迅速、操作简单、测温范围广、接触式测温等优点，克服了现今常用的热电偶测温缺点，符合火区高温炮孔测温的需求，在火区炮孔测温得到有效运用。

（3）红外测温仪和 GW 新型热电偶测温仪的联合使用，可实现炮孔的快速、准确测温，为后续高温爆破的降温、隔热、分区等提供正确指导，保障了高温爆破的安全。

（4）通过数值模拟研究了炮孔温度分布特性，得出炮孔在没有冷源裂隙的情况下，对炮孔下端重点测量，可快速定性测出炮孔最高温度。

第 3 章　钻 孔 降 温

煤矿火区炮孔的降温，目前主要包括灭火长期降温和炮孔暂时降温两种方法。两种降温方法各有优缺点，其中炮孔暂时降温成本低、时间短，在目前煤矿行情较严峻条件下具有一定的优势。炮孔暂时降温中采用注水降温是目前应用较多的一种方式，许多煤矿火区炮孔降温也只用注水降温这一种方式，但注水降温目前在操作过程中比较粗犷，一方面对注水降温效果没有明确认识，使得注水降温时间随意性较大，降温时间短，降温效果不理想，或降温时间长，不仅浪费水源，同时对炮孔毁坏加大；另一方面对爆破器材耐热性研究不深入，对注水降温要求严格，如有些地方要求炮孔注水降温要将炮孔温度降至 25℃ 以下，其降温难度大，同时也存在不合理性，目前的爆破器材耐热温度普遍高于 25℃，部分炎热地区夏天装药炮孔温度可达 35℃ 以上，混装乳化炸药出口温度也可达 40℃ 以上，依旧属于常温爆破范畴。本文将对这两方面进行讨论，以提高注水降温效率，增加高温爆破产能和效率。

3.1　降温工艺

煤矿火区降温基本上可以分为两种情况，一种是彻底的对火区进行灭火，如三相泡沫灭火、挖出火源等；另一种是对火区的炮孔进行暂时降温，如注水降温、注液氮降温等。

3.1.1　煤矿火区灭火方法分析与比较

对火区进行灭火，可以从根本上解决煤矿火区高温的问题，煤矿火区的形成是煤与氧气发生氧化还原反应形成的，故灭火可以采取如下 4 种方式：

(1) 隔离火区，使火区窒息熄灭。
(2) 降低煤与氧气的反应速率。
(3) 降低火区的温度。
(4) 挖出火源。

3.1.1.1　隔离火区氧气

隔离氧气是现今广泛采取的方法，现今主要采用的方法包括：覆盖灭火法、惰性气体灭火法、胶体灭火、三相泡沫灭火和压注惰泡灭火等方法，这些方法各有优缺点，比较如表 3-1 所示。

表 3-1　隔氧灭火方法比较

类　别	优　点	缺　点
覆盖灭火法	操作方便、快速，适用于火源深度深，火势不大且地形规整火区	没有清除火源，灭火时间漫长，黄土用量大
惰性气体灭火法	可充满整个火区，有限空间灭火效果好，能消除已知和未知火源	火区易复燃，气体易泄漏和造成爆炸
胶体灭火法	灭火速度快，安全性好，复燃性小，经济，具有可控性	操作复杂
三相泡沫灭火法	安全，兼有降温、抑爆特性，灭火范围广，可扑灭不同高度的隐蔽火源	价格较贵
压注惰泡灭火法	具有密封、吸热、固氮、降温等作用，发泡体积大，效果比单一注惰气好	发泡性、稳定性差，易失效，火区易复燃

覆盖灭火法现今主要是利用黄土覆盖在火区塌陷、地表裂隙处，封闭火区。该方法可以在一定程度上达到灭火，且操作方便、快速。主要适用于火源深度深，火势不大且地形较规整的火区。但是该方法没有清除火源，灭火时间较漫长，黄土用量也大[85]。

采用惰性气体灭火法主要是向火区注入氮气、二氧化碳等惰性气体来降低氧气的浓度以达到灭火的效果。该方法能够充满整个火区空间，在有限空间内灭火效果很好，能消除已知和未知火源，但是灭火周期较长，火区在一定条件下会复燃，且气体易泄漏，在特定条件下还会发生爆炸[86]。

胶体灭火是通过注浆机将胶体通过钻孔注入发火地点从而达到灭火的效果。胶体主要有凝胶、复合胶体、稠化胶体等，其具有阻氧、固水、降温、阻化多种特点，灭火速度快，安全性好，复燃性小，材料便宜，且具有可控性[87]。

三相泡沫灭火是将三相泡沫通过炮孔传输到火区，进行灭火。该灭火方法安全，通入氮气发泡后体积会大幅增加，能够隔绝氧气，兼具有降温、抑爆等特性，同时扩散范围广，可扑灭不同高度的隐蔽火源[88]。

压注惰泡灭火法在火区灭火中可以起到密封、吸热、固氮、降温等作用，发泡倍数可达 50~200 倍，效果比单一注惰性气体好，但由于发泡性较差，稳定性也不好，容易失效，导致火区复燃[89]。

3.1.1.2 降低煤与氧气的反应速率

在煤表面形成一层惰性物质，可以阻止煤与氧气的接触，降低其氧化还原反应速率，以达到灭火的效果。阻化剂主要是高聚物、氢氧化钙、无机盐等，如氯化镁。阻化剂一般无毒、无害，能够充填不同厚度、形态的煤隙，但是一般不耐高温或者不能均匀分散，成本较高，现在很少使用[90]。

3.1.1.3 降低火区的温度

降低火区的温度，通常采用的是注水、灌浆的方法，现今广泛使用。通过地表打孔或者裂隙向火区深处注水灌浆，不受火区面积、火源位置等条件的限制，效果较好、施工方便，且经济便宜，但是流体流向具有随意性，不好控制，不能按照既定位置有针对性地降温，且对较高位置的火源难以适用[91]。

3.1.1.4 挖出火区的火源

挖出火源是将火区全部挖开，采出已经燃烧或者高温的煤。该方法灭火彻底，且挖出的煤能产生一定的经济效益，但是施工时间长，工程量大，投资高，且操作也复杂，灵活性差，一般适用于火源埋藏浅的区域[92]。

3.1.1.5 灭火方法的分析与比较

上述各种方法都能从不同的角度解决火区灭火问题，但是都存在缺陷，其中胶体灭火性能优越，注水注浆方法经济实惠，挖出火源灭火彻底，但是都存在灭火周期较长，而且在火区范围广的情况下适用性差，效果不太好。在实际灭火中，可以综合多种灭火方法的优点，针对火区的情况，综合进行灭火。

现今火区主要根据温度进行划分，大部分火区温度在 150℃ 以下，极少部分温度在 300℃ 以上，根据此温度可以把火区分为特高温区（200℃ 以上）、高温区（150~200℃）和普通区（150℃ 以下），如图 3-1 所示。

图 3-1 综合灭火方法

特高温区范围小，火源一般埋藏较浅，可以先洒水降温，然后采取剥离的方法进行灭火，最后用黄土等覆盖，防止复燃。

高温区注水、注浆效果明显，可以先采取注水注浆的方法把火区温度降低，然后采取胶体并配合注惰性气体进行灭火，同时用黄土等对火区进行充分覆盖封闭。

普通区温度较低，注水、注浆、效果不明显，且会增加火区裂隙，此时可考虑主要以覆盖为主，同时压注惰泡或阻化剂等进行灭火。

3.1.2　对炮孔进行暂时降温

考虑到对火区进行灭火降温花费时间长、价格昂贵，尤其现在煤炭需求不旺，市场不景气的情况下，导致其很难大范围广泛使用。现今对火区煤矿的开采，一般都采取先爆破剥离上层岩石，然后挖掘开采煤炭。对火区进行爆破，高温炮孔下炸药热分解速率将加快，安全时间缩短，因此必须对炮孔进行降温，延长炸药稳定时间，然后再进行爆破。

温度的降低，根据热力学规律，可以采取热传导、热对流、热辐射三种方法。

3.1.2.1　利用热传导原理降温

温度差越大，接触面积越大，热传导速率越快。现今火区采取的有液氮和液态二氧化碳降温。

液氮在-196℃下液化，液氮气化到常温时体积约膨胀 700 倍，同时吸收大量的热量，相当于同质量冰液化吸收热量的 5 倍，能快速充满整个炮孔，快速对炮孔进行降温，同时氮气无毒，性质稳定，密度比空气轻，不污染设备，在炮孔中能沿着裂隙进入岩石内部，阻绝氧气[93]，但是液氮不易储存，现今价格也昂贵，且火区山路崎岖，难以运输。

根据传热理论，我们计算液氮降温所需要的量[94]。

$$q = \frac{2\pi l \gamma (t_2 - t_1)}{\ln\left(\frac{r_2}{r_1}\right)} \tag{3-1}$$

式中　　q——传热速率，W；

l——炮孔深度，m，取 $l=10$m；

γ——导热系数，W/(m·K)，汝箕沟多为砂岩[95]，取 $\gamma=2.18$W/(m·K)；

t_1——降温后孔壁温度，℃，取 $t_1=50$℃；

t_2——炮孔初始温度，℃，取 $t_2=150$℃；

r_2——炮孔外层半径，m，取 $r_2=0.1$m；

r_1——炮孔内层半径，m，炮孔直径一般为 0.14m，故取 $r_1=0.07$m。

$$Q_1 = qt \tag{3-2}$$

式中　Q_1——炮孔传热的热量，J；

　　　t——炮孔传热的时间，s，取 $t = 300s$。

$$Q_2 = \rho V c_2 (t_2 - t_1) \tag{3-3}$$

式中　Q_2——炮孔放热，J；

　　　ρ——砂岩密度，kg/m^3，取 $\rho = 2350kg/m^3$；

　　　V——砂岩体积，m^3，$V = \pi l (r_2 - r_1)$；

　　　c_2——砂岩比热容，J/（kg·k），取 $c_2 = 762J/（kg·K）$。

$$Q = q_p \cdot m + mc(t_1 - t_3) \tag{3-4}$$

　式中　Q——液氮放热量，J；

　　　m——液氮质量，kg；

　　　q_p——液氮汽化热，J/kg，取 $q_p = 199200J/kg$；

　　　c——液氮比热容，J/（kg·k），取 $c = 745J/（kg·K）$；

　　　t_3——液氮初始温度，℃，取 $t_2 = -196℃$。

$$Q = Q_1 + Q_2 \tag{3-5}$$

解得，$m = 105kg$。

由此可见，所需要的液氮量基本在合理范围，远比以水降温的用量少。

二氧化碳在-37℃下液化，在高温下能快速汽化，体积可膨胀约640倍，且吸收大量的热量，约为冰制冷能力的两倍，制冷效果略差液氮。二氧化碳密度比空气大，能够沉入孔底，排出氧气，且是惰性气体，环保。但是液态二氧化碳价格较昂贵，限制了其使用[96~98]。干冰的制冷效果优于液态二氧化碳，但是由于是固体，不易放入炮孔中。计算质量方法同上。

魏科等人通过对80℃左右的炮孔注液态二氧化碳发现，当孔深小于8m时降温效果比注水降温好，但炮孔不同位置降温效果不一致，炮孔中部温度回弹较快。王涛等人通过对炮孔注干冰降温，也取得了类似的效果。

3.1.2.2 利用热对流原理降温

当温差越大、导热系数越大、截面积越大，热对流传导速率就越大。水价格便宜，能够充满整个炮孔，导热系数也较大，是现今炮孔降温使用最广泛的方法。当炮孔温度不太高时，长时间的注水能够把炮孔温度降低至50℃以下，满足火区放炮要求。但是注水后，炮孔容易损坏，在停止注水后，炮孔温度能够快速回温，一般10min内就会升到初温，汽化的水蒸气易烫伤施工人员，且必须使用防水炸药，提高了成本，同时在宁夏等地，水源缺乏。

水用量的计算公式如下：

当岩石温度高于100℃时，火区注水量按式（3-6）计算：

$$Q_水 = (K_1 + K_2)LS(1 + K) \tag{3-6}$$

式中　$Q_水$——火区注水量，m^3；

　　　L——火区炮孔的长度，m；

　　　S——火区炮孔截面平均面积，m^2；

　　　K——水的流失系数，炮孔水流失比较大，一般取 $K=60$ 以上；

　　　K_1——第一注水系数，$K_1 = [2214.82(T-100)] / [4186.8(100-t_0) + 2256685]$；

　　　K_2——第二注水系数，$K_2 = [0.529(100-t)] / [50+t/2-t_0]$；

　　　T——火区岩石平均温度，℃；

　　　t——灭火设计降温目标温度，℃；

　　　t_0——供水温度，℃。

当岩石温度低于100℃时，火区注水量按式（3-7）计算：

$$Q_水 = K_2LS(1 + K) \tag{3-7}$$

3.1.2.3　利用热辐射原理降温

辐射降温一般都是通过在物质表面涂一层辐射型隔热涂料，这种涂料价格昂贵，且不方便涂在炮孔中，但是可以涂在炸药包装或者隔热装置上面，提高炸药耐热时间[99]。

3.1.2.4　暂时降温方法的分析与比较

液氮、注水等可以较好地降低炮孔温度，且液氮、液态二氧化碳降温的用量少、降温快速，具有一定优势，但降温过程操作复杂、成本较高，且降温效果存在不稳定性。水以其经济性、方便性在火区降温中具备的优势是其他降温方法难以比拟的，导致现今绝大部分火区爆破都是采取用水降温方法。

3.2　注水降温

目前火区爆破主要都采取注水降温方法，将炮孔温度降至安全温度以下，然后再进行爆破。然而注水降温效果、注水降温时间目前尚没有相关数据支撑，故必须通过现场测温，测出不同温度对应不同降温时间的合格炮孔温度，为高温炮孔注水降温和爆破提供依据。

3.2.1　试验方案

为了分析炮孔注水降温效果，对不同温度炮孔注水降温一段时间后，使用GW新型热电偶测温仪对炮孔温度进行测量，得出注水降温后一段时间炮孔温度的变化，以期对各温度区间炮孔达到预定的温度所需注水降温时间有个基本依据。本试验依托大石头露天煤矿进行。

A　试验器材

1 台热电偶测温仪；4 根 15m 热电偶测温线。

B　试验方法

（1）将 4 根热电偶测温线间隔 1m 捆绑在一起。

（2）在高温炮孔注水降温前，测量炮孔干孔温度，并做好温度记录。

（3）记录炮孔开始注水降温的时间，注水降温时，每隔一段时间停止注水，测量炮孔温度，直至测温仪显示温度无变化。测温过后，立即对炮孔再次注水。

（4）统计注水降温后测温数据，利用 origin 软件作图，得出规律。

3.2.2　注水降温试验数据

注水降温试验，选择了炮孔温度分别为 147℃、204℃、242℃、316℃、353℃等炮孔进行试验，具体试验数据如下述。

3.2.2.1　147℃炮孔水管降温 20min 后温度变化

147℃炮孔水管降温 20min 后温度变化如图 3-2 所示。

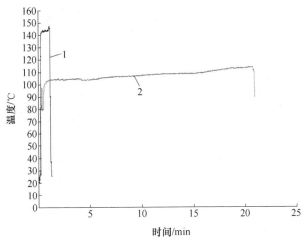

图 3-2　147℃炮孔水管降温 20min 后温度变化

1—试验前干孔温度；2—水管降温 19min 后温度

由试验数据可知，降温 20min 后炮孔温度在 0.95min 升至 102.9℃，之后温度缓慢升高，温度基本稳定在 108℃，最高达 113℃。

3.2.2.2　204℃炮孔水管降温 1h 后温度变化

204℃炮孔水管降温 1h 后温度变化如图 3-3 所示。

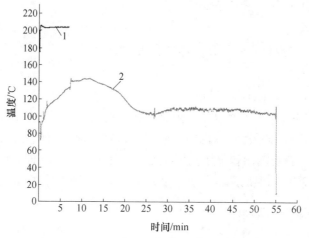

图 3-3　204℃炮孔水管降温 1h 后温度变化

1—试验前干孔温度；2—水管降温 1h 后温度

　　试验数据可知，降温 1h 后炮孔温度在 7.3min 升至 144℃，11.3min 后温度开始下降，30.9min 后，温度基本稳定在 110℃。

3.2.2.3　212℃炮孔水管降温温度变化

　　212℃炮孔水管降温温度变化如图 3-4 所示。

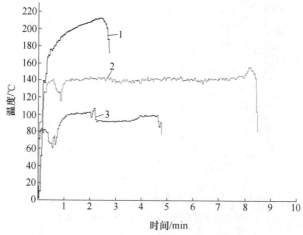

图 3-4　212℃炮孔水管降温温度变化

1—试验前干孔温度；2—水管降温 1h 后温度；3—水管降温 2h 后温度

　　由试验数据可知，降温 1h 后炮孔温度在 1min 升至 139.2℃，之后温度基本保持不变，位于 142℃左右，7.8min 时温度开始有个较大波动，8.25min 升至 155.2℃，之后又下降至 142℃左右。降温 2h 后炮孔温度在 1.21min 升至

100.3℃，之后温度基本不变，2min 时，温度有个较大波动，在 2.1min 时最高达 106.7℃，在 2.2min 是降至 93.5℃，之后温度又再次变化不大，3.5min 时温度缓慢增长，4.6min 时达到最高 99℃。

对比发现，随着降温时间增长，炮孔内温度降低，且稳定后温度变化缓慢。

3.2.2.4 215℃ 炮孔水管降温 1h 温度变化

215℃ 炮孔水管降温 1h 温度变化如图 3-5 所示。

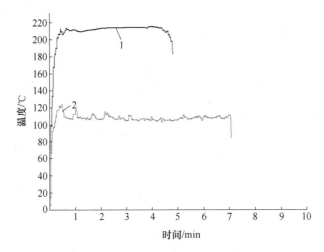

图 3-5 215℃ 炮孔水管降温 1h 温度变化
1—试验前干孔温度；2—水管降温 1h 后温度

由试验数据可知，降温 1h 后炮孔温度在 0.55min 升至 108.1℃，之后温度在 105℃ 附近上下波动，最高温度为 1min 时的 118℃。

3.2.2.5 229℃ 炮孔水管降温 1h 后温度变化

229℃ 炮孔水管降温 1h 后温度变化如图 3-6 所示。

由试验数据可知，降温 1h 后炮孔温度在 1min 升至 118.9℃，之后温度缓慢下降，6min 时温度降至 103℃。

3.2.2.6 240℃ 炮孔水管降温温度变化

240℃ 炮孔水管降温温度变化如图 3-7 所示。

由试验数据可知，降温 1h 后炮孔温度在 3.4min 升至 154.8℃，之后温度缓慢升高，8min 时温度降至 167.7℃。降温 2h 后炮孔温度在 0.88min 升至 126.3℃，之后温度缓慢升高，5.1min 时温度降至 138.8℃。

对比发现，随着降温时间增长，炮孔内温度降低，且稳定后温度变化缓慢。

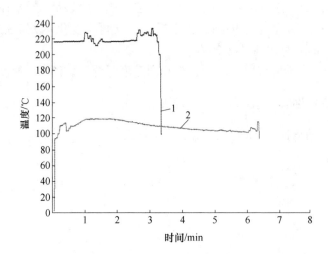

图 3-6　229℃炮孔水管降温 1h 后温度变化
1—试验前干孔温度；2—水管降温 1h 后温度

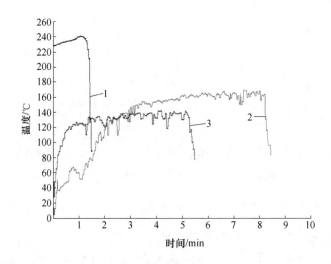

图 3-7　240℃炮孔水管降温温度变化
1—试验前干孔温度；2—水管降温 1h 后温度；3—水管降温 2h 后温度

3.2.2.7　242℃炮孔水管降温 30min 后温度变化

242℃炮孔水管降温 30min 后温度变化如图 3-8 所示。

由试验数据可知，降温 30min 后炮孔温度在 6.4min 升至 146℃，10.1min 后温度开始下降，15.3min 后，温度基本稳定在 126.6℃。

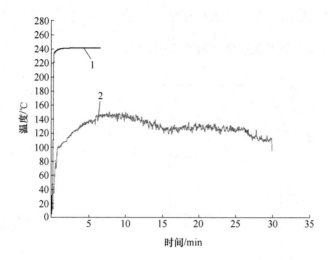

图 3-8　242℃炮孔水管降温 30min 后温度变化

1—试验前干孔温度；2—水管降温 30min 后温度

3.2.2.8　316℃炮孔水管降温 30min 后温度变化

316℃炮孔水管降温 30min 后温度变化如图 3-9 所示。

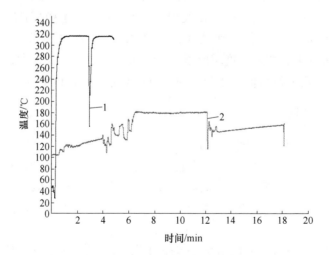

图 3-9　316℃炮孔水管降温 30min 后温度变化

1—试验前干孔温度；2—水管降温 30min 后温度

由试验数据可知，降温 30min 后炮孔温度在 6.5min 升至 181.9℃，之后温度基本稳定在 180℃，最高达 182℃。12.1min 后温度开始下降，13.4min 时温度降至 147.1℃，之后基本稳定在 151.3℃，但呈升高趋势，最高达 158℃。

3.2.2.9　327℃炮孔水管降温温度变化

327℃炮孔水管降温温度变化如图 3-10 所示。

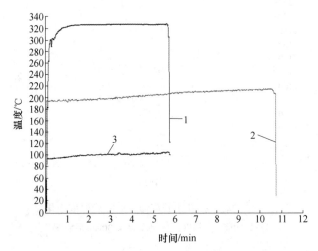

图 3-10　327℃炮孔水管降温温度变化

1—试验前干孔温度；2—水管降温 2h 后温度；3—水管降温 3.5h 后温度

初始降温的两小时水流量较小，后续降温的 1.5h，水流量较大。

由试验数据可知，降温 2h 后炮孔温度在 0.1min 升至 193.6℃，之后温度缓慢增长，10.56min 时温度达到最大，为 214.5℃。降温 3.5h 后炮孔温度在 0.1min 升至 93.6℃，之后温度缓慢增长，5.7min 时温度达到最大，为 104.4℃。

对比发现，随着降温时间增长，炮孔内温度降低，且稳定后温度变化缓慢。

3.2.2.10　353℃炮孔水管降温温度变化

353℃炮孔水管降温温度变化如图 3-11 所示。

由试验数据可知，降温 2.16h 后炮孔温度在 0.05min 升至 91.3℃，之后温度基本不变，维持在 94℃左右，最高温度为 95℃。降温 3.62h 后炮孔温度在 0.11min 升至 91.3℃，之后温度基本不变，维持在 92℃左右，最高温度为 92.7℃。

对比发现，随着降温时间增长，炮孔内温度稍微降低，且稳定后温度基本不变。353℃炮孔注水 2.16h 和 3.62h 对炮孔温度变化影响不大。

3.2.3　注水降温效果分析

通过分析并结合炮孔注水降温效果、炸药和起爆器材的耐热性能得出如下结论。

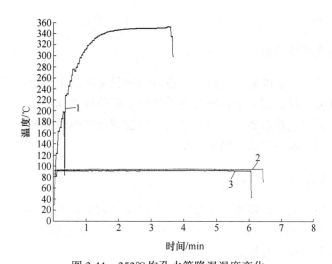

图 3-11　353℃炮孔水管降温温度变化

1—试验前干孔温度；2—水管注水 2.16h 后温度；3—水管注水 3.62h 后温度

（1）150℃以下炮孔降温注水 20min 后，温度可降至 130℃以下，基本稳定在 108℃。

（2）150~200℃炮孔注水降温 1h 后，温度普遍低于 130℃，基本位于 120℃以下。

（3）200~300℃炮孔注水降温 2h 后，温度普遍低于 130℃。

（4）300~350℃炮孔注水降温 3.5h 后，温度能够降至 130℃以下，最低能够降至 100℃以下。

（5）350℃以上炮孔，降温时间增长后炮孔温度出现异常，有些许升高现象，这与水增加了高温裂隙长度和宽度，加快了热源与炮孔的传热所致。故对此类高温炮孔，降温时间应有较大增长，应持续降温 24h。

（6）对于同一温度区间炮孔，相同的注水降温时间，炮孔的降温效果并不一致，如 200~300℃炮孔注水降温 2h 后，有的炮孔温度可降至 138.8℃，而有的注水降温 1h 后，最高温度才 118.9℃。这与炮孔温度来源、炮孔裂隙情况、水流量等都有关系，如炮孔裂隙越多、越粗，相同的注水量，流失水分越多，对炮孔实际降温水量越少，降温效果也就越不理想。故上述温度区间注水降温时间和注水降温效果，只供参考，可理解成该温度区间最低的注水降温时间，不能作为不同温度区间炮孔注水降温时间的判据。在实际注水降温过程中，炮孔降温效果是否达到要求，应以实际测温为准。

3.3　注水降温工艺

注水降温对炮孔降温效果虽较好，但使用过程中还需要与提高爆破器材耐热性能、隔热装置隔热效果等处理措施结合，才能有效保障爆破的安全，提高火区爆破安全和效率。

3.3.1　注水降温技术参数

注水降温后炮孔温度暂时下降，一段时间内稳定在一个温度范围内，在该温度范围内，爆破器材是否安全，则与爆破器材的耐热性能相关，对耐热性能不良的爆破器材应采取隔热措施，后续章节会对爆破器材耐热性能和隔热装置的隔热性能做详细介绍，本节只将其结果列出。

3.3.1.1　爆破器材耐热性能

煤矿火区使用的爆破器材主要包括工业炸药（铵油炸药、胶状乳化炸药、粉状乳化炸药等）和起爆器材（电雷管、导爆管雷管、导爆索等），通过铁板加热试验，得出其耐热性能数据如下：

（1）胶状乳化炸药 20min 安定温度为 90℃，20min 保能温度为 150℃，20min 质变温度为 220℃；粉状乳化炸药 20min 安定温度为 90℃，20min 保能温度为 130℃，20min 质变温度为 160℃；混装铵油炸药 20min 安定温度为 90℃，20min 保能温度为 130℃，20min 质变温度为 175℃；导爆索 20min 安定温度为 90℃，20min 保能温度为 110℃，20min 质变温度为 130℃。

（2）导爆管安定温度为 95℃；脚线安定温度为 140℃。

（3）胶状乳化炸药执行 GB18095 标准，爆速不小于 3200m/s，猛度不小于 12mm，殉爆距离不小于 3cm；做功能力不小于 260mL。

（4）粉状乳化炸药执行 WJ9025 标准，爆速不小于 3400m/s，猛度不小于 13mm，殉爆距离不小于 5cm；做功能力不小于 300mL。

（5）混装铵油炸药执行 WJ9026 标准，爆速不小于 3200m/s，猛度不小于 12mm，殉爆距离不小于 4cm；做功能力不小于 298mL。

（6）导爆索执行 GB9786 标准，爆速不小于 6500m/s；在水压 50kPa、水温 10~25℃ 的静水中，浸 5h 后，应爆轰完全；在 (50±2)℃ 条件下保温 6h 后，应爆轰完全；承受 500N 静拉力后，应爆轰完全。

（7）导爆管执行 WJ/T 2019 标准，爆速不小于 1600m/s；在温度为 (20±5)℃ 条件下，承受不小于 68.6N 拉力 1min，不应被拉断；在温度为 (20±10)℃ 条件下，起爆导爆管，应该正常传爆，且除起爆端外管壁不被击穿。

（8）脚线为镀锌钢芯。

（9）130℃ 以下炮孔可使用铵油炸药，但应对导爆索使用 A 型导爆索隔热套筒保护。

（10）炮孔注水降温量一般为 $3.6~5.4\text{m}^3/\text{h}$。

通过耐热性能数据可知，工业炸药在 130℃ 条件下 20min 是安全的，物理化学性能未有明显变化，其中尤其是胶状乳化炸药，在150℃条件下20min安全性仍可保障。但导爆索20min保能温度只有110℃，低于130℃，故需要对导爆索进行隔热防护，以使其在130℃条件下20min是安全的，结合后续章节的隔热知识，可知使用A型导爆索隔热套筒对导爆索进行隔热防护，可达到上述要求。

需要注意的是，爆破器材的耐热温度与爆破器材自身特性具有相当大的关系，不同厂家生产的爆破器材虽然都满足国家标准，但其仍有许多不同，如胶状乳化炸药，其有物理敏化和化学敏化之分等，故在不同地区，使用不同厂家、不同生产工艺的爆破器材时，应对其耐热性能重新进行表征，即使在相同地区相同厂家生产的爆破器材，也应定期进行耐热试验，以确保安全。

备注：20min安定温度即炸药在20min内保持其物理化学性质保持不变的最高温度；20min保能温度即炸药在20min内，物理化学性能未发生明显变化，且处于安全状态的最高温度，一般通过炸药是否熔化、是否明显冒烟、是否颜色明显变化等判断；20min质变温度即炸药在20min内，物理化学性质发生突变，或位于燃烧和热分解临界点的危险温度，一般通过是否燃烧、是否大量冒烟、是否熔化完全等判断。

3.3.1.2 注水降温时间限定和配套使用的爆破器材

结合爆破器材耐热性能和各自特点（铵油炸药爆速低，价格便宜；乳化炸药价格较高、爆速高，但具有防水性能）、隔热装置隔热性能、注水降温效果，对不同温度区间炮孔，可得出以下结论：

（1）60~100℃炮孔水药花装法对炮孔降温，水袋个数不少于4个，可使用铵油炸药，但水孔应使用乳化炸药。

（2）100~150℃炮孔至少降温20min，然后使用粉状乳化炸药或胶状乳化炸药和导爆索，导爆索应使用A型导爆索隔热套筒保护。

（3）150~200℃炮孔至少降温1h以上，然后使用粉状乳化炸药或胶状乳化炸药和导爆索，导爆索应使用A型导爆索隔热套筒保护。

（4）200~300℃炮孔至少降温2h以上，然后使用粉状乳化炸药或胶状乳化炸药和导爆索，导爆索应使用A型导爆索隔热套筒保护。

（5）300~350℃炮孔至少降温3.5h以上，然后使用粉状乳化炸药或胶状乳化炸药和导爆索，导爆索应使用A型导爆索隔热套筒保护。

（6）350℃以上炮孔应持续降温24h以上，使用胶状乳化炸药和导爆索，导爆索应使用A型导爆索隔热套筒保护。

3.3.2 注水降温使用的材料

注水降温的实现，包含对炮孔测温分区计划注水时间、注水等过程，其需要测温仪、水源、输水管等材料。

(1) GW 新型热电偶测温仪 1 台。

(2) 红外测温仪 1 台。

(3) 水源（可为水车送水或水泵输水）。

(4) 水管分水器 1 个（有 8 个分头）。

(5) 水管若干，其中主输水管 1 套，接分水器分头水管 8 根。

其中除了水源为不可重复利用，其他材料皆为重复使用材料，分水器、主输水管可在市场上购买或加工，价格经济，不存在自燃、自爆等危险，无任何有毒物质，使用过程也不会对环境带来任何变化。

主输水管需要避免高温地表铺设，且避开机械设备运输干道或埋在运输干道下方，防止损坏，可长期使用，直至自然损坏。

接分水器水管应要放到高温炮孔中或旁边，高温炮孔或其周边地表温度对其有一定的损坏，使用寿命较短，但其价格便宜，使用过程中也不会产生有毒物质，但是人员在操作过程中应戴防烫手套，避免烫伤。

水源主要为生活用废水、自来水、下雨积水，注入炮孔过程中变成水汽，水汽对人员可能造成烫伤，人员应避开注水降温的高温炮孔；此外注水后炮区烟雾缭绕，可见度差，且注水后炮孔内气体流动，加快煤自燃的有毒气体从炮孔或炮区裂隙中逸出，故人员应少进入注水降温炮区，但由于为露天环境，空气流动快，有毒气体含量较少，对人体损害不大。

3.3.3　注水降温工艺流程

火区炮孔大部分都存在裂隙，用水降温，水易从裂隙流失；水从孔口落至孔底，可能存在未降温段，且不能针对炮孔的高温部分降温；高温孔装药时，水管需撤离，故不能对装药过程进行降温。

避免水过多的从裂隙流失，可采取堵裂隙的思想。如在水中加入氢氧化钙等物质，其随水流入孔隙中，在高温下水分蒸发，氢氧化钙等留在裂隙中，从而堵住裂隙。

把水变成环状，沿着炮孔孔壁四周从上往下流淌，可对全孔进行降温，避免炮孔存在未降温段，并减小了水的冲击力对炮孔的损坏。此外把水柱变细，雾化的水珠能更好地与空气进行热交换，降温效果更佳。

在水管头部接一个雾化喷头可把水变成环状，在没有喷头时，可把水管头部冲击炮孔对面位置，使得水散开和反冲，沿壁面四周流入炮孔。水的温度越低，降温效果越好，宁夏地区长年温度较低，可考虑将水自然冷却，如把水放在阴暗面、采用地下水等。

水管撤离后，可采取水药花装法对装药过程降温；也可以将水管撤离至安全距离，然后挖沟槽将水送至各个炮孔，沟槽用塑料袋进行铺垫以防止漏水。

整体施工组织如下：

（1）水管铺设。火区崎岖不平，输水管路容易破损，故输水管道前半部分管路用铁制品或者高强度的塑料制品，且为了保证输水量，此段输水管路直径要大。由于输水距离较远，高差大，导致输水动力要求较严格，故可把水从山底运输到半山腰，再从半山腰输送至炮孔，且管路的铺设尽量采取直线，避免弯折，以减少压力损失。

（2）炮孔周围的清理。为了防止注水时炮孔周围碎石等堵塞炮孔，应提前将其周围清理干净。

（3）注水方式。火区同一天爆破区域应相近，以方便降温。温度低的炮孔可安排在当天进行降温，温度高的炮孔可在前一天进行降温，降温过程中严禁断水。水管一般不耐高温，严禁放在高温炮孔内部。炮孔降温应先高温孔，后低温孔，且高温孔多注水，低温孔少注水。当炮孔温度相差不大时，可将水管分流以对各个炮孔同时进行降温；当某个炮孔温度特高时，应单独用一根水管进行降温，以保证降温效果。当炮孔灌满水后，应停止注水，等水位下降或水沸腾时，再进行注水。水管变换炮孔时，禁止把水管口对着孔边碎石，应管口朝上，然后快速拿出并放入另一个炮孔。

（4）中测、末测注水。降温过程需测温时，应将水管撤出炮孔，当温度测好时，立即将水管放入炮孔对其降温。装药前测温时，用同样方法。

（5）装药时注水。装药时，水管应远离炮区一定距离，此时可把水管撤离至较高区域，然后挖沟槽对炮孔注水，也可以使用水药花装法对装药过程炮孔进行降温，如图3-12所示。

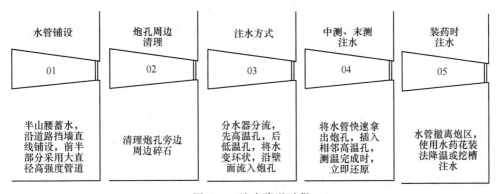

图 3-12 注水降温过程

在宁夏宁煤大石头煤矿火区，采取注水对炮孔降温的方法进行实践，如图3-13所示。大石头火区炮孔温度普遍在200℃以下，注水后，炮孔温度基本上能够降至设计温度，局部炮孔温度甚至能降到60℃以下，但也存在个别炮孔温度难以降低的情况。

图 3-13　注水降温

注水降温过程除了正确操作，还需注意以下几点：

（1）高温炮孔裂隙多，且岩石较脆，注水降温过程中，一方面岩石的热胀冷缩，造成岩石从炮孔壁上脱落；另一方面注水的冲击力，会将炮孔壁上碎石冲入炮孔。这两种方式造成了炮孔底部会积累一定的石块甚至卡孔，使得炮孔深度减小。故炮孔注水降温后，在装药前需要重新测量炮孔深度，对深度减小炮孔，应重新计划药量，并对相邻炮孔药量进行调整，以免装药量过多造成飞石事故；对卡孔炮孔，应及时调用钻机通孔，以免影响爆破质量和爆破时间。

（2）炮孔注水降温后，部分炮孔由于裂隙较少或没有裂隙，炮孔内存在积水，当积水量较大时，使用粉状乳化炸药，会发生炸药沉不到底，使用胶状乳化炸药，乳化炸药砸到水面的冲击力将药卷变粗卡在孔壁上，造成装药高度上升至堵塞段，一方面容易造成飞石安全事故，另一方面爆破后会出现大量根底，影响爆破质量。当炮孔内积水较多时，当测量温度满足装药条件时，在装药前一段时间，应停止注水，使水位靠裂隙流失下降，并对炮孔中水深进行测量，当快装药时，炮孔内仍然存在水时，应根据水深适当减少该孔装药量并调整相邻炮孔药量，以避免装药高度过高造成飞石事故，同时保障爆破质量。需要注意的是当炮孔中水呈现满孔状态时，且检查炮孔孔壁较好，应使用胶状乳化炸药装药，不可使用粉状乳化炸药。

（3）煤矿火区主要存在中国西部等缺水地区，冬季寒冷温度普遍位于零度以下，水管注水降温时，若发生水泵损坏、水源冻住等事故，造成水管内水无法流动，很快水管即会冻住，冻住的水管，导通需要较长的时间，从而影响了炮孔注水降温，尤其是主输水管道若发生冻住，将影响整个煤矿火区的注水降温过程。故在冬季施工时，应注意观察天气，提前准备备用水泵、水管、洒水车，当输水水泵发生损坏时，及时更换水泵，水管冻住时，及时更换水管；此外当水管不使用时，应将水管内水清干净，严禁水管内存水。当水源冻住，水泵无法输水时，应增加洒水车数量和出勤时间，使用洒水车注水代替水泵输水，最大程度减少对爆破效率的影响。

　　结合上述注水降温时间、爆破器材耐热性能、隔热器材隔热性能、注水降温施工组织，得出注水降温工艺流程如图 3-14 所示。

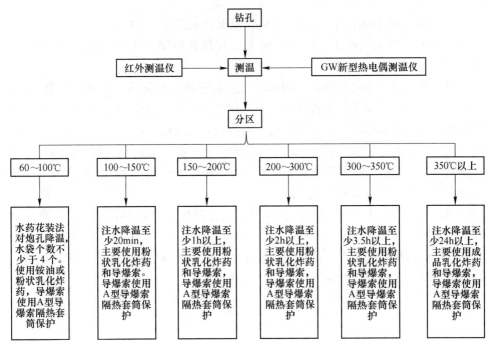

图 3-14　注水降温工艺流程图

3.4　小结

　　本章讲述火区的炮孔降温，下面对本章内容总结如下：

　　（1）隔离火区、阻止煤与氧气的反应速率、降低火区的温度、挖出火源等四种方法从不同的角度解决火区灭火问题，其中胶体灭火性能优越，注水注浆方法经济实惠，挖出火源灭火彻底，但是都存在灭火周期较长，在火区范围大的情况下适用性差，效果不太好。

　　（2）从热传导、热对流、热辐射传热三个方面研究现今常用的炮孔暂时降温方法，得出液氮、注水等可以较好地降低炮孔温度，液氮、液态二氧化碳降温用量少、降温快速，具有一定优势，但降温过程操作复杂、成本较高，且降温效果存在不稳定性。注水降温水以其经济性、方便性在火区降温中优势突出，因此现今绝大部分火区爆破都是采取用水降温方法。

　　（3）通过对炮孔注水降温，并使用 GW 新型热电偶测温仪测量其降温效果得到：

1）150℃以下炮孔降温注水 20min 后，温度可降至 130℃以下，基本稳定在 108℃。

2）150~200℃炮孔注水降温 1h 后，温度普遍低于 130℃，基本位于 120℃以下。

3）200~300℃炮孔注水降温 2h 后，温度普遍低于 130℃。

4）300~350℃炮孔注水降温 3.5h 后，温度能够降至 130℃以下，最低能够降至 100℃以下。

5）350℃以上炮孔，降温时间增长后炮孔温度出现异常，有些许升高现象，这是由于水增加了高温裂隙长度和宽度，加快了热源与炮孔的传热所致，故对此类高温炮孔，降温时间应有较大增长，应持续降温 24h。但需要注意的是，受炮孔温度来源、炮孔裂隙情况、水流量等影响，对于同一温度区间炮孔，相同的注水降温时间，炮孔的降温效果并不一致，在实际注水降温过程中，炮孔降温效果是否达到要求，应以实际测温为准。

（4）根据炮孔温度对炮孔进行分区，结合爆破器材耐热性能，选用合适爆破器材并使用 A 型导爆索隔热装置，并通过水管铺设、炮孔周围的清理、优化注水方式、中测和末测注水、装药时注水等施工组织，可快速、高效实现高温炮孔的降温，以满足高温爆破需要。

第4章　耐高温爆破器材及隔热包装

对炮孔注水降温，将炮孔温度降至设计以下，然后再进行装药爆破，以保障爆破的安全。但注水降温也存在效率低、对炮孔损坏严重等缺点。而选用隔热装置对爆破器材进行隔热防护，使得爆破器材在一段时间内处于安全状态，可达到注水降温相同的效果，同时避免了水源对注水降温限制、炮孔注水损坏等缺点。但爆破器材隔热装置的研制和运用，目前存在较多的问题，如操作复杂、隔热效果差、厚度造成体积加大等，仍需要进行技术改进。本章将依据隔热理论相关知识，研制高效、安全、低成本的隔热装置，解决当前爆破器材隔热领域存在的些许问题。

4.1　隔热理论分析

在宁夏、内蒙古、新疆等煤矿火区，受地理位置影响，水源缺乏，大面积炮孔注水降温存在一定难度，此外温度高于350℃炮孔，注水降温效果较差，需要长时间注水降温，影响了高温爆破规模，此时我们可以考虑对炸药进行隔热防护。对炸药进行隔热包装，可以减缓炸药吸收的热量，延长炸药在炮孔中的安全时间，提高爆破的安全性。现今对火区炸药的隔热包装效果较差、价格昂贵、体积大，缺点较多，故需要对此进行研究，优选隔热材料，初步设计隔热装置。隔热材料原理、种类众多，对其进行分析，可以优选隔热材料，提高其隔热效果，保障炸药的安全性。

4.1.1　隔热的原理

炸药在高温炮孔中的热量传递表现为三种方式，即热传导、热对流、热辐射。

热传导是一种与原子、分子及自由电子等微观粒子的无序随机运动相联系的物理过程，所有的物质，不论固相、液相还是气相，均具有一定的传导能量的能力，只是在数值上相差悬殊。热对流是指当流体发生宏观移动时伴随流体质量迁移发生的热量传递，习惯上把流体和固体表面之间发生的热量传递过程称为对流换热，只要流体中有温差存在，宏观运动必定导致热量随着质量的迁移而迁移。热辐射是指物体向外发射辐射能量的过程，理论上无论什么相态，任何高于绝对零度的物体均具有一定的这种发射能力，物体除了具有发射热辐射线的本领之外，还具有一定吸收外来辐射的能力，物体之间以热射线方式相互交换热量的过程称为辐射换热。

在中低温条件下，传热主要以热传导和热对流为主，其中固体的热传导能力最强，热对流主要是在液体、气体或固体之间实现的热量交换，热辐射一般在400℃以上高温下才能明显感觉到，但是其在真空条件下也能传热。

火区爆破时，炮孔温度一般不是特别高，炸药一般是固体状态，根据以上的理论可知，炸药在高温炮孔中的热量传递主要以热传导、热对流为主，很少能量是通过热辐射进行传热的。故对炸药进行隔热防护，可以从主要减少热传导、热对流，其次为热辐射。

4.1.2　隔热材料种类

现今的隔热物质很多，包括隔热材料和隔热涂料两类，如图 4-1[100~104]所示。

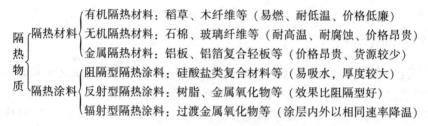

图 4-1　隔热物质类型及优缺点

目前的隔热材料种类有很多，具有很多种划分方法。按照材质可以划分为有机绝热材料、无机绝热材料、金属绝热材料三大类：

（1）有机隔热材料：如稻草、稻壳、甘蔗纤维、软木木棉、木屑、刨花、木纤维及其制品。此类材料容重小、来源广，多数价格低廉，但吸湿性大，受潮后易腐烂，高温下易分解或燃烧。

（2）无机隔热材料：矿物类有矿棉、膨胀珍珠岩、膨胀蛭石、硅藻土石膏、炉渣、玻璃纤维、岩棉、加气混凝土、泡沫混凝土、浮石混凝土等及其制品；化学合成聚酯及合成橡胶类有聚苯乙烯、聚氯乙烯、聚氨酯、聚乙烯、脲醛塑料和泡沫硬性酸酯等及其制品，此类材料不腐烂，耐高温性能好，部分吸湿性大、易燃烧，但价格较贵。

（3）金属隔热材料：主要是铝及其制品，如铝板、铝箔、铝箔复合轻板等，它是利用材料表面的辐射特性来获得绝热保温效能。具有这类表面特性的材料，几乎不吸收入射到它上面的热量，而且本身向外辐射热量的能力也很小，这类材料货源较少，价格较贵。

除了隔热材料，现今隔热涂料也得到广泛运用，主要包括阻隔型隔热涂料、反射型隔热涂料、辐射型隔热材料：

（1）阻隔型隔热涂料：硅酸盐类复合涂料是目前广泛运用的阻隔型隔热涂料，它是以天然矿物纤维材料、人造硅酸盐纤维材料为主，在辅助以填料、黏结剂、助剂等按照一定比例，经过松散、混合、打浆。鼓泡而制成的黏稠浆体。该类涂料原材料易得，生产过程简单，但对降低对流和辐射传热效果差且保温层较厚、吸水率高，不抗振动、使用寿命短，而且为了形成一个稳定的保温体系，还需另设防水层及外护层。

（2）反射型隔热涂料：反射型隔热涂料就是通过选择合适的树脂、金属或金属氧化物颜料、填料及生产工艺，制得高反射率的涂层来反射太阳能，从而达到隔热降温的目的。该种隔热涂料与各种基材附着力好，与底漆中间漆具有良好的亲容性，耐候性强，一般使用的溶剂无刺激性气味，大大减少了对环境的污染，且隔热效果较阻隔型隔热涂料明显，但大多数反射型隔热涂料为溶剂体系，而目前常用的是水性涂料，因此，如何制得具有广泛应用前景的水性反射型涂料需要不断深入研究。

（3）辐射型隔热涂料：辐射性隔热涂料是通过辐射的形式将吸收的光线和热量以一定的波长发射到空气中，从而达到良好隔热降温效果的目的。辐射性隔热涂料国内的研究报道并不多，其不同于阻隔型隔热涂料和反射型隔热涂料，因为后两者只能减缓但不能阻挡能量的传递。当热量缓慢地通过隔热层和反射层后，内部空间的温度缓慢的升高，此时，即使涂层外部温度降低，热量也只能困陷其中。而辐射型隔热涂料却能够以热发射的形式将吸收的热量辐射掉，从而促使涂料内外以同样的速率降温，但辐射型隔热涂料基料的选取和烧结工艺比较复杂，要想达到稳定的发射率还需进一步的深入研究。

4.1.3 隔热材料的性能影响因素

热传导、热对流强度都和传热系数有关，故导热系数越小，隔热性能越好。影响导热的因素众多，主要有材料类型影响、温度的影响、孔隙密度的影响、热流方向的影响、湿度和填充气体的影响等[105~110]。

（1）材料类型影响。不同的材料，它的外部特征和理化性质都有较大差别，导热系数也不同，导致其导热性能或导热系数也就存在差异。即使同一物质构成的材料，内部结构不同，或生产的控制工艺不同，导热系数的差别有时也很大。

（2）温度影响。材料温度升高时，固体分子热运动速率增加，同时材料孔隙中空气的导热和孔壁间的辐射作用也有所增强，因此，一般来说，材料的导热系数随着材料温度的升高而增大。

（3）孔隙密度影响。一般情况下孔隙率越大，密度越低，导热系数越小。当孔隙率相同时，由于孔隙中空气对流的作用，孔隙相互连通比封闭而不连通的导热系数要高，孔隙尺寸越大，导热系数越大。

（4）热流方向影响。导热系数与热流方向的关系，仅存在于各个方向上构造不同的材料中。如木材等纤维材料，当热流平行于纤维方向时，导热系数越大；而当热流垂直于纤维方向时，导热系数越小。

（5）湿度影响。材料受潮后，其孔隙中存在水或水蒸气，由于水具有较大的导热系数（比静态空气约大 20 倍），因此当材料中含水率增大时，其导热系数也必然增大；而当孔隙中的水受冷而凝固成冰时（冰的导热系数约为水的 4 倍），导热系数会变得更大。

（6）填充气体影响。多孔材料的导热系数在很大程度上取决于填充气体的种类，如氦气和氢气相比于其他气体而言，导热系数较大，故若多孔材料内填充有氢气、氦气等，导热系数将增大。

4.1.4　火区炸药隔热装置优选与设计

4.1.4.1　火区炸药隔热装置的设计要求

现在火区使用的炸药较多是乳化炸药，乳化炸药具有密度大、含水等特点。火区炮孔具有孔壁不完整、烟雾多、温度高等特点，结合隔热材料的种类和性能影响因素，根据炸药和炮孔的特点，耐热材料应该满足以下要求，如图 4-2 所示。

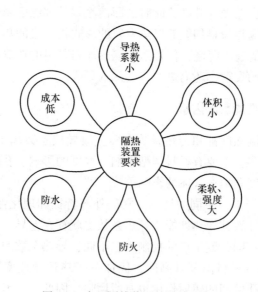

图 4-2　火区隔热装置的设计要求

（1）由于隔热材料需要把炸药或起爆器材与高温孔隔离，以使炸药能安全存放一段时间，故材料需要具有较低的导热系数，且导热系数越小越好，根据设备及管道保温技术通则的要求，导热系数应该小于 $0.14W/(m \cdot K)$，且隔热材料的最大耐热温度要高于火区炮孔温度。

（2）煤矿火区钻孔是个难题，时常发生卡孔等现象，为了提高爆破效率，达到少钻孔、多装药的目的，要求隔热材料的体积要小，以便相对提高炮孔的装药量。

（3）火区的炮孔可能会粗糙不平，且深度较深，为了便于装药和装药过程中保持完整，隔热装置应该具有一定的柔软性和强度。

（4）火区炮孔中经常会遇到明火现象，明火能使大部分材料燃烧，从而使炸药发生爆炸，故隔热材料应该具有防火的特性。

（5）火区高温炮孔在装药前，一般会经过洒水降温等措施把炮孔温度降到设计温度以下，此时炮孔中经常会存在大量的水，而湿度会提高材料的传热速率，故隔热材料应该具有不吸收水分的特点。

（6）现今煤炭的价格降低，整个行业行情不好，故应该控制隔热材料的成本，考虑经济实惠的因素，并且要考虑到与炸药的包装加工程序，利于施工组织。

4.1.4.2 火区炸药隔热装置的模型设计

根据火区炮孔的特点，隔热材料应达到不燃烧、耐高温、塑性好、轻度高、防水、导热系数低等特点，要使得隔热材料同时满足以上条件比较苛刻，比如无机隔热材料虽然耐高温不燃烧，但是塑性不好、笨重；有机隔热材料虽然导热系数低，但是易燃烧。故根据各种隔热材料的不同特征，选择性能相互搭配的隔热材料，联合组成多层隔热材料。

隔热装置外层直接接触高温、明火、水和孔壁，受到的外力、热辐射、热对流较强，可以考虑使用多孔、防火、防湿、耐高温、塑性好的隔热材料，比如可以选择无机绝缘材料类的玻璃纤维海泡石等，且可以在其外层涂覆一层像聚氨酯改性氯丙树脂反射涂料等反射型隔热材料，使得其能反射入射能量，减少辐射热的吸收。

内层为导热系数极小的材料，且最好也能防湿、耐高温、质轻，可以考虑使用像泡沫橡胶类的有机材料，在其表面可涂覆一层如红外发射粉末类的辐射型隔热材料，使得吸收的热量能够以热发射的形式辐射出去，保持炸药低温的特点。由于含水类炸药含有较大的水分，其对隔热材料导热系数影响较大，且一些不含水炸药遇到水分会使得爆轰性能受到影响，故可以把炸药用防水材料包覆，这类材料最好含有较多的孔隙且能辐射或反射热量，如图4-3、图4-4所示。

在温度特别高区域，可以考虑增加隔热装置的层数来达到提高炸药稳定时间的目的，如可以把隔热层层数增加到三四层，但是此情况会增大隔热层的厚度，

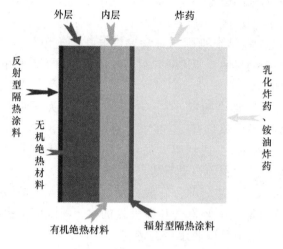

图 4-3　双层隔热材料剖面图

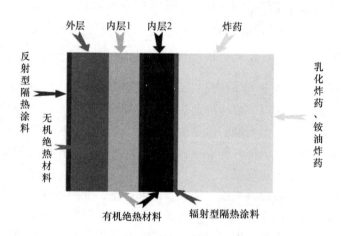

图 4-4　三层隔热材料剖面图

减少单孔装药量, 对爆破效率的影响较大, 且会增加成本, 只在特殊情况下使用。

4.2　耐高温爆破器材

结合隔热理论和火区爆破对隔热材料的要求, 研制了 A、B 两类新型隔热材料。两类新型隔热材料都具有强吸水性能, A 类材料固水性能一般, 但厚度薄; B 材料固水性能优秀, 但吸水后厚度大。故综合利用二者, 前者用于保护导爆索, 兼顾隔热性能同时, 能够顺利起爆相邻炸药; 后者用于保护炸药, 重点运用其隔热性能, 同时可以殉爆相邻药卷。

4.2.1 A 型导爆索隔热套筒

根据隔热理论，使用 A 类新型隔热材料做成 A 型导爆索隔热套筒。A 型导爆索隔热套筒包括护筒和引线，护筒为上下两端开口的空心圆筒，且护筒的内径大于导爆索的直径，护筒使用的是 A 型材料；引线沿着护筒轴向贯穿护筒，用于使导爆索从护筒的下端进入护筒。如图 4-5 所示。

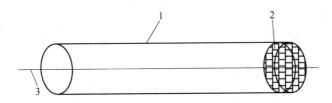

图 4-5 A 型导爆索隔热套筒结构示意图

1—护筒；2—封盖；3—引线

护筒首先具有光滑的特点，一方面导爆索在放入护筒的过程中，受到的摩擦较小，另一方面在放入炮孔的过程中不容易发生卡孔或破损；其次，柔软质轻，容易携带和不容易打结，操作方便；再次，具有抗高温的性能，可在120℃条件下使用，在高温炮孔中不易烧坏；最后，具有一定的固水性能，并且结实，在倒入炸药过程中，不易发生变形等导致出现水分流失现象。

引线可以为细绳，其具有较大的强度，能够实现导爆索快速穿入护筒的作用，达到操作方便的目的。

综上所述可知，A 型导爆索隔热套筒可以在高温炮孔中使用，通过护筒和吸水，使得导爆索置于水环境中，增加了导爆索在高温炮孔中的安全时间，保护导爆索，提高爆破效率，此外还具有柔软、结实、重量轻、固水等特点，可满足高温爆破中对导爆索的要求。

4.2.1.1 A 型导爆索隔热套筒性能试验

为了得出 A 型导爆索隔热套筒隔热性能，在宁夏大石头煤矿，选取高温炮孔，测量炮孔温度，选取 20cm 长导爆索，分别在导爆索上中下三个位置绑上 GW 新型热电偶测温探头，然后将导爆索穿入 A 型导爆索隔热套筒内放入炮孔中进行隔热试验。

A 隔热效果明显

按照大致相同温度梯度，现场选择 182℃、214℃、240℃、285℃、320℃、385℃炮孔进行试验（E 测温探头位于隔热装置外部，B、C、D 测温探头捆绑于导爆索表面，且顺序为由下到上），结果分别如图 4-6~图 4-11 所示。

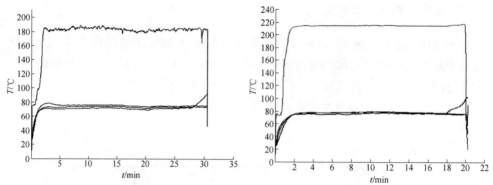

图 4-6　182℃下 A 型导爆索隔热套筒隔热效果　图 4-7　214℃下 A 型导爆索隔热套筒隔热效果

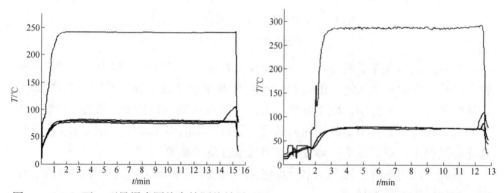

图 4-8　240℃下 A 型导爆索隔热套筒隔热效果　图 4-9　285℃下 A 型导爆索隔热套筒隔热效果

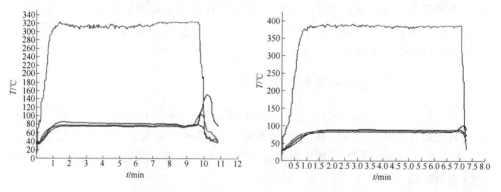

图 4-10　320℃下 A 型导爆索隔热套筒隔热效果　图 4-11　385℃下 A 型导爆索隔热套筒隔热效果

　　由图 4-6~图 4-11 可知：

　　（1）182℃时，导爆索温度可保持在 80℃以下 30min；214℃时，导爆索温度可保持在 80℃以下 19min；240℃时，导爆索温度可保持在 80℃以下 15min；

285℃时，导爆索温度可保持在80℃以下12min；320℃时，导爆索温度可保持在80℃以下9min；385℃时，导爆索温度可保持在80℃以下7min。

（2）导爆索初始升高温度较快，然后处于较长时间稳定状态，当上部温度突破某一固定值时，温度又快速升高。

（3）直至A型导爆索隔热套筒内导爆索温度突变以前，导爆索各点温度基本相同，体现出隔热装置不同位置水分散失速度保持一致。

（4）由不同温度拟合曲线可知（图4-12），温度越高，导爆索温度保持在80℃以下时间变化越短。

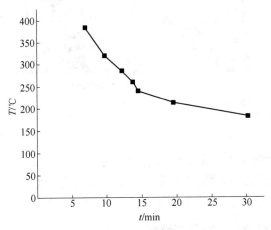

图4-12 不同炮孔温度A型导爆索隔热套筒隔热效果拟合曲线

结合注水降温效果和后续的炮孔温度分区，A型导爆索隔热套筒隔热效果按照区间划分如下所示：

（1）100~150℃孔温可保持80℃以下30min。

（2）150~200℃孔温可保持80℃以下19min。

（3）200~300℃孔温可保持80℃以下9min。

（4）300~350℃孔温可保持80℃以下7min。

上述降温区间的A型导爆索隔热套筒隔热时间是以大于该区间最高温度隔热效果来统计的，具有一定的安全裕度。此外A型导爆索隔热套筒是配合注水降温使用的，注水降温后，炮孔温度一般降至130℃以下，在该温度区间下，导爆索被A型导爆索隔热套筒保护后，温度上升至80℃最少需要30min。

B 操作方便，兼具耐高温性能

A型导爆索隔热套筒在试验过程中，发现具有以下几个优点：

（1）导爆索容易放入A型导爆索隔热套筒隔热装置中，且放入炮孔过程迅速，未遇到卡孔现象。

（2）试验结束时，观察 A 型导爆索隔热套筒，表面光滑，未发现划痕和破损，且下部保持少量水分，如图 4-13 所示。

（3）将试验过的 A 型导爆索隔热套筒放入水中，仍然具有快速吸水功能。

图 4-13　试验结束时导爆索状态图

C　保水性强

穿入了导爆索的 A 型导爆索隔热套筒放入炮孔中，炮孔内倒入的铵油或者粉状乳化炸药可能影响 A 型导爆索隔热套筒内的水分，并且铵油具有吸水性，其对 A 型导爆索隔热套筒影响可能更明显，故现场对装药后炮孔内的 A 型导爆索隔热套筒保水性进行试验，如图 4-14、图 4-15 所示。

图 4-14　A 型导爆索隔热套筒准备阶段

图 4-15　试验结束时称重

导爆索长度 1m，重量 0.02kg，直径 4.62mm。

试验前：导爆索+吸水+A 型导爆索隔热套筒=0.075kg。

试验过程 A 型导爆索隔热套筒保护的导爆索完全埋入 140mm 铵油炮孔内，埋深 2m，试验时间为 65min。

试验后：导爆索+吸水+A 型导爆索隔热套筒=0.075kg。

对粉状乳化炸药采取相同方法进行试验，试验结果相同。观察试验后的 A 型导爆索隔热套筒，发现铵油炸药内的 A 型导爆索隔热套筒外部包覆一层柴油膜，粉状乳化炸药外部包覆一层粉状乳化炸药，需用一定外力才可散落。

结果表明：

（1）A 型导爆索隔热套筒在炮孔中，不会因四周炸药的压力、炸药倒入时的冲击力、铵油的吸水等因素的影响，使得 A 型导爆索隔热套筒水分流失。

（2）包覆在 A 型导爆索隔热套筒外部的柴油薄膜或者粉状乳化炸药，增加了隔热装置的热阻，有利于提高隔热装置的隔热效果。

D　保障起爆能力

A 型导爆索隔热套筒的加入，增加了导爆索与炸药之间的接触距离，影响了其起爆能力，能否顺利起爆相邻炸药，需通过试验和现场进行验证。

a　A 型导爆索隔热套筒保护的导爆索起爆能力试验

将铵油炸药、粉状乳化炸药、胶状乳化炸药分别装入直径 40mm、高度 20cm 的 PVC 管内，然后将穿入导爆索的 A 型导爆索隔热套筒吸水后分别插入铵油炸药、粉状乳化炸药、胶状乳化炸药中，最后电雷管起爆导爆索，观察其能否顺利起爆相应炸药。试验过程如图 4-16、图 4-17 所示。

图 4-16　连接电雷管起爆网路　　　　图 4-17　爆后现场情况

爆后现场未发现残余炸药、残余 A 型导爆索隔热套筒、残余 PVC 管等试验材料，埋放炸药位置场地平整，有一条小爆坑。可得出：A 型导爆索隔热套筒保护的导爆索，能够顺利起爆铵油炸药、粉状乳化炸药、胶状乳化炸药。

b　现场 A 型导爆索隔热套筒保护的导爆索起爆能力试验

（1）将导爆索穿入 A 型导爆索隔热套筒后吸水，放入 140mm 常温炮孔中，装入铵油，然后起爆，如图 4-18（a）所示。

由爆后状态（见图 4-18（b））可知，炮孔顺利起爆，也即 A 型导爆索隔热套筒保护的导爆索顺利起爆常温孔铵油炸药。

（2）将导爆索穿入 A 型导爆索隔热套筒后吸水，放入 140mm 高温炮孔中，装入粉状乳化炸药，然后起爆。

(a)　　　　　　　　　　　　　　　　(b)

图 4-18　穿入导爆索的 A 型导爆索隔热套筒放入炮孔
(a) 放入炮孔；(b) 爆后状态

由爆后状态（见图 4-19）可知，炮孔顺利起爆，也即 A 型导爆索隔热套筒保护的导爆索顺利起爆高温孔粉状乳化炸药。

图 4-19　爆后状态

4.2.1.2　A 型导爆索隔热套筒使用方法

A 型导爆索隔热套筒使用方法如下：

（1）定长度。在装药前，通过卷尺等量出炮孔长度，按照此长度剪切导爆索保护装置的长度，并以炮孔长度的基础上增加 1m，作为截取导爆索的长度。

（2）穿导爆索。将护筒拉直，将导爆索捋顺，使引线沿着护筒轴的方向贯穿护筒，用引线的下端将导爆索的一头牢固绑扎，然后在引线的上端拉引线，直至导爆索的另一头刚好进入护筒，此时导爆索的一头伸出护筒的上端，而另一头则刚从护筒的下端进入护筒。

（3）封口。将护筒中导爆索刚进入的一端（即护筒的下端）打结封死，并用耐火胶布绑扎和密封。

（4）浸水。将装入导爆索保护装置在放入炮孔前完全浸入水中，浸水时间为 20~60s。

（5）放入炮孔。将护筒 1 的下端用胶布绑扎一重物（石块等），在装药时，将导爆索保护装置迅速放入炮孔。

4.2.2　B 型材料的隔热性能

根据 B 型材料强吸水、固水等性能，分别研制了 B 型导爆索隔热套筒和 B 型炸药隔热装置两种。

B 型材料具有以下特点：

（1）直径和厚度小，具有大的表面积，吸水速度快，10s 即可达到70%左右饱和吸水量。

（2）具有大的长径比，可以形成缠绕结构而不易迁移。

（3）形态柔软。

（4）吸水后仍能保持纤维态结构，其形成的凝胶是溶胀纤维的缠结体，使得凝胶具有内聚力和较高强度，当凝胶纤维干燥后，可恢复原来形态，仍具有吸水能力。

（5）具有萃取功能，可从非水流体（气体或液体）中萃取水分，直至达到平衡。

（6）具有良好的耐光性、耐热性（150℃以上）和耐有机溶剂性，具有阻燃性。

（7）有耐压性，压强增大，保水能力下降，但最终仍然会保留 70%~90%的保水率。

需要注意的是，B 型导爆索隔热套筒和 B 型炸药隔热装置性能与 B 型材料厚度和组成有很大关系，B 型材料厚度和组成可以通过调整生产工艺进行调整，以满足不同的工业需求，如为了提高 B 型导爆索隔热套筒和 B 型炸药隔热装置的隔热性能，可将 B 型材料厚度加大以实现该目的。本章后续试验中的 B 型导爆索隔热套筒和 B 型炸药隔热装置所用 B 型材料厚度皆为 2~5mm，在以此为试验前提得出的试验数据，并不代表 B 型导爆索隔热套筒和 B 型炸药隔热装置隔热性能只为该数值，其数值可根据实际需要，进行相应调整，甚至满足其他特殊需求。

4.2.2.1　B 型导爆索隔热套筒试验

B 型导爆索隔热套筒，包括隔热保护筒和预埋线，隔热保护筒为空心圆筒，预埋线设置在隔热保护筒内部空腔，并沿着隔热保护筒的轴线延伸至隔热保护筒外。隔热保护筒的侧壁包括由外至内依次设置的透水层、吸水层和防水层，如图 4-20 所示。

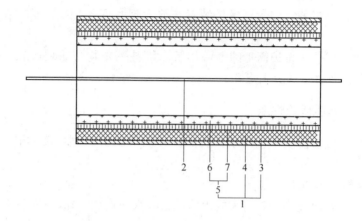

图 4-20   B 型导爆索隔热套筒的结构示意图
1—隔热保护筒；2—预埋线；3—透水层；4—吸水层；5—防水层；6—隔水层；7—涂胶层

透水层采用光滑和结实的透水复合材料，使得隔热保护筒与高温炮孔孔壁摩擦小，容易放入高温炮孔中，并不易被高温炮孔内突出部分刺破、刮破；透水层的良好透水性，使得隔热保护筒放入储水容器中时，能够快速使水进入吸水层，减小吸水时间。

吸水层采用 B 型材料，可以在短时间内吸收大量水，而水具有较高的比热容和蒸发焓，从而可延缓孔内高温传入隔热保护筒内部导爆索，使得导爆索在较长时间内处于安全温度；其次吸水层材料可以呈布状，分布均匀、吸水均匀，从而使得内部导爆索受温均匀，不存在局部高温；最后吸水层材料具有优秀的固水性，在冲击和挤压下，水分流失很少，保障了其隔热效果的稳定性。

防水层采用高强度复合材料，其表面光滑，使得导爆索穿入过程中与隔热层之间的摩擦力小，便于导爆索穿入和减少穿入时间，其次防水层密实，使得吸水层水分无法透过，使得导爆索一直处于一个相对干燥的环境。

预埋线采用高强度纤维材料，使得预埋线在拉导爆索进入隔热保护筒内时，不会发生断裂，同时其较粗，人手拉过程中容易着力，可减少穿入导爆索时间。

综上所述可知，B 型导爆索隔热套筒可以保护导爆索，使得导爆索在高温下可安全使用一定时间，保障了爆破安全，解决了目前导爆索不可用于高温的问题；其次 B 型导爆索隔热套筒所用水量相对于注水降温而言是微乎其微的，解决了在缺水地区水源供应问题，因此可大面积应用于高温爆破，提高爆破效率，此外，操作方便，所用材料均为市面上常见的产品，成本较低。

为了得出 B 型导爆索隔热套筒隔热性能，在宁夏大石头煤矿，选取高温炮孔，测量炮孔温度，选取 20cm 长导爆索，分别在导爆索上中下三个位置绑上 GW 新型热电偶测温探头，然后将导爆索穿入 B 型导爆索隔热套筒内放入炮孔中进行隔热试验。

A 试验过程

试验过程为剪取 20cm 导爆索，放入 B 型导爆索隔热套筒中，放入一定温度炮孔，观察其耐热性能。如图 4-21~图 4-25 所示。

图 4-21 剪取导爆索

图 4-22 导爆索绑探头

图 4-23 导爆索穿入 B 型导爆索隔热套筒

B 试验数据分析

现场选择 213℃、255℃、274℃、286℃、332℃、362℃、425℃等温度炮孔进行试验，结果分别如下所示。

图 4-24　现场试验图片

图 4-25　试验后 B 型导爆索隔热
套筒和导爆索状态

a　213℃下 B 型导爆索隔热套筒保护导爆索试验

将装有导爆索的 B 型导爆索隔热套筒吸水后放入平均温度为 213℃的炮孔内进行加热，试验数据如图 4-26 所示。

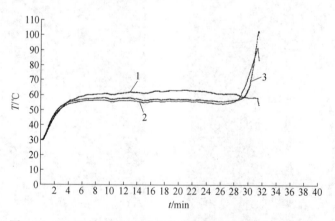

图 4-26　213℃下 B 型导爆索隔热套筒保护导爆索加热曲线图
1—底部探头温度；2—中间探头温度；3—上部探头温度

由图 4-26 可见，30.5min 以内导爆索温度不超过 80℃，30.98min 以内导爆索温度不超过 90℃，31.2min 以内导爆索温度不超过 100℃，26.45min 升温速率加快，30.15min 时温度快速升高。

b　255℃下 B 型导爆索隔热套筒保护导爆索试验

将装有导爆索的 B 型导爆索隔热套筒吸水后放入平均温度为 255℃的炮孔内

进行加热，试验数据如图 4-27 所示。

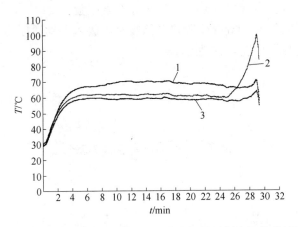

图 4-27　255℃下 B 型导爆索隔热套筒保护导爆索加热曲线图
1—底部探头温度；2—中间探头温度；3—上部探头温度

由图 4-27 可见，27.8min 以内导爆索温度不超过 80℃，28.5min 以内导爆索温度不超过 90℃，28.98min 以内导爆索温度不超过 100℃，25.56min 升温速率加快，27.86min 时温度快速升高。

c　274℃下 B 型导爆索隔热套筒保护导爆索试验

将装有导爆索的 B 型导爆索隔热套筒吸水后放入平均温度为 274℃的炮孔内进行加热，试验数据如图 4-28 所示。

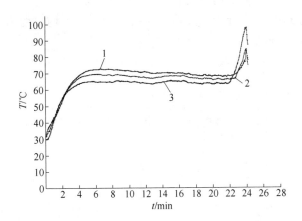

图 4-28　274℃下 B 型导爆索隔热套筒保护导爆索加热曲线图
1—底部探头温度；2—中间探头温度；3—上部探头温度

由图 4-28 可见，23.18min 以内导爆索温度不超过 80℃，23.57min 以内导爆索温度不超过 90℃，23.9min 以内导爆索温度不超过 98℃，22.1min 升温速率加快，23.6min 时温度快速升高。

　　d　286℃下 B 型导爆索隔热套筒保护导爆索试验

　　将装有导爆索的 B 型导爆索隔热套筒吸水后放入平均温度为 286℃的炮孔内进行加热，试验数据如图 4-29 所示。

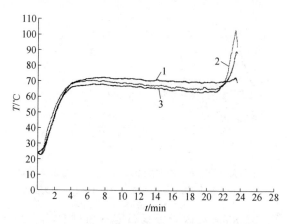

图 4-29　286℃下 B 型导爆索隔热套筒保护导爆索加热曲线图
1—底部探头温度；2—中间探头温度；3—上部探头温度

　　由图 4-29 可见，22.5min 以内导爆索温度不超过 80℃，22.9min 以内导爆索温度不超过 90℃，23.2min 以内导爆索温度不超过 100℃，21.18min 升温速率加快，22.07min 时温度快速升高。

　　e　332℃下 B 型导爆索隔热套筒保护导爆索试验

　　将装有导爆索的 B 型导爆索隔热套筒吸水后放入平均温度为 332℃的炮孔内进行加热，试验数据如图 4-30 所示。

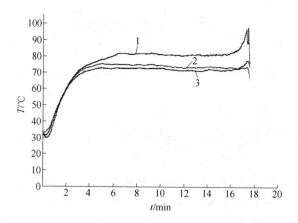

图 4-30　332℃下 B 型导爆索隔热套筒保护导爆索加热曲线图
1—底部探头温度；2—中间探头温度；3—上部探头温度

由图 4-30 可见，5.76min 以内导爆索温度不超过 80℃，17.03min 以内导爆索温度不超过 90℃，17.28min 以内导爆索温度不超过 98℃，15.81min 升温速率加快，16.85min 时温度快速升高。

f 362℃下 B 型导爆索隔热套筒保护导爆索试验

将装有导爆索的 B 型导爆索隔热套筒吸水后放入平均温度为 362℃的炮孔内进行加热，试验数据如图 4-31 所示。

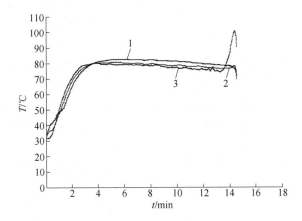

图 4-31 362℃下 B 型导爆索隔热套筒保护导爆索加热曲线图
1—底部探头温度；2—中间探头温度；3—上部探头温度

由图 4-31 可见，3.51min 以内导爆索温度不超过 80℃，14.08min 以内导爆索温度不超过 90℃，14.35min 以内导爆索温度不超过 100℃，13.43min 升温速率加快，13.63min 时温度快速升高。

g 425℃下 B 型导爆索隔热套筒保护导爆索试验

将装有导爆索的 B 型导爆索隔热套筒吸水后放入平均温度为 425℃的炮孔内进行加热，试验数据如图 4-32 所示。

由图 4-32 可见，2min 以内导爆索温度不超过 80℃，3.81min 以内导爆索温度不超过 90℃，12.95min 以内导爆索温度不超过 100℃，11.6min 升温速率加快，12.67min 时温度快速升高。

h 不同炮孔温度 B 型导爆索隔热套筒效果拟合

将不同炮孔温度下的 B 型导爆索隔热套筒保护的导爆索耐热温度进行数据拟合，得出如图 4-33 所示曲线。

统计上述数据可知：

（1）213℃时，导爆索温度可保持在 80℃以下 30.5min；255℃时，导爆索温度可保持在 80℃以下 27.8min；274℃时，导爆索温度可保持在 80℃以下 23.18min；286℃时，导爆索温度可保持在 80℃以下 22.5min；332℃时，导爆索温度可保持在

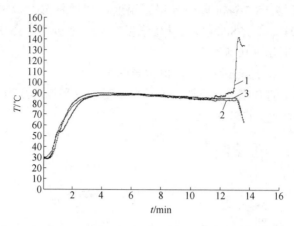

图 4-32　425℃下 B 型导爆索隔热套筒保护导爆索加热曲线图

1—底部探头温度；2—中间探头温度；3—上部探头温度

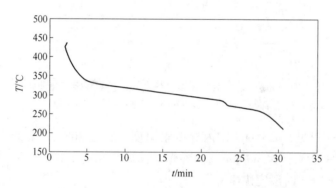

图 4-33　不同炮孔温度 B 型导爆索隔热套筒隔热效果拟合曲线

80℃以下 5.76min；362℃时，导爆索温度可保持在 80℃以下 3.51min；425℃时，导爆索温度可保持在 80℃以下 2min，保持在 90℃以下 3.81min。

（2）导爆索初始升高温度较快，然后处于较长时间稳定状态，当上部温度突破某一稳定值时，温度又快速升高。

（3）在 B 型导爆索隔热套筒内导爆索温度突变前，导爆索各点温度基本相同，体现出隔热装置不同位置水分散失速度保持一致。

（4）由不同温度拟合曲线可知，温度越高，导爆索温度保持在 80℃以下时间变化越短。

为了便于应用，将温度以 50℃为区间，可得出以下结论：

B 型导爆索隔热套筒保护的导爆索，200～250℃孔温可保持 80℃以下 27.8min；250～300℃孔温可保持 80℃以下 22.5min；300～350℃孔温可保持 80℃以下 3.51min，14.08min 以内导爆索温度不超过 90℃；350～400℃孔温可保持80℃以下2min，3.81min以内导爆索温度不超过90℃，12.95min以内导爆索温度不超过100℃。

C 使用方法

B型导爆索隔热套筒使用方法如下。

（1）测量高温炮孔的深度，计算出装药量、装药深度、堵塞长度。

（2）计算导爆索长度和隔热保护筒长度，导爆索的长度应大于堵塞长度1.5~2.5m，隔热保护筒的长度小于导爆索的长度80cm左右，其中绑雷管端短30cm左右，连接炸药端短50cm左右。

（3）在导爆索一端穿洞，将预埋线一端穿洞而入并打死结。

（4）将隔热保护筒拉直，手拉未与导爆索连接的预埋线一端，将导爆索穿入隔热保护筒，直至导爆索露出隔热保护筒30cm左右，并将此端作为绑雷管端，导爆索剩余的50cm左右未穿入隔热保护筒，并将此端作为连接炸药端。

（5）将隔热保护筒完全浸入水中，使其中的吸水层吸水充分，时间不少于5min。

（6）装药前，将导爆索未穿入隔热保护筒的部分（50cm左右）完全穿入炸药内，导爆索露出隔热保护筒的部分（30cm左右）按照《爆破安全规程》规定捆绑雷管。

（7）连接好炮区网路，起爆站到位后，先将炸药放入高温炮孔内，然后将连接炸药、穿入导爆索的隔热保护筒放入高温炮孔内。

（8）装药完成后，迅速堵塞形成堵塞段，堵塞完成后，人员迅速撤离，人员撤离至安全区域后，快速起爆，以实现爆破，其应用示意图如图4-34所示。

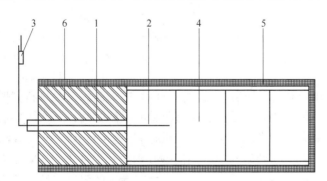

图4-34 B型导爆索隔热套筒应用于高温炮孔的示意图

1—隔热保护筒；2—导爆索；3—雷管；4—炸药；5—高温炮孔；6—堵塞段

4.2.2.2 B型炸药隔热装置试验

B型炸药隔热装置结构从外到内依次为阻燃层、吸热层、蓄水层。阻燃层材料为一种光滑耐高温阻燃材料，吸热层为 B 型材料；蓄水层为一种高强度 PE 材料，如图 4-35 所示。

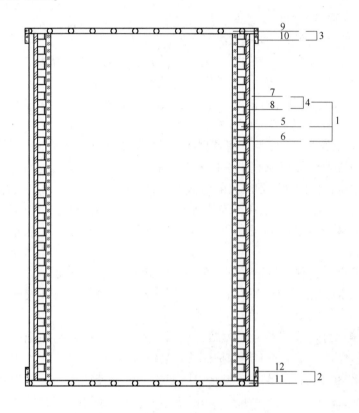

图 4-35 B 型炸药隔热装置结构示意图

1—隔热套筒；2—第一封盖；3—第二封盖；4—阻燃层；5—吸热层；6—蓄水层；7—反热层；
8—黏性层；9—第一端盖；10—第一折边；11—第二端盖；12—第二折边

　　阻燃层采用具有反热辐射、光滑、防撕裂的耐高温复合材料制成，其能反射热辐射，减小了传热速率，延长了炸药药卷的耐温时间；其次阻燃层光滑，使得其与炮孔的摩擦力小，降低了 B 型炸药隔热装置的磨损；再次阻燃层的防撕裂性，使得 B 型炸药隔热装置在放入高温炮孔内时，受冲击力影响不会发生变形和炸裂，同时不会被孔壁的突出物刺破；最后阻燃层的耐高温性，使得其不会在高温下性能发生改变，增加了可靠性。

　　吸热层具有固水、吸液迅速、吸液量大、柔软等特点，吸热层的固水作用，使得隔热套筒在冲击和碰撞作用下，其内部水不会流失，保障了隔热套筒的可靠性；其次吸热层能够吸收大量的水，水具有较高的比热容，大量吸收了高温炮孔传入隔热套筒的热量，使得炸药药卷长时间处于安全温度；再次吸热层为布状，吸收水分均匀，使得隔热套筒受热均匀，不存在局部异常温点；最后吸热层吸水快速，降低了操作时间，可提高爆破量。

蓄水层采用高强度的高分子聚合物制成，蓄水层的高强度，约束了炸药药卷，使得隔热套筒在放入高温炮孔内时，受冲击力作用不会发生较大变形，从而不会挤压吸热层，使得吸热层水分量和分布不发生变化；蓄水层能够蓄存水，使得隔热套筒装完炸药后的剩余空间都为水，提高了隔热套筒的整体隔热性，且在吸热层发生异常时，其内部的水起到二次防护的作用。

综上所述可知，B型炸药隔热装置可以在高温炮孔中保护炸药药卷，使得炸药可以在高温炮孔内一段时间处于安全状态，其所需水量较少，使得大范围爆破水源供应成为可能，提高了爆破效率，且其吸收的水不会对炮孔产生影响，保障了爆破效果，其次采用市面上常见的材料，整体结构合理，降低了爆破成本；最后操作简单，操作过程中基本不存在卡孔、破损等情况，可靠性高。

A 试验过程

为了得出B型炸药隔热装置隔热性能，在宁夏大石头煤矿，选取高温炮孔，测量炮孔温度，选取成品胶状乳化炸药，分别在乳化炸药上中下三个位置绑上GW新型热电偶测温探头，然后将乳化炸药放入B型炸药隔热装置内放入炮孔中进行隔热试验。试验过程如图4-36~图4-38所示。

图4-36 药卷绑探头

B B型炸药隔热装置试验数据分析

现场选取了220℃、327℃、342℃、373℃、405℃等炮孔进行隔热试验。

（1）220℃下乳化炸药使用B型炸药隔热装置试验。

将装有乳化炸药的B型炸药隔热装置吸水后放入平均温度为220℃的炮孔内进行加热，试验数据如图4-39所示。

吸水前B型炸药隔热装置和药卷重量约为4.08kg，试验前加入药卷的B型炸药隔热装置吸水后重量为5.10kg，吸水量为1.02kg，试验后B型炸药隔热装加药卷重量为 4.57kg，重量减少 0.53kg，B 型炸药隔热装置内剩余水分为 0.49kg，水分流失率为 51.9%。

图 4-37　试验前 B 型炸药隔热装置称重

图 4-38　试验后 B 型炸药隔热装置称重

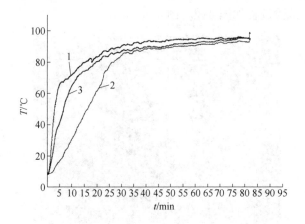

图 4-39　220℃下 B 型炸药隔热装置保护乳化炸药加热曲线图
1—底部探头温度；2—中间探头温度；3—上部探头温度

由图 4-39 可见，15min 以内炸药温度不超过 80℃，29min 以内炸药温度不超过 90℃，60min 以内炸药温度不超过 95℃，74.5min 使升温速率加快，81.6min 时温度快速升高。

（2）327℃下乳化炸药使用 B 型炸药隔热装置隔热试验。

将装有乳化炸药的 B 型炸药隔热装置吸水后放入平均温度为 327℃的炮孔内进行加热，试验数据如图 4-40 所示。

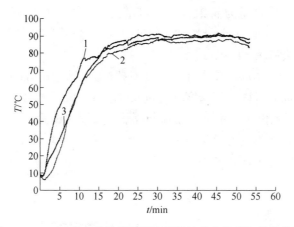

图 4-40 327℃下 B 型炸药隔热装置保护乳化炸药加热曲线图

1—底部探头温度；2—中间探头温度；3—上部探头温度

吸水前 B 型炸药隔热装置和药卷重量约为 4.08kg，试验前加入药卷的 B 型炸药隔热装置吸水后重量为 4.97kg，吸水量为 0.89kg，试验后 B 型炸药隔热装置加药卷重量为 4.52kg，重量减少 0.45kg，B 型炸药隔热装置内剩余水分为 0.44kg，水分流失率为 50.6%。

由图 4-40 可见，15.4min 以内炸药温度不超过 80℃，24.2min 以内炸药温度不超过 90℃，55min 以内炸药温度不超过 95℃。

（3）342℃下乳化炸药使用 B 型炸药隔热装置隔热试验。

将装有乳化炸药的 B 型炸药隔热装置吸水后放入平均温度为 342℃的炮孔内进行加热，试验数据如图 4-41 所示。

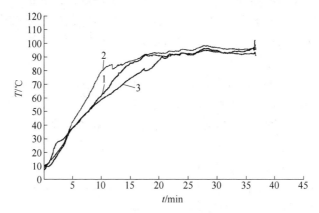

图 4-41 342℃下 B 型炸药隔热装置保护乳化炸药加热曲线图

1—底部探头温度；2—中间探头温度；3—上部探头温度

吸水前 B 型炸药隔热装置和药卷重量约为 4.08kg，试验前加入药卷的 B 型炸药隔热装置吸水后重量为 5.21kg，吸水量为 1.13kg，试验后药卷加 B 型炸药隔热装置重量为 4.72kg，重量减少 0.49kg，B 型炸药隔热装置内剩余水分为 0.64kg，水分流失率为 43.4%。

由图 4-41 可见，10min 以内炸药温度不超过 80℃，16.9min 以内炸药温度不超过 90℃，23.6min 以内炸药温度不超过 95℃。35.2min 时温度快速升高。

（4）373℃下乳化炸药使用 B 型炸药隔热装置隔热试验。

将装有乳化炸药的 B 型炸药隔热装置吸水后放入平均温度为 373℃的炮孔内进行加热，试验数据如图 4-42 所示。

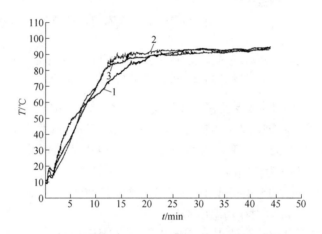

图 4-42　373℃下 B 型炸药隔热装置保护乳化炸药加热曲线图

1—底部探头温度；2—中间探头温度；3—上部探头温度

吸水前 B 型炸药隔热装置和药卷重量约为 4.08kg，试验前加入药卷的 B 型炸药隔热装置吸水后重量为 5.09kg，吸水量为 1.01kg，试验后药卷加 B 型炸药隔热装置重量为 4.43kg，重量减少 0.66kg，B 型炸药隔热装置内剩余水分为 0.35kg，水分流失率为 65.3%。

由图 4-42 可见，11.5min 以内炸药温度不超过 80℃，16.4min 以内炸药温度不超过 90℃，43.7min 以内炸药温度不超过 95℃。

（5）405℃下乳化炸药使用 B 型炸药隔热装置隔热试验。

将装有乳化炸药的 B 型炸药隔热装置吸水后放入平均温度为 405℃的炮孔内进行加热，试验数据如图 4-43 所示。

由图 4-43 可见，6.8min 以内炸药温度不超过 80℃，12.5min 以内炸药温度不超过 90℃，26.6min 以内炸药温度不超过 95℃。

胶状乳化炸药安定温度为 90℃，通过统计上述数据可知：B 型炸药隔热装置保护的胶状乳化炸药，220℃条件下 29min 内温度不超过 90℃；327℃条件下 24.2min 内温度不超过 90℃；342℃条件下 16.9min 内温度不超过 90℃；373℃条

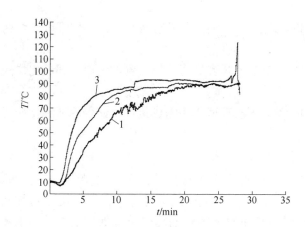

图 4-43　405℃下 B 型炸药隔热装置保护乳化炸药加热曲线图
1—底部探头温度；2—中间探头温度；3—上部探头温度

件下 16.4min 内温度不超过 90℃；405℃条件下 12.5min 内温度不超过 90℃。通过曲线作图，如图 4-44 所示。

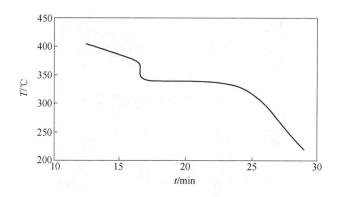

图 4-44　不同炮孔温度 B 型炸药隔热装置隔热效果拟合曲线

由上述可知：

（1）由不同温度拟合曲线可知，温度越高，胶状乳化炸药温度保持在 90℃以下时间变化越短。

（2）B 型炸药隔热装置具有良好的隔热性能，炮孔温度越高、时间越长，其流失水分越多，但在 373℃环境下 43.7min，仍有 34.7% 的保水率，有效保障了炸药的安全。

为了便于应用，将温度以区间划分，可得出以下结论：

（1）200℃以下孔温，B 型炸药隔热装置可使得内部乳化炸药保持 90℃以下温度 29min。

（2）200~300℃孔温，B 型炸药隔热装置可使得内部乳化炸药保持 90℃以下温度 24.2min。

（3）300~350℃孔温，B 型炸药隔热装置可使得内部乳化炸药保持 90℃以下温度 16.4min。

（4）350~400℃孔温，B 型炸药隔热装置可使得内部乳化炸药保持 90℃以下温度 12.5min。

C　殉爆试验

B 型炸药隔热装置使得炸药与炸药之间非直接接触，之间存在一定的距离，影响了起爆药包对相邻药包的殉爆能力。为了得出 B 型炸药隔热装置保护的炸药能否顺利引爆相邻的 B 型炸药隔热装置保护的炸药，现场通过殉爆试验以验证。

殉爆试验使用 5 条直径为 32mm、长度为 15cm、质量为 150g 的乳化炸药药卷，使用 B 型炸药隔热装置保护，再吸水，然后按照 0cm、1cm、2cm、3cm 距离头尾对齐排列，并在每条药卷上用黑色笔留有记号，最后使用电雷管起爆，观察其殉爆情况。具体试验过程如图 4-45~图 4-47 所示。

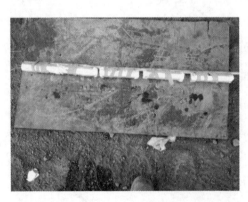

图 4-45　5 条药卷，按照 0cm、1cm、2cm、3cm 的间隔排放，头尾相对

起爆后，在殉爆试验现场观察和搜索，发现间隔为 3cm 的药卷半爆，其他药卷爆炸完全，现场未发现任何残留物，故可知 B 型炸药隔热装置保护的炸药殉爆距离为 2cm。

试验时，环境温度很低，-10℃以下，B 型炸药隔热装置内水应为结冰状态。现场实际使用直径为 110mm、长度为 40cm、质量为 4kg 的乳化炸药药卷，随着直径和药量的增大，炸药的殉爆距离相应增大，故可知，B 型炸药隔热装置保护的药卷在实际使用过程中可顺利殉爆距离为 2cm 以内的相邻药卷，可满足现场实际使用条件。

图 4-46 做电雷管起爆网路

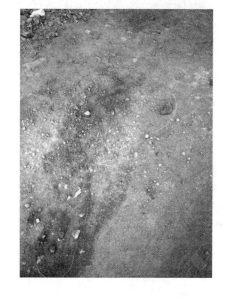

图 4-47 爆坑

D 投掷试验

装有炸药的 B 型炸药隔热装置在装药过程中，投掷入炮孔时，一方面与炮孔发生摩擦，尤其在炮孔内粗糙不平或有尖锐突出物时，还会发生穿刺；另一方面不仅具有较高的速度与炮孔底部（或 B 型炸药隔热装置）碰撞，而且受到上部 B 型炸药隔热装置的撞击。在摩擦、穿刺、撞击过程中，B 型炸药隔热装置是否会发生损坏？内部水分是否会流失？这些是 B 型炸药隔热装置隔热效果能够有效保障的前提。

为了验证 B 型炸药隔热装置在投掷入炮孔过程中，是否会发生损坏和水分散失，在宁夏大石头煤矿火区选取炮孔，将装有炸药的 B 型炸药隔热装置投入至炮孔中，然后在从炮孔中拉出来，观察其外观并对其称重，以得出其相关性能数据。试验过程如图 4-48~图 4-51 所示。

（1）1 号炮孔投掷试验。

1 号试验孔深 2.4m，预备两条 110mm 乳化药卷，装入 B 型炸药隔热装置吸水后扔入炮孔。试验前上部装入药卷的 B 型炸药隔热装置吸水后重量为 4.79kg，试验后重量为 4.71kg，重量损失 0.08kg；试验前下部装入药卷的 B 型炸药隔热装置吸水后重量为 4.65kg，试验后重量为 4.58kg，重量损失为 0.07kg。如表 4-1所示。

图 4-48　量孔深

图 4-49　试验前称重

图 4-50　试验后称重

图 4-51　试验后护套状态

表 4-1　1 号炮孔投掷试验 B 型炸药隔热装置质量损失表

位　　置	试验前质量/kg	试验后质量/kg	质量损失/kg	保水率/%
上部	4. 79	4. 71	−0. 08	89. 9
下部	4. 65	4. 58	−0. 07	89. 2

由表4-1可知：B型炸药隔热装置越靠近孔底，B型炸药隔热装置水分损失越大，但仍有89.2%以上的保水率。

试验后B型炸药隔热装置阻燃层、蓄水层无破损，药卷无变形，表明护套具有良好的抗摩擦性能和强度，如图4-52所示。

（2）2号炮孔投掷试验。

2号试验孔深3.9m，预备四条110mm乳化药卷，装入B型炸药隔热装置吸水后扔入炮孔。

试验前上部装入药卷的B型炸药隔热装置在吸水后重量为4.52kg，试验后重量为4.61kg，重量略微增加，为护套表面粘的泥土碎渣所致；试验前次上部装入药卷的B型炸药隔热装置吸水后重量为4.55kg，试验后重量为4.47kg，重量损失0.08kg；试验前次下部装入药卷的B型炸药隔热装置吸水后重量为4.73kg，试验后重量为

图4-52 试验后护套药卷状态

4.62kg，重量损失为0.11kg；试验前下部装入药卷的B型炸药隔热装置吸水后重量为4.57kg，试验后重量为4.43kg，重量损失为0.14kg，如表4-2所示。

表4-2 2号炮孔投掷试验B型炸药隔热装置质量损失表

位置	试验前质量/kg	试验后质量/kg	质量损失/kg	保水率/%
上部	4.52	4.61	+0.09	100
次上部	4.55	4.47	−0.08	85.5
次下部	4.73	4.62	−0.11	84.9
下部	4.57	4.43	−0.14	75.4

由表4-2可知：B型炸药隔热装置越靠近孔底，B型炸药隔热装置水分损失越大，但仍有75.4%以上的保水率。

试验后护套阻燃层、蓄水层、药卷无破损，但有轻微轴向和径向变形，表明护套具有良好的抗摩擦性能和强度，如图4-53～图4-55所示。

通过投掷试验可知：装有炸药的B型炸药隔热装置在投掷入炮孔过程中，不会因炮孔壁的粗糙和尖锐摩擦而发生破损，阻燃层的耐磨性和抗穿刺性能能够满足现场装药需求；其次装有炸药的B型炸药隔热装置在高速发生碰撞和撞击时，其内部水分会发生些许损失，但最低仍有75.4%以上的保水率，能够有效保障其隔热性能；最后在投掷过程中，发现B型炸药隔热装置能够快速进入炮孔，未发

生卡孔的现象，一方面表明阻燃层的光滑有效减小摩擦力，另一方面表明隔热装置的尺寸设计合理，在保障所装药卷直径满足孔网需求的条件下，又与炮孔直径有一定的合理间距。

图 4-53　试验孔 3.9m 装入药卷的 B 型炸药隔热装置吸水后试验前状态

图 4-54　试验孔 3.9m 装有药卷的 B 型炸药　　　图 4-55　试验孔 3.9m 装有药卷的 B 型炸药
　　　隔热装置试验后状态　　　　　　　　　　隔热装置试验后底部状态

需要注意的是，B 型炸药隔热装置吸水量可以通过调整其 B 型材料的组成和厚度而改变，通过增加其厚度，能够增加吸水量。故在随着炮孔深度增加情况下，B 型炸药隔热装置在碰撞和撞击下水分损失量增大，但为了保障 B 型炸药隔热装置隔热效果，需要其仍含有一定量的水分，此时可通过增加 B 型材料厚度或组成中吸水成分的含量来实现。

E　抗冲击试验

B 型炸药隔热装置投掷入炮孔，其所受碰撞或撞击所受的力为动量转化为冲量造成的。根据动量定理，物体动量的增量等于它所受合外力的冲量，即 $Ft = m\Delta v$，即所有外力的冲量的矢量和。

B 型炸药隔热装置与炮孔底部（或 B 型炸药隔热装置）碰撞或受到上部 B

型炸药隔热装置的撞击时，瞬间 B 型炸药隔热装置速度变为零，其碰撞前速度可以根据炮孔深度（假设 B 型炸药隔热装置做自由落体）算出，故其动量变化量可计算得出；其合外力为支持力和重力的合力。相同的动量变化量（不管 m 和 v 如何变化），其冲量是相同的，故可通过相应的动量冲击 B 型炸药隔热装置模拟其受碰撞或撞击情况。

本试验将吸水后装入药卷的 B 型炸药隔热装置放入炮孔内，然后采取重物在 50cm 高度自由落体冲击 B 型炸药隔热装置，以观察 B 型炸药隔热装置和炸药受损情况。

（1）62kg 重物自由落体冲击 B 型炸药隔热装置。

在宁夏大石头煤矿选择炮孔，使用 62kg 重物自由落体冲击 B 型炸药隔热装置。试验过程如图 4-56～图 4-59 所示。

图 4-56　B 型炸药隔热装置放入炮孔

图 4-57　冲击后 B 型炸药隔热装置状态

62kg 重物从 50cm 高度自由落体冲击 B 型炸药隔热装置，冲量大小为：$I = mv = m\sqrt{2gh} = 62 \times \sqrt{2 \times 10 \times 0.5} = 196\text{N} \cdot \text{s}$，装入药卷的 B 型炸药隔热装置吸水后重量为 5kg 左右，相当于其从 $h = I^2/2gm^2 = 76.8\text{m}$ 高度落入炮孔内的冲击。从试验结果可知：B 型炸药隔热装置外表及其底部无破损，药卷有轻微轴向和径向变形，但是无破损。

（2）75kg 重物自由落体冲击 B 型炸药隔热装置。

在宁夏大石头煤矿选择炮孔，使用 75kg 重物自由落体冲击 B 型炸药隔热装置。试验过程如图 4-60 和图 4-61 所示。

图 4-58　冲击后药卷状态

图 4-59　冲击后 B 型炸药隔热装置底部状态

图 4-60　冲击后 B 型炸药隔热装置状态

图 4-61　冲击后药卷状态

　　75kg 重物从 50cm 高度自由落体冲击 B 型炸药隔热装置，冲量大小为 $I = mv = m\sqrt{2gh} = 75 \times \sqrt{2 \times 10 \times 0.5} = 237$N·s，加入药卷的 B 型炸药隔热装置吸水后重量为 5kg 左右，相当于其从 $h = I^2/2gm^2 = 112$m 高度落入炮孔内的冲击。从试验结果可知，B 型炸药隔热装置外表及其底部无破损，药卷有轻微轴向和径向变形，但是无破损。

（3）62kg 重物自由落体冲击药卷。

为了与 B 型炸药隔热装置保护形成对比，现场采取无 B 型炸药隔热装置保护的药卷放入炮孔，然后用 62kg 重物自由落体冲击药卷，以观察药卷受损情况，试验情况如图 4-62、图 4-63 所示。

图 4-62 药卷放入试验孔　　　　　　　　图 4-63 冲击后药卷状态

62kg 重物从 50cm 高度自由落体冲击药卷，冲量大小为 196N · s，药卷重量为 4kg 左右，相当于其从 $h = I^2/2gm^2 = 120m$ 高度落入炮孔内的冲击。从试验结果可知，药卷严重变形和破损，上部基本和炮孔成耦合状态。对比可知，B 型炸药隔热装置以及其内部的炸药，在高速碰撞或撞击下，结构完整性能够有效保障。

综合上述试验，现场高温炮孔深度一般为 15m，远远小于 112m 和 76.8m，安全系数可达 5.12~7.46，故 B 型炸药隔热装置可满足装药投掷条件，不会造成 B 型炸药隔热装置或药卷破损。

F B 型炸药隔热装置使用方法

B 型炸药隔热装置使用方法如下：

（1）测量高温炮孔的深度，并根据高温炮孔的深度计算出装药量、装药深度、堵塞深度。

（2）根据装药量和单条炸药药卷的重量，计算出所用炸药药卷的条数，并根据炸药药卷的条数选择相应数目的隔热套筒。

（3）将炸药药卷从隔热套筒的上端（即开口端）放入隔热套筒内。

（4）将隔热套筒上端用普通胶布黏住，宽度为 5cm，使得浸水后该部位不沾水。

（5）将装完炸药药卷的隔热套筒完全浸入水内，浸水时间不少于 5min，浸水完成后，将隔热套筒垂直放置，将水注入蓄水层。

（6）撕开隔热套筒上端的普通胶布，用第一封盖将隔热套筒的上端密封，撕开普通胶布后为干燥状态，方便第一折边与隔热套筒上端的密封。

（7）用第二封盖将最先装入高温炮孔内的隔热套筒的下端（即封闭端）密封，并将导爆索从隔热套筒的上端插入最后装入高温炮孔内的隔热套筒的内部炸药药卷中。

（8）装药前，将 1kg 左右的细沙放入高温炮孔内，然后将 B 型炸药隔热装置放入高温炮孔内。

（9）B 型炸药隔热装置放入高温炮孔内后，快速将高温炮孔进行堵塞，形成堵塞段，堵塞完成后，人员快速撤离至安全区域，快速起爆，以实现爆破，如图 4-64 所示。

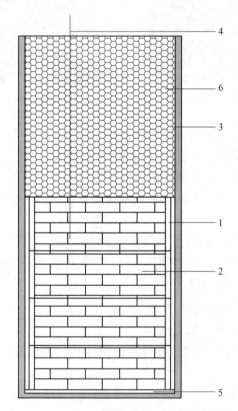

图 4-64　B 型炸药隔热装置应用于高温爆破的示意图

1—隔热套筒；2—炸药药卷；3—高温炮孔；4—导爆索；5—细沙；6—堵塞段

4.2.3 B 型导爆索隔热套筒和 B 型炸药隔热装置现场试验

为了验证 B 型导爆索隔热套筒和 B 型炸药隔热装置的隔热性能，在宁夏大石头煤矿选用高温炮孔，进行高温爆破现场试验。测量高温炮孔温度和孔深后，计算出各个炮孔所需装药量和堵塞长度，准备好相应的爆破器材和堵塞物，使用电雷管网路起爆，爆破后观察爆破效果。炮区环境如图 4-65 所示。

图 4-65　炮区环境

4.2.3.1 测量孔深和测温

现场选取了两个高温炮孔，分别记为 1 号炮孔和 2 号炮孔。使用卷尺和红外测温仪分别测量其孔深和孔温。

A　1 号炮孔

1 号炮孔孔深和孔温测量如图 4-66 和图 4-67 所示：

图 4-66　测 1 号孔深为 2.6m

图 4-67　测 1 号孔温为 288℃

结果可知：1 号孔深 2.6m，孔温 288℃。

B　2 号炮孔

2 号炮孔孔深和孔温测量如图 4-68 和图 4-69 所示。

图 4-68　测 2 号孔深为 3.5m 　　　　　图 4-69　测 2 号孔温为 304℃

结果可知：2 号孔深 3.5m，孔温 304℃。

4.2.3.2　计算装药量

根据炮孔深度，计划 1 号炮孔 2 条 110mm 直径乳化炸药，共 8kg，使用 3m 导爆索；计划 2 号炮孔 3 条 110mm 直径乳化炸药，共 12kg，使用 3.5m 导爆索。

4.2.3.3　堵塞材料装袋

1 号炮孔堵塞 1.8m，2 号炮孔堵塞 2.3m。根据炮孔深度，提前用编织袋装好各个炮孔堵塞物，并将堵塞物放在相应炮孔旁边。

4.2.3.4　准备爆破器材

将乳化炸药药卷放入 B 型炸药隔热装置内，然后放在储水容器中吸水、储水，完成后，封口放在相应炮孔旁边。

将导爆索穿入 B 型导爆索隔热套筒内，然后吸水，并将其一端绑在最上部 B 型炸药隔热装置内炸药上，作为起爆药包。

将做好的装有炸药的 B 型炸药保护装置和穿入导爆索的 B 型导爆索隔热套筒放在相应炮孔旁边。如图 4-70 和图 4-71 所示。

图 4-70   准备炮孔堵塞物

图 4-71   准备炮孔爆破器材

4.2.3.5   联网、装药、堵塞、起爆

（1）联网。用双发电雷管起爆露出孔外一端的导爆索，电雷管组成串联网路，将起爆线拉至起爆点。

（2）警戒。爆破作业时间，安排人员至警戒点警戒，将警戒区内人员、设备清至安全地点，严禁任何行人车辆进入警戒区内。

（3）装药。警戒完成，接到装药指令后，相应炮孔旁边装药人员迅速将 B 型炸药隔热装置投掷入炮孔，最后将连接有穿入导爆索的 B 型导爆索隔热套筒的起爆药包放入炮孔内。

（4）堵塞。装药完成后，迅速将炮孔旁边堵塞物倒入炮孔内，堵孔过程中，应观察孔外绑有电雷管的导爆索，注意落入炮孔内。

（5）起爆。堵塞完成后，炮区人员迅速撤离，当人员撤离至安全地点后，炮区负责人立即命令起爆站人员连线、充电、起爆。

4.2.3.6   爆后状态

爆区起爆 5min 后安排有经验人员检查炮区，从爆破后图 4-72 可知，炸药爆炸完全，爆破效果良好，无大块，块度均匀。原因为一方面 B 型炸药隔热装置内的水分，相当于水孔爆破；另一方面 B 型炸药隔热装置约束了内部装药，使其不会发生变形，使得装药均匀。可知，B 型炸药隔热装置和 B 型导爆索隔热套筒能够有效运用于高温爆破，炮孔无须注水降温，在一定时间内保护炸药和导爆索安全，爆破后爆破效果良好。

图 4-72 B 型炸药隔热装置和 B 型导爆索隔热套筒爆破后爆破效果

4.3 爆破器材耐热性能研究

爆破器材耐热性能研究，对爆破器材的选型、高温炮孔达到设计温度注水降温时间、装药至起爆时间的控制等具有直接指导意义。爆破器材的耐热性能、耐热机理与其物理化学机理有着较大的联系，需要从理论上研究；耐热性能的宏观体现需要通过热感度试验进行分析。本节将对这些方面知识进行研究分析。

4.3.1 民用炸药耐热性能的物理化学机理分析与比较

炸药在热作用下热分解速率加快，达到一定程度会自催化导致爆炸，由此发生了不少的安全事故，通过分析比较炸药耐热性能的物理化学机理，可以让我们了解炸药的受热变化和热感度高低，从而优选炸药，给生产和使用提供指导，但这方面的文献资料较缺乏，下面就针对这一方面展开分析。

4.3.1.1 民用炸药的热稳定影响因素分析

我国现今广泛使用的民用炸药可分为不含水硝铵类炸药（铵油炸药、膨化硝铵炸药）和含水炸药（胶状乳化炸药、粉状乳化炸药、水胶炸药）。尽管炸药品种众多，但其主要成分可归纳为硝酸铵、油、水和部分添加剂，其中硝酸铵所占的比重尤为大，如铵油炸药中硝酸铵占 $94\% \sim 95\%$[111]，故硝酸铵的性质对炸药影响甚为突出，但炸药的各种组分的物理化学性质对炸药的热感度都有些许影响，不容忽视。

A 硝酸铵的热分解过程及影响因素分析

a 硝酸铵热分解过程

硝酸铵在常温下就可以进行热分解，但是分解速度缓慢，在110℃以上时才能明显的观察到，大量堆积的硝酸铵，165℃时分解量不超过1%[112]。

硝酸铵的初始反应速率受温度的影响，根据 Arrhenius 定律：

$$k = A\exp\left(-\frac{E}{RT}\right) \tag{4-1}$$

由式（4-1）可知，随着温度升高，热分解速率增加。

理论上硝酸铵的热分解反应如下。

常温时分解反应：

$$NH_4NO_3 \longrightarrow NH_3 + HNO_3, \ \Delta H = -174.3kJ \tag{4-2}$$

185~270℃时，热分解的主要形式是：

$$NH_4NO_3 \longrightarrow N_2O + 2H_2O, \ \Delta H = +36.80kJ \tag{4-3}$$

$$2NH_4NO_3 \longrightarrow 3N_2 + 2NO_2 + 8H_2O, \ \Delta H = +238.30kJ \tag{4-4}$$

400℃以上时，则依下式发生爆炸形式分解反应：

$$4NH_4NO_3 \longrightarrow 3N_2 + 2NO_2 + 8H_2O, \ \Delta H = +408.0kJ \tag{4-5}$$

$$8NH_4NO_3 \longrightarrow 2NO_2 + 4NO + 5N_2 + 16H_2O, \ \Delta H = +238.30kJ \tag{4-6}$$

式（4-6）就是硝酸铵的爆炸反应式。

试验已经证明存在式（4-2）、式（4-3）和式（4-4）的反应，反应式（4-2）在150~200℃显著[113]，在温度为200~270℃时式（4-3）是基元反应。

式（4-2）是吸热反应，在低温下转换为爆炸反应式存在着热障，其自行热分解是不会发生的，但实际上在温度仅高于常温时也具有自行加速的特征，从而发生爆炸。低温时硝酸铵自催化机理为：

$$NH_4NO_3 \Longleftrightarrow NH_3 + HNO_3 \tag{4-7}$$

$$4HNO_3 \Longleftrightarrow 4NO_2 + 2H_2O + O_2 \tag{4-8}$$

$$2NO_2 \Longleftrightarrow NO^+ NO_3^- \tag{4-9}$$

$$NH_3 + NO^+NO_3^- \Longleftrightarrow NH_2NO + H^+ + NO_3^- \tag{4-10}$$

$$NH_2NO \Longleftrightarrow N_2 + H_2O \tag{4-11}$$

其反应机理总反应式为：

$$4HN_4NO_3 \longrightarrow 2HNO_3 + N_2 + 4H_2O \tag{4-12}$$

其自催化热分解的催化剂是水和二氧化氮，从表观上看则是水和硝酸；氨气是硝酸铵分解的阻化剂。

b 硝酸铵的热分解影响因素

硝酸铵的热稳定性影响因素众多，这与硝酸铵的物理化学性质有关。

（1）温度的影响：

由 Arrhenius 定律转化的公式 $\ln\tau = B + \dfrac{E}{RT}$ 可知，在一定的温度范围内，热分解机理和反应速率与温度导数线性关系不变时，分解延滞期随着温度的升高而减小。

（2）添加剂的影响：

尿素、双氰二胺、硫酸铵等可以阻止硝酸铵的热分解反应，一般是因为这些物质可以和硝酸铵反应或者和硝酸铵分解的中间产物等催化剂反应生成稳定的物质，起到抑制剂的作用；硝酸钾、硝酸钠、聚硅酸盐物质几乎不影响硝酸铵的热分解，相当于惰性物质；氯化物、某些无机酸、硫化物等能与硝酸铵发生氧化还原反应生成不稳定的亚硝酸盐或硝酸，使得硝酸铵热分解速率大大提高，可作为促进剂。

B　水对炸药热稳定性影响分析

水对炸药的热稳定性影响比较复杂，在水分含量低的时候，随着水分质量含量的增加，硝酸铵热分解感应期缩短，其中水起到促进剂的作用，但是随着水分的增加，这种作用效果减弱，当超过一定的值后，已不再起作用，甚至起到相反的作用。这是由于水含量较大时，部分水是自由水和吸附水。水具有较大的比热容和蒸发潜热，在加热过程中，自由水和吸附水可以吸收大量的热量，使得炸药的热感度大大降低[114~116]。

C　油相材料对炸药热稳定性影响分析

油相材料主要是柴油、石蜡等碳氢化合物，它可以与硝酸铵颗粒或溶液彼此紧密均匀接触，使得炸药尤其是乳化炸药在许多方面表现出和单质炸药颇为相似。

油相材料一方面分子链较大，分子间键的断裂需要更多的能量，增加了硝酸铵的稳定性，且油相材料的极性基团会与水形成氢键，在加热时首先要吸收能量克服氢键的作用力这也使得热稳定性增加，另一方面油相汽化和挥发，会吸收部分热量，同样也可以增加硝酸铵热稳定性[117,118]。

但是油相易被氧化，而硝酸铵及其分解产物 NO 等具有强氧化性，导致二者容易发生氧化还原反应放出热量，发生爆炸。但徐志祥等人研究认为油类物质可以增加硝酸铵的热稳定性[119~121]，鲁凯研究也得出油类物质对硝酸铵热分解起到稳定作用[122]，由研究结论可认为油相与硝酸铵等氧化还原反应放热对其热稳定性影响是次要的。

4.3.1.2　各种民用炸药受热物理化学机理分析与比较

由于不同炸药的结构、组分等不同，造成了其耐热机理存在差异，也就是说炸药成分的物理化学性质不同对炸药的耐热机理有着重要影响。

A 不含水硝铵类炸药

不含水硝铵类炸药其含水量极低，且主要是化学结合水，可以忽略不计，其主要成分是硝酸铵、燃料油、木粉的混合物。燃料油一般吸附在硝酸铵颗粒上；木粉在162℃发生炭化，275℃发生热分解，600℃会被点燃；一般油相用轻柴油，其闪点较低，一般为65℃左右；硝酸铵存在5个晶型，但一般由于升温速率或者掺入的无机盐或者水的原因，只观察到三个晶型转化，即：

$$熔盐 \underset{}{\overset{169.6℃}{\rightleftharpoons}} 立方晶体 \underset{}{\overset{125.2℃}{\rightleftharpoons}} 四方晶体 \underset{}{\overset{50℃}{\rightleftharpoons}} \alpha\ 斜方晶体$$

硝铵炸药加热时，油和木粉不影响硝酸铵的各晶变点和熔点[123]，在50℃时硝酸铵发生晶变吸收热量，使体系温度降低，同时油相挥发，吸收热量，使炸药升温速率减缓。

温度继续升高，硝酸铵在125.2℃又发生晶变，吸收热量，油相继续挥发吸收热量，同时此时硝酸铵进行了微量热分解，吸收热量，提高了热稳定性。

温度在162℃，木粉炭化，分解生成CO_2等气体，放出热量，但是木粉含量少，放出的热量不大，对体系温度影响小。

当温度升高到169.6℃时，硝酸熔化，吸收热量。当温度达到231℃左右时，由于油的裂解或与熔融的硝酸铵发生氧化还原反应，放出热量，使体系稍有温升。

当温度达到236℃，硝酸铵按照式（4-2）进行快速的热分解，吸收大量的热量，体系温度大为降低，同时体系可以按照式（4-3）、式（4-4）进行分解，放出热量，随着温度的升高，式（4-3）、式（4-4）逐渐变为主反应，同时伴随着油与硝酸铵的反应，其放热速率加快，放出热量增加，另外，温度在275℃时木粉也会进行热分解，放出热量。

温度升高至400℃时，硝酸铵分解过程主要是式（4-5），分解速度大为增加，放出大量的热量，体系温度快速升高，这又加速了硝酸铵的分解，伴随的油、木粉与硝酸铵的氧化还原反应放出的热量，硝铵炸药已经有了发生爆炸的特点，使其快速发生爆炸[124]，如图4-73所示。

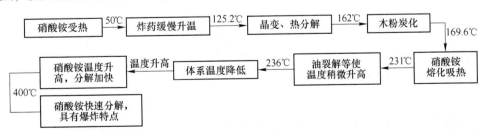

图4-73 硝酸铵受热变化过程

B　乳化炸药

乳化炸药按其状态的不同可以分为粉状乳化炸药和胶状乳化炸药，胶状乳化炸药含水量为 10% 左右，粉状乳化炸药含水量很低，一般不超过 3%，它们都是油包水型炸药，油相和氧化剂水溶液是以准分子形式存在。

a　胶状乳化炸药

影响乳化炸药的热稳定性因素主要是乳化炸药的微观结构、界面膜的结构特性、环境温度、内外相的组成、乳化剂的种类和质量、敏化剂含量等[125,126]。

在热作用下，乳化炸药吸收热量，首先使得油相温度升高，油相的黏度减小，部分油相挥发，吸收热量；然后通过热传导，水相温度升高，使得部分水分蒸发，水分蒸发过程吸收热量，另外，水分的较少，导致硝酸铵过饱和，析出，析出的晶体随温度升高发生晶变，吸收热量；且温度的上升造成水相乳胶粒子运动加剧，这些综合原因造成炸药升温缓慢甚至降温[127]。

温度继续升高，乳化炸药发生分层、絮凝、聚结，最后发生破乳，油相密度低，会浮于硝酸铵水溶液表面。破乳后，硝酸铵水溶液直接受热，吸收大部分的热量，水分快速蒸发，使得炸药的温度上升缓慢。

当温度升高到一定阶段时，大部分水分被蒸发，油相炭化基本结束，硝酸铵热分解速率快速增加，使得炸药温度急剧升高，周新利等人的试验数据得出岩石乳化炸药是在 251.19℃ 快速分解[128]。乳化炸药快速热分解后续过程同上面硝铵炸药的后续分解过程差不多，最后由于热量积累发生燃烧或爆炸，如图 4-74 所示。

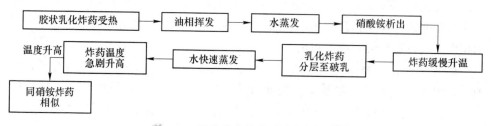

图 4-74　胶状乳化炸药受热变化过程

b　粉状乳化炸药

粉状乳化炸药含水量低于胶状乳化炸药，其微观结构外层是油膜，内部是硝酸铵晶体，在两者之间还存在着饱和的硝酸铵水溶液和微气泡，此结构对外界热量有着很大的缓冲作用。这两个特点使得其与胶装乳化炸药耐热性存在差异[129]。

粉状乳化炸药受热时，外相油膜吸收热量，温度升高，且通过传导把热量传递给饱和硝酸铵水溶液，该溶液有较好的传热性，使得热量快速吸收和分散，造成硝酸铵水溶液温度升高，溶解度增大，硝酸铵晶体溶解，吸收大部分热量，结果是炸药温度升高缓慢[130]。

　　温度的持续升高，使水分不断蒸发，后续变化和胶状乳化炸药相似。需要注意的是粉状含水量少，虽然它的特殊微观结构可以对热能有一定的缓冲作用，但是根据热量守恒等原因，外界的能量还是会更多地作用于粉状乳化炸药，结果使得粉状乳化炸药热感度高于胶状乳化炸药，如图 4-75 所示。这和马志刚等人试验结果相符合[131]。

图 4-75　粉状乳化炸药受热变化过程

C　水胶炸药

水胶炸药水分含量为 10% 左右，为水包油炸药。

　　水胶炸药受热时，外相的水分吸收热量，同时热传导至内相，内相温度也缓慢升高。随着温度的升高，水分含量不断减少，硝酸铵结晶，由于水分的蒸发吸收了大部分热量，温度上升也是缓慢的，当温度达到 120℃ 左右时，硝酸铵晶变，且硝酸铵的分解按照式（4-1）进行吸收热量，使得系统温度有缓慢的降低。后续水胶炸药的过程和硝铵基本一致。王瑾等人研究得出岩石水胶炸药的起始加速温度为 175.15℃[132]。

　　虽然水胶炸药含水量和乳化炸药差不多，但由于是水包油型，加热时，水分直接受热蒸发，不像乳化炸药外相是熔点高、不易分解和挥发的油，造成其热感度高于乳化炸药，如图 4-76 所示。崔鑫等人的研究以证明了这点[133]。

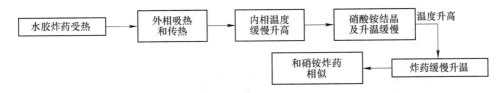

图 4-76　水胶炸药受热变化过程

D　炸药受热性能的比较

由上述内容可得出下列结论：

　　（1）胶状乳化含水量高，含水量多可以明显提高炸药的耐热性能，导致其热感度低于粉状乳化炸药。

　　（2）由于油相熔点高，不易分解和挥发，导致油包水型结构耐热性能优于水包油性结构，即乳化炸药感度低于水胶炸药。

　　（3）胶状乳化炸药有着优良的耐热性，可以优先作为高温爆破使用炸药。

　　总之，在高温孔中使用胶状乳化炸药装药，综合安全性较好，但是需要注意的是，这并不与铵油炸药的安全温度高于乳化炸药相矛盾，乳化炸药的耐热性能好并不是意味着其安全温度高，只是说明其在高温下发生燃烧或者爆炸的时间长。安全温度是指炸药性能不发生较大的变化，长时间不发生燃烧或爆炸的最高温度，这不仅包括时间，还包括性能。铵油炸药在较低温度时，其变化主要是油相（柴油）和硝酸铵的变化，硝酸铵的熔点和油相的沸点都高于100℃，且硝酸铵在低温下是吸热反应，乳化炸药在低温时受热，会发生破乳等现象，同时乳化炸药黏度和密度大，热量容易积累，故其热稳定性能没有铵油炸药好；但当温度超过硝酸铵的熔点169.6℃时，硝酸铵会熔化，受热面积增大，导致反应速率增大，而乳化炸药中水分会吸收热量，使得乳化炸药耐热时间长于铵油炸药。也就是说，在较低温度时铵油炸药的安全性好于乳化炸药，在高温的条件下，乳化炸药的耐热性能优于铵油炸药。

　　由此可见，温度在100℃以下时使用铵油炸药是合理的，不仅耐热性能好，同时价格便宜，容易装药。而在100℃以上时，需要进行注水降温，而铵油炸药不防水，故要选用乳化炸药。

4.3.1.3　胶状乳化炸药燃烧试验

　　根据上述内容的结果，得出了在高温下胶状乳化炸药的耐热性能较好，但那是在前人的研究成果的基础上总结出来的，并且是小药量的试验，在开放的条件下进行的。燃烧试验可以观察到炸药过程的变化，从而反映出炸药的受热性质，故本文对一定量的炸药放入到密闭容器中进行燃烧，现象如图4-77所示。

　　由上述图片可知：

　　（1）6min后乳化炸药开始冒白烟，冒烟量很小，此时主要是少部分乳化炸药外相水受热产生的水蒸气。

(a)

(b)

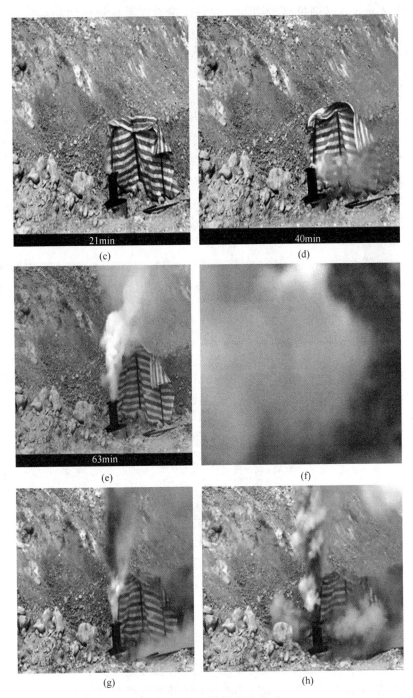

图 4-77 乳化炸药燃烧试验

（a）炸药点燃；（b）6min 后首次冒白烟；（c）21min 后出现黑烟；（d）40min 后黑烟增加，开始燃烧；
（e）63min 后白烟突增并夹带黄烟；（f）产生大量白烟；（g）黄烟快速增加；（h）爆炸瞬间

（2）21min后白烟量有所增加，并且夹带着能看见黑色的烟雾，但是不明显，可见乳化炸药中受热温度达到100℃以上的量增加了，并且部分乳化炸药破乳后的内相油温度达到220℃以上也开始燃烧了，产生了黑烟。

（3）40min后，烟量更为增加，能够明显的观察到黑色，说明此事炸药破乳已经相当严重了，不少油相中的油温度都达到了燃点，产生了燃烧。

（4）63min后白烟量突增，几乎看不出黑色部分了，但是其中夹带着些许黄烟，此时是乳化炸药中的温度突增，外相中的水蒸气基本上都在蒸发，并且外相中的硝酸铵也开始燃烧了，结合过程可推测出乳化炸药中的温度突增是硝酸铵反应放热的结果。

（5）在白烟突增后不到1min内白烟的数量减少，但是黄烟含量却快速增加，说明水相中液态水的含量基本上没有了，硝酸铵快速参与了燃烧反应，放出了大量的黄烟。

（6）此后的不到10s内炸药发生了爆炸，爆炸的烟雾中含有不少黑烟，说明是硝酸铵与油相物质发生了氧化还原反应而导致的爆炸。变化如图4-78所示。

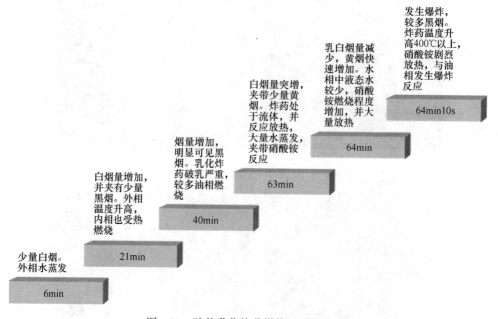

图4-78　胶状乳化炸药燃烧过程变化图

由分析可知，在高温下，乳化炸药中的水分很好地保护了炸药，在40min以前蒸发水吸收了大量的热量，减缓了乳化炸药体系的温度增长，此时乳化炸药的温度基本上已经达到了油相物质的燃点。水的蒸发，使得硝酸铵直接受热，迅速放出热量，乳化炸药体系温度快速升高，升高的温度又促进了水分的蒸发，导致更多的硝酸铵直接受热反应放出热量，最终在水含量大为降低的条件下与油相发生氧化还原反应而发生爆炸。也就是说乳化炸药发生爆炸前首先要使得水相中的水大量蒸发，然后使得硝酸铵直接发热后才发生爆炸，证明了乳化炸药耐热性能优良。

4.3.2 耐热炸药机理分析与优化浅析

耐热炸药是指经受长时间高温环境后仍能保持适当的机械感度且可靠起爆的一类炸药[134]。这类炸药热感度较低，在高温下能稳定存在一段时间，现今使用的耐热炸药有高能混合炸药和改性的普通工业炸药。

根据民用炸药耐热性能的物理化学机理分析结果可发现，铵油炸药和乳化炸药的耐热性能各有优势，但是在高温下都会发生早爆的危险，大幅度的提高它们的耐热性能，可以根本上解决炸药早爆问题，提高爆破效率和保障安全性。对耐热炸药的机理进行分析，了解炸药的耐热原因及影响因素，从而可以优化耐热炸药，提高炸药耐热性能，而这方面的研究还很缺乏，下面将从这方面进行理论分析。

4.3.2.1 各种炸药耐热机理和应用前景分析

A 高能混合炸药耐热机理和应用前景分析

高能混合炸药主要是高聚物黏结炸药中的造型粉，是以粉状高能单质炸药为主体，加入黏结剂、增塑剂、钝感剂等组成。高能单质炸药具有高正生成热、高热稳定等特点，常用的单质炸药是硝铵（如 RDX、HMX）、硝酸酯（如 PETN）、芳香族硝基化合物（如 TATB、HNS、DIPAM）及硝仿系炸药（如 TNMA、TNETB）等[135]；黏结剂是高能混合炸药的重要组成部分，将各个炸药组分黏结在一起，使炸药保持一定的几何形状和力学性能，对炸药的能量、安全性起到重要作用，常用的黏结剂有天然高聚物和合成高聚物[136]，如聚异丁烯、氟橡胶、天然橡胶等；增塑剂不仅能改进力学性能，降低加工难度，而且可以提高安全特性，加强配方中能量和氧平衡等，常用的增塑剂有硝酸酯、脂肪族硝基化合物等[137]；钝感剂可以包覆在炸药颗粒的表面，浸入其内部，起到吸收或隔离外界热量的作用，从而降低炸药的热感度，常用的钝感剂有蜡类、无机钝感剂等。

a 高能混合炸药耐热机理分析

影响炸药热感度的因素有很多，与其结构有着一定的关系，可以分为微观（如分子和晶体结构等）、介观（如晶体缺陷、杂质及表界面作用等）和宏观因素。其中，影响感度的最根本因素是分子和晶体结构[138,139]。

（1）含有氨基：—NH_2基的作用在于它可与炸药中—NO_2基里的氧形成氢键，使分子的晶格能量增加，提高其熔点或分解点。

（2）形成共轭体系：苯环相互共轭，使得苯环之间的键长比碳—碳单键短，键越短，分解所需要的能量就越多，分子热稳定性越好[140]。

（3）成盐：金属离子作为中心离子，与配位原子形成螯合环，共面性好，从而使整个分子结构稳定性增加，且中心金属离子可以和配位体形成的结构存在大量的氢键，提高了配位体的熔点[141,142]。

b　高能混合炸药应用前景分析

熔点低炸药易熔化为液态，增大分解速率，同时，熔化的炸药在对流作用下温度会在短时间内快速上升，不利于炸药的热稳定性[143]。高能混合炸药都具有较高的熔点，热感度很低，如聚黑-7 炸药（含黑索今 96.5%、聚异丁烯 1.8%、有机玻璃 0.7%、石墨 0.1%）在 180℃ 下耐热 2h，不燃不爆；411 炸药（HMX94%、聚异丁烯 4%、苯乙烯与丙烯腈的共聚物 1%、石墨 1%）在 210℃ 温度下耐热达 2h[144]。但是这类炸药由于主体炸药制备复杂，价格高昂，在高温爆破中很难大规模推广使用，其主要应用在：

（1）宇宙飞行器和外空导弹使用的推进剂材料。

（2）地下勘探或采油时使用的爆炸装置。

（3）高温爆破时导爆索、雷管等起爆器材的装药。李国新等人采用 HMX：KP＝90：10，另外添加 3% 的氟橡胶和 0.5% 石墨等原料研制出了能在 180℃ 条件下耐热 48h 的耐高温导爆索[145]，结构示意图如图 4-79 所示；同时汪佩兰等人利用苦味酸钾为点火药，以六硝基芪为雷管装药，研制出了能在 230℃ 耐热 24h 的耐高温雷管[146]，其结构图如图 4-80 所示。

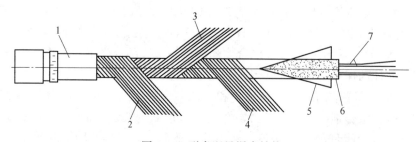

图 4-79　耐高温导爆索结构

1—外包覆层；2—外层线；3—中层线；4—内层线；5—药膜；6—耐高温炸药；7—芯线

B　改性的普通工业炸药耐热机理和应用前景分析

现在广泛使用的工业炸药有铵油炸药、乳化炸药、水胶炸药。这些炸药的耐热性能都较差，如铵油炸药使用温度不得高于柴油闪点，化学发泡的乳化炸药在高温下气泡难以保存、物理敏化的乳化炸药在高温下会破乳、水胶炸药在高温下也会解聚。改性的普通工业炸药，一般以硝酸铵为主体，加入少量抑制剂、可燃剂、敏化剂、涂覆剂等，如长沙矿山研究院发明的一种用于自燃硫化矿的安全炸

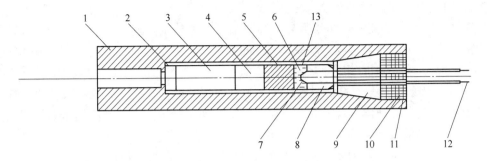

图 4-80　耐高温雷管结构图

1—耐热雷管壳；2—雷管壳；3—耐热炸药；4—松装炸药；5—起爆药；6—点火药；7—镍铬电桥丝；
8—电极塞；9—锥形铝塞；10—橡胶塞；11—黏结剂；12—脚线；13—隔热层

药，该炸药的临界安全温度可达 135℃，其主要成分质量百分比为硝酸铵 80%~90%，可燃剂木粉 0~4%，涂覆剂松香 0.1%~4%、石蜡 0.5%~4%，复合抑制剂 2%~9%[147]。

a　改性的普通工业炸药耐热机理分析

工业炸药热作用下发生的爆炸，主要是硝酸铵分解自行加速造成的。所以提高工业炸药的耐热性能主要途径即抑制硝酸铵在一定时间内发生快速热分解。减慢炸药热分解速率可以通过减少硝酸铵吸收的热量、阻止硝酸铵热分解反应、增加炸药内部的散热、形成低共熔物四个方面来实现，如图 4-81 所示。

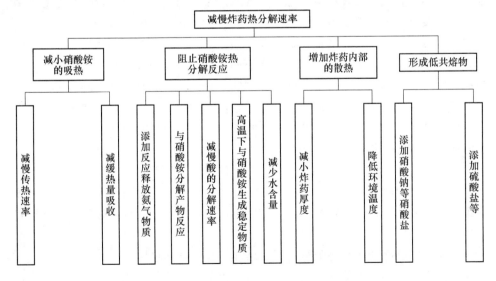

图 4-81　减慢炸药热分解速率方法

（1）减小硝酸铵的吸热。

1）减小传热速率。炸药组分多等原因，导致热量传递过程非常复杂，包括硝酸铵颗粒中的导热过程、硝酸铵颗粒间隙微层中的导热过程、硝酸铵颗粒间的导热过程、水相和油相之间的导热过程、热源对炸药的对流传热和辐射传热等[148]。辐射传热只在高温时才比较明显，对流换热量也较小，故一般认为，炸药的传热只考虑固体、流体的导热作用。根据傅里叶定律可知，传热速率与传热面积、导热系数和温度梯度有关。传热面积越小，导热系数越小、温度梯度越小，传热速率越小，通常金属的导热系数最大，非金属固体次之，液体的较小（其中水的导热系数最大），气体的最小。

硝酸铵直接与热源接触时，传热速率最快，炸药的危险性很大。通过物理包覆硝酸铵，增大热阻，可以减小传热速率。

现今的工业炸药体系中，油相作为可燃剂是炸药不可缺少的一部分，油相包括作为可燃剂的燃料油和一些乳化剂等添加剂。随着油量的增加，硝酸铵热分解开始温度降低。但油相导热系数小，可以包覆硝酸铵颗粒，减缓硝酸铵吸热的作用，提高硝酸铵的热稳定时间。

燃料油应选择分子链比较大的材料，如真空泵油等，这不仅因为它们分子间键不易断裂、闪点高，同时形成的油膜强度比较高，不易发生油水相分离；乳化剂等添加剂应该选择高分子、亲水性好的材料，一方面有利于形成稳定的粒子油膜，提高油膜强度，另一方面高分子材料分子链较长，能穿于几个粒子之间，增强表面膜强度，具有立体结构，且由于亲水性好，极性基团能与水形成氢键，在较高的温度下才能克服氢键的作用力，提高炸药的热稳定性。

在实际过程中，单一的油相很难满足上面的多种性能且会产生弊端，如高分子材料的加入会带来黏度的问题，通常把油相材料如柴油等和添加剂如 Span-80 按照一定配比加热熔化至一定温度保温制的复合油相，满足上述多种性能，且可以调节传热系数，降低传热速率。但是需要注意的是木粉、棉纤维等固体碳氢化合物作为油相时，由于其带有的羟基和醛基易于与二氧化氮反应，放出热量，对硝酸铵具有较强的热催化作用[119,149,151]。

2）减缓热量吸收：硝酸铵发生放热分解反应温度为 185℃，水等一些物质具有较大的比热容和蒸发潜热，在此温度前发生物理变化会吸收大量的能量，减少硝酸铵吸收的热量，降低炸药的热感度，这也是含水炸药具有较低的热感度的基本原因之一。

硝酸铵的晶变和熔化是吸热过程，增加了炸药的热稳定性，但一些物质由于自身的性质加入会使得晶变形式发生变化，我们应少用此类物质，如加入木粉，DSC 试验不能明显观察到四个吸热峰，而加入真空泵油等则可以明显观察到三个吸热峰[120]。

（2）阻止硝酸铵热分解反应。硝酸铵自催化热分解的催化剂是水和二氧化氮，二氧化氮是酸的分解产生的，从表观上看则是水和硝酸。硝酸分解反应和与硝酸铵的反应如下式：

$$HNO_3 \longrightarrow NO_2 + H_2O + O_2 \tag{4-13}$$

$$NH_4NO_3 + NO_2 \longrightarrow N_2 + H_2O + HNO_3 \tag{4-14}$$

氨气是硝酸铵热分解的阻化剂，氨气的积聚不但可以使低温下硝酸铵的第一步热分解向左进行，而且还能和硝酸、氧化氮发生剧烈反应，使其浓度降低，减小分解速率。

$$NH_4NO_3 \longrightarrow NH_3 + HNO_3 \tag{4-15}$$

$$5NH_3 + 3HNO_3 \longrightarrow 9H_2O + 4N_2 \tag{4-16}$$

$$2NH_3 + 2NO_2 \longrightarrow NH_4NO_3 + H_2O \tag{4-17}$$

从上述分析可知，阻止硝酸铵热分解反应可以从以下几点着手：

1）添加反应很容易释放氨气的物质。尿素、乙酰胺等在分解时可以释放出氨气，能有效阻止硝酸铵的分解，试验证明，尿素添加量仅 0.05% ~ 0.1%，就可以使硝酸铵热稳定性大幅度提高；氮化镁等金属氮化物在常温下可以与硝酸铵反应放出氨，阻止硝酸铵的第一步热分解。

2）添加可以与硝酸铵分解的硝酸及氮的氧化物等产物反应生成稳定性的化合物的物质。

用氢氧化铝等两性氢氧化物包裹在硝酸铵上，可以与硝酸作用而抑制硝酸铵的分解，且可以阻止分解向深部扩展。

3）减慢酸的分解速率。根据硝酸的分解反应式可知，减小硝酸的含量可以减慢硝酸的分解速率，可以添加些碱性物质与硝酸反应。

4）减少水含量。含水炸药一般含水量较高，如包装的乳化炸药含水量一般在 10% ~ 12%，混装乳化炸药含水量为 15% ~ 18%。水是硝酸铵热分解的催化剂，但是试验证明，水是一个较有争议的物质，V. A. Koroban 等人的试验结果认为加入 3.5% 的水可以降低硝酸铵的分解速率，但是当水含量超过 7% 时，其热稳定性却降低。张为鹏等人的试验证明水分对硝酸铵放热分解峰影响较小。

5）高温时与硝酸铵反应生成热稳定性化合物的物质。硝酸铵可以与氧化锌、氯化钾、碳酸钙反应生成硝酸多氨锌、硝酸铵钾、硝酸铵钙，阻止硝酸按照爆炸反应式发生热分解，从而提高其热稳定性。

从硝酸铵分解反应的整个过程来看，炸药热分解的初始反应速率对它随后的热分解起着决定性的作用，故抑制剂对炸药初始热分解是至关重要的，这样的抑制剂，等于控制了硝酸铵的最初放热和阻止了中间产物的出现，后面的硝酸铵自催化爆炸反应式也不会出现。也就是说尿素、乙酰胺等这类分解时能产生氨气的添加剂效果是最好的[152]。

（3）增加炸药内部的散热。

工业炸药是不均匀混合的炸药，炸药受热发生热分解，易发生热量积累，造成局部温度升高，当温度高于环境温度时，会向环境散热，散热量越大，炸药越安全。炸药的散热影响因素包括与周围环境的温度差、炸药空隙率、炸药厚度等。炸药越均匀、歧化程度低、厚度越小，炸药越易散热，不易发生热量积累。

（4）形成低共熔物。

低共熔物具有不敏感的特点，在制造、使用、周转的各个阶段都很安全[153]。例如硝酸钠等硝酸盐、硫酸盐等可以与硝酸铵形成低共熔物，提高硝酸铵的热稳定性。郭子如等试验证明硝酸铵中加入少量硝酸钠可改善硝酸铵的热稳定性[154]。但是硝酸钠等的加入会降低炸药的起爆敏感性，应提高敏化剂的含量或加强传爆药包。

b　改性的普通工业炸药应用前景分析

通过改性的普通工业炸药，仍以硝酸铵为主，价格低廉，生产方便，能大幅度地提高炸药的耐热性能，但是抑制剂的添加，需考虑其与炸药组分的相容性，也要考虑到炸药的爆炸性能，可以通过加入一些高熔点的 RDX 等单质猛炸药或铝粉等高能物质提高炸药的爆炸性能。

4.3.2.2　耐热炸药配方优化浅析

综合高能混合炸药与改性普通工业炸药的机理与应用前景分析可知，这两类炸药各有优点。实际的高温爆破使用炸药需要满足以下特点：

（1）原材料来源广泛、价格低廉。

（2）炸药生产工艺安全、简单。

（3）装药快速，少出现卡孔，能稳定起爆和爆轰等。

根据以上要求，实际的高温爆破用炸药，可以采取如下措施：

（1）以普通工业硝酸铵为主要原材料。

（2）选择长分子链的复合油相做可燃剂。

（3）添加少量铝粉或高能炸药如 RDX 等作为敏化剂。

（4）加入少量能减慢炸药热分解的物质。

（5）选择乳化炸药、水胶炸药等含水炸药时适当增加含水量。

（6）使用适量黏结剂、增塑剂，使炸药保持一定的形状、力学性能和增加炸药均匀性。

（7）结合铵油炸药和乳化炸药的特性，铵油炸药主要采取措施（2）、措施（3）、措施（4）三种措施，乳化炸药主要采取措施（2）、措施（3）、措施（4）、措施（5）。

4.3.3 各种炸药热感度测试标准简介及分析

高温爆破时，炸药在高温炮孔中热分解速率加快，根据谢苗诺夫热爆炸理论，在一定条件下，若放出的能量大于热传导所散失的能量，将使炸药发生热积累，从而自行加速，最后发生爆炸[155]。故可以通过比较炸药的热感度得出炸药适不适合高温爆破、哪种炸药最适合高温条件下使用。

此前已经讨论了炸药受热后的物理化学性质和对提高炸药的耐热性提出了优化建议，但是炸药耐热性能如何表征还没有进行讨论，故本章对此进行讨论。热感度测试方法还有我国军标《炸药试验方法》（GJB 772A），其中的 5s 延滞期法、1000s 延滞期法、烤燃弹法和中国煤炭行业标准中的铁板加热法[156,157]。这四种试验方法各有优劣，其数据对高温爆破都有指导价值，以下对此进行分析。

4.3.3.1　5s 延滞期法

A　方法简介

本方法适用于炸药、火工药剂等 5s 延滞期爆发点的测定，原理是在一定的条件下，对定量试样进行加热，测得在某温度下试样发生燃烧或爆炸所需要的时间（爆发延滞期），然后根据爆发温度和爆发时间的关系求得试样的 5s 爆发点。试验仪器主要有铜塞和伍德合金浴，如图 4-82 和图 4-83 所示。

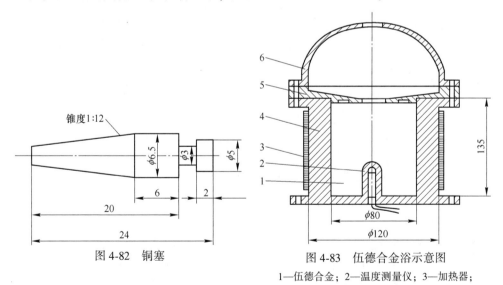

图 4-82　铜塞

图 4-83　伍德合金浴示意图

1—伍德合金；2—温度测量仪；3—加热器；
4—伍德合金浴壳体；5—缓冲器；6—防护盖

B　方法应用价值

本方法是把试样放在雷管壳中，且试样为固体小颗粒，药量少。模拟的是雷管中起爆药等单体炸药的装药环境，单体炸药爆轰成长期短、临界直径小，是瞬间爆轰，从而起爆相邻炸药。故此试验注重的是其在高温下短时间内的快速起爆，对于含水炸药由于其爆轰成长期长等原因，导致其测试误差较大，其应用价值如下。

（1）测得炸药、火药和火工药剂的 5s 爆发点，也可以定性测乳化炸药等含水炸药爆发点；用该试验研究不同组分含量、不同物理性质对炸药的影响。

（2）根据不同炸药的 5s 爆发点大小比较炸药热感度高低，爆发点越大，热感度越低。火药等固体小颗粒试样可以直接根据爆发点大小比较炸药的热感度高低。对于乳化炸药等不符合适用范围的炸药，也可以测其爆发点，虽然其结果可能会存在误差，但是数据还是有参考价值，在相同的条件下，一定的误差允许范围内，可以定性的反应炸药的热感度高低。

（3）由试验数据求得凝聚炸药爆发点与延滞期关系式中的与炸药有关的常数 A 和活化能 E，然后根据

$$\ln\tau = A + \frac{E}{RT}$$

求得某温度下炸药的延滞期以及某延滞期下炸药的爆发点，并根据 $\ln\tau$ 与 T 之间关系分析炸药热稳定性。取 $\ln\tau$ 与 T 做曲线如图 4-84 所示。

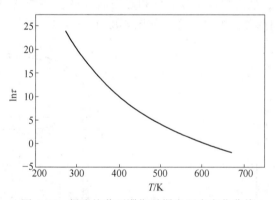

图 4-84　凝聚炸药延滞期随爆发温度变化曲线

由此曲线可以观察到，随着温度的升高，曲线的斜率绝对值减小，意味着延滞期变化速率减小。

（4）根据活化能 E 的大小，初步判断炸药的起爆难易程度，E 越大，炸药感度越小，炸药越难起爆；反之，炸药的感度大，炸药越易起爆[159]；且可以通过热爆发活化能把延滞期爆发试验与其他感度试验如撞击感度试验等相联系[160,161]。

C　对高温爆破的启示

（1）根据炸药的爆发点大小，选择合适的高温爆破炸药，炸药的爆发点越

大，其抗热性能越好，在高温爆破中使用也就更安全。

（2）根据爆发点与延滞期关系式求得的高温爆破时某高温炮孔温度对应的延滞期，初步控制炸药从装药到起爆的时间，提高高温爆破的安全性。

（3）根据求得的高温炮孔温度下炸药的延滞期，指导爆破方案的设计，如做好爆破计划，包括爆破规模、使用的炸药种类和数量、预计的施工时间等；如做好施工组织，包括人员的明确分工、装药顺序（先装常温孔再装高温孔）等。

（4）根据高温爆破分区结果，把爆破区域划分为红绿黄区，红区严禁爆破，黄区炮孔降温达到一定温度才可进行爆破，绿区可进行正常爆破，完善高温爆破制度。

4.3.3.2　1000s 延滞期法

A　方法简介

该方法适用于固体炸药小药量热爆炸临界温度的测定，原理是将（40±1）mg试样放在雷管壳中压实并在真空条件下密封，然后放入恒温合金浴中加热，测得1000s 试样不发生爆炸的最高温度即为试样的热爆炸临界温度。使用仪器有压垫和 U 型压帽等。

B　方法应用价值

本方法和 5s 延滞期法相差不大，都是把小药量固体炸药放入雷管壳中，模拟雷管中炸药的爆轰环境，最大的不同就是加热时间的不同，1000s 延滞期法的时间远远大于 5s 延滞期的时间，反应的是炸药从缓慢热分解直至爆炸的长时间过程，其历程符合炸药安全储存下的状态转化，其应用价值如下。

（1）测得小药量固体炸药的热爆炸临界温度，1000s 临界温度点说明在该温度点，炸药的自身吸热和放热达到了相对平衡状态，高于该温度点，炸药就会热量积累发生爆炸[162]。也可以用于定性分析非固体炸药如水胶炸药等的热爆炸临界温度。

（2）由热爆炸临界温度，准确判断固体炸药的热感度高低，热爆炸临界温度越低，炸药的热感度越高；对于非固体炸药，也可以根据相同条件下的热爆炸临界温度定性分析炸药的热感度大小。

（3）由该试验得出的结果，对炸药的生产、运输、使用提供指导意义。

C　对高温爆破的启示

（1）根据热爆炸临界温度，选择耐热性能优越的高温爆破使用炸药。热爆炸临界温度高，炸药在高温炮孔中稳定时间长，其热安全性好。

（2）热爆炸临界温度对高温爆破排险有着现实指导意义。该试验得出的炸药 1000s 不发生爆炸的最高温度说明在炮孔温度低于热爆炸临界温度时，1000s

内炸药是不会发生爆炸、是安全的。高温爆破从装药到起爆时间一般不允许长，在排险情况下时间更是受到限制，郑炳旭等人认为紧急状况下从开始装药到起爆时间要求在 180s 内完成[1]，此时间远远小于 1000s。

（3）根据试验，可以得出热爆炸临界温度与时间的关系，由此来研究试样的性质，包括组分对试样的影响、添加剂对试样的影响、试样的物理化学性质等。

4.3.3.3　铁板加热法

A　方法简介

本标准主要用于水胶炸药、乳化炸药等含水炸药的热感度试验，用来判断炸药是否合格。测试原理为在（200±5）℃，恒温 10min 加热炸药，以其发生燃烧或爆炸的难易程度来表示炸药的热感度[164]。铁板样品池尺寸和试验仪器装配图如图 4-85 和图 4-86 所示。

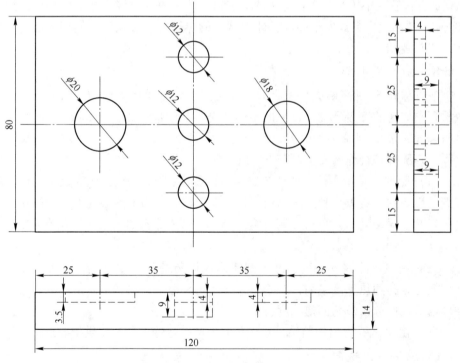

图 4-85　铁板样品池尺寸

B　方法应用价值

本方法是用于含水炸药的热感度试验，方法操作简单，对试验设备损坏小，经济实惠，且使用药量较大，试样样孔为 15mm，与工业炸药的临界直径相差不

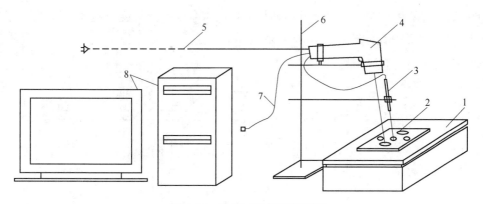

图 4-86　铁板试验仪器装配图
1—电热板；2—钢板样品池；3—热电偶；4—红外测温仪；5—红外测温仪电源线；
6—铁架台；7—红外测温仪数据线；8—计算机

大，此试验可以表示工业含水炸药的实际情况；对于固体小颗粒炸药，其感度高，临界直径和极限直径小，爆速大，用此方法对试验设备损坏大，且不符合工程使用状况。另外此试验是在开放条件下进行的，开放条件下，炸药在分解过程中产生的热量会向环境散失，使炸药感度降低，这与高温爆破时炸药在炮孔中相对封闭的条件不符，其应用价值如下。

（1）根据试验结果，判断水胶、乳化等含水炸药是否合格，即三次试验均未出现燃烧和爆炸则炸药即合格。

（2）通过在相同加热温度下，观察炸药发生的变化，包括热分解速率、发生燃烧和爆炸的时间等来得出炸药的热感度高低，越易发生燃烧和爆炸、热分解速率越快，其热感度越高。

（3）铁板试验在开放条件下进行的，可以明显观察到炸药发生的变化，根据观察数据可以分析炸药包括热分解特性等的性质[165]。

C　对高温爆破的启示

（1）用此方法检验高温爆破所使用的炸药是否合格。

（2）和前面方法一样，根据试验得出的炸药热感度高低，优选高温爆破使用的炸药。

（3）把铁板试验温度调至测得的高温炮孔温度，对使用的炸药进行铁板试验，观测炸药的反应，记录从开始加热到发生快速热分解、燃烧或爆炸的时间，然后在高温爆破时把装药到起爆的时间控制在此时间之内，提高爆破安全性。

4.3.3.4　烤燃弹法

A　适用范围、原理、方法步骤

该试样主要用于评定弹药及含能材料的热感度，原理为将一定量的试样放入在密闭的容器中，在外部逐渐升温加热，从而观察、评价其反应程度。烤燃弹结构图和试验装置图如图 4-87 和图 4-88 所示。

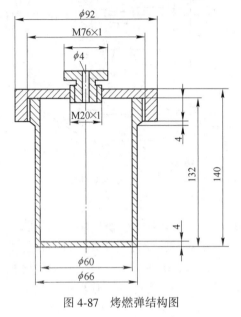

图 4-87　烤燃弹结构图

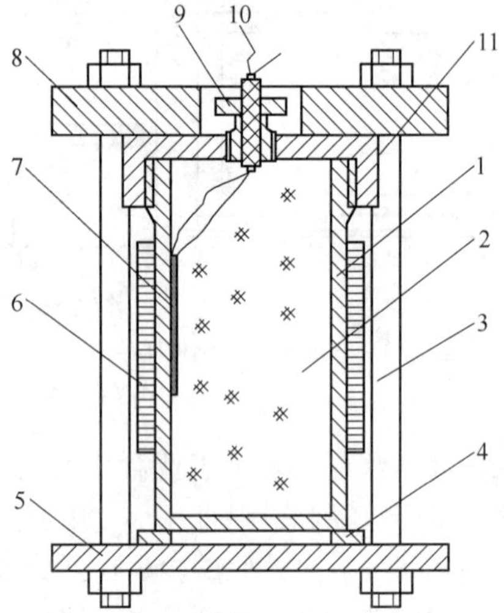

图 4-88　烤燃弹试验装置示意图

1—烤燃弹体；2—试样；3—夹紧螺栓；4—支座螺栓；
5—下夹板；6—电加热器；7—测温探头；8—上夹板；
9—带中心孔的螺栓；10—热电偶引线；11—烤燃弹盖。

B　方法应用价值

该试验使用的药量大，炸药量越大，那么要使其燃烧所需要的能量就越大，也就使得炸药发生燃烧或爆炸的时间越长；弹体内径在 60mm 左右，位于常用工业炸药的临界直径与极限直径之间，在密闭条件下进行的试验，这和高温爆破时使用的药卷直径和药卷存在环境差不多，此时炸药的反应基本上能代表炸药在炮孔中的状态；不足之处为烤燃弹试验的温度是变化的，和炮孔中温度相对恒定的特性不相符，而升温速率对炸药性质是有影响的，使得试验数据准确度有待商榷，且试验操作复杂，试验材料昂贵。现今人们对烤燃弹试验的研究主要在烤热弹试验装置及试验方法、烤热弹试验仿真模拟、基于烤热弹试验的热安全性评价三个方面[166,167]，其应用价值如下所述。

（1）联合隔板试验判断物质是否具有爆炸性？是否过于钝感而不属于第一类？只要隔板试验和烤燃弹试验有一项结果不合格，该物质就属于第一类，具有爆炸性。

（2）弹体破片越多、越小、试样残留越少，说明反应越激烈；反应经历的时间越短，说明热感度越高。此试验一方面记录反应时间、破片大小和破片的数量；另一方面观察试样的残留，以此表征反应类型是燃烧，还是爆燃或爆轰；最后根据反应时间和反应类型综合比较炸药的热稳定大小[168]。

（3）烤燃弹试验的温度是变化的，升温速率是可以调节的，故可以通过烤热弹试验，研究升温速率对炸药的性能影响[169]。

（4）试样的晶型、颗粒度、装药密度、附加物等，影响着炸药的性质，可以通过烤燃弹试验，观察反应后破片的分布状态、采集温度与时间关系等方法，研究物理状态和装药条件对炸药性质的影响[170]。

（5）测得炸药的自发火温度、爆发点、活化能等数值，评价其热安全性[171]。

（6）作为炸药耐热试验装置，测定炸药耐热性能。耐热试验装置都通常都是在设定加热温度和加热时间条件下，测定炸药的热减量。故可以恒定烤燃弹温度在150℃、180℃、220℃、250℃等，设定加热时间为2h、24h等[172]，然后测定其热减量，以来衡量其耐热性能。

C 对高温爆破的启示

（1）根据烤燃弹试验得出的不同炸药的热感度高低，从现今多种炸药中优选出合适的高温爆破使用炸药。

（2）根据试验测得的自发火温度指导现场高温爆破，当炮孔的温度高于炸药自发火温度时，表明此时炸药可能瞬间爆炸，需对炮孔进行降温和对炸药进行隔热防护。

（3）在试验条件允许的条件下，当高温炮孔温度远低于炸药的自发火温度时，可以先把温度调至炮孔同一温度，然后对烤燃弹进行恒温加热，观察其发生燃烧或爆炸的时间；记录下此时间，用此时间来指导高温爆破时从装药到起爆所需要控制的时间。

4.3.3.5 各种热感度测试方法的比较与分析

根据各种热感度测试方法的分析可知：

（1）炸药热感度测试标准多，且每种适用范围局限性大，各有其侧重点，如1000s延滞期法对小颗粒固体炸药准确度高，铁板试验对含水炸药准确度高，需把多种热感度测试方法结合起来才能比较不同性质炸药热感度的高低，而此对结果可靠度有一定的影响。

（2）5s爆发点试验结果可以指导高温爆破分区，完善高温爆破管理制度。

（3）炸药的热感度测试标准的方法、结果等可以对高温爆破现场进行指导，如对现场炸药的优选、对爆破方案的优化等方面，但是指导意义都有一定的限制，如通过5s延滞期法算出的炸药在某温度下的爆发点存在着误差，烤燃弹试验不能模拟炸药的恒温状态，但是限制反过来也可以发现测试方法存在的问题，对试验方法进行改进，如使烤燃弹恒温、铁板试验温度改变等。

虽然各种热感度测试方法各有优点，但是结合火区炮孔装药需要进行堵塞、装药有铵油和乳化等多种炸药、一般为深孔爆破的特点，使得炮孔中炸药具有封闭、种类多、药量大的特点。5s 延期法和 1000s 延期法的药量少，且为固体小颗粒，不适用于胶装乳化等大药量的试验；铁板试验法是在开放条件下进行的，不符合封闭的条件；而烤燃弹法的药量较大，可装各种炸药，在封闭条件下进行的试验，能较好地模拟炮孔中炸药的特点。可见，烤燃弹法可较准确的表征炸药的耐热性能。

但是需要注意的是烤燃弹法试验是毁坏行试验，成本较大，同时原本的装置是变温的情况，不符合炮孔相对稳定的情况，故未来可以对其进行改进。毁坏性试验主要是由于药量大、弹体强度差的原因，故可以适当减少药量，同时用高塑钢等高强度材料代替普通的钢铁材料；变温主要是由于控温仪器的变化导致的，故可以对控温仪器进行改进使其能够同时满足变温和恒温两种性能。

考虑到成本等因素，炸药热高度试验可以采取铁板试验。

4.3.4　爆破器材耐热性研究

根据前文分析，爆破器材的宏观耐热性可以通过铁板试验进行分析。故通过定制恒温数显加热平台，将各类爆破器材按照一定温度梯度加热，观察其物理化学性质变化，以得出各类爆破器材的耐热性能。

恒温数显加热平台具有以下性能：

（1）板面为特质铝材，板面各点温差小。

（2）加热温度范围广，为 0~400℃，满足爆破器材加热试验需要。

（3）能够提前设定温度，温度误差小于±0.1℃，实现精确恒温加热。

（4）具有接地电线，有效消除静电，利于爆破器材试验安全。

爆破器材分为两类，一类是炸药，如铵油炸药、胶状乳化炸药、粉状乳化炸药、导爆索等；另一类是连接线等，如导爆管、电雷管脚线等。下文将对这两类爆破器材分别进行铁板加热试验。

4.3.4.1　炸药耐热性能研究

由于火区温度较高和炮孔数目多的影响，大量增加一次爆破方量难以实现。故炸药的耐热性能试验是在现今 8 个孔、5min 内完成爆破的前提下进行的。火区爆破考虑到其他异常问题，需要一定的安全裕度，将安全系数定为 2，故安全裕度时间为 5min。再考虑到火区爆破过程中意外突发情况（如网路不通、炮孔堵塞等）的处理需要时间，时间根据现场情况，限制在 10min 内。根据以上时间加入，定义三个名词——20min 安定温度、20min 保能温度和 20min 质变温度。20min 安定温度即炸药在 20min 内保持其物理化学性质保持不变的最高温度；20min 保能温度即炸药在 20min 内，物理化学性能未发生明显变化，且处于安全状态的最高温度，一般通过炸药是否熔化、是否明显冒烟、是否颜色明显变化等进行判断。20min 质变温度即炸药在 20min 内，物理化学性质发生突变，或位于燃烧和热分解临界点的危险温度，一般通过是否燃烧、是否大量冒烟、是否熔化完全等进行判断。

A　胶状乳化炸药的耐热性能

在铁板上将 5g 胶状乳化炸药在设定温度下进行加热 20min，其物理化学变化如图 4-89 所示。

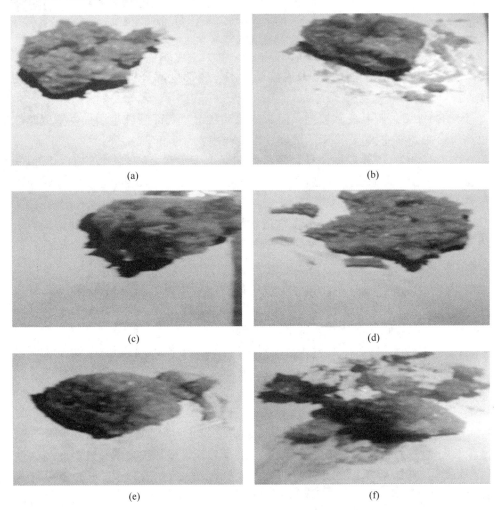

(a)

(b)

(c)

(d)

(e)

(f)

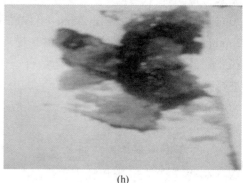

(g)　　　　　　　　　　　　　　　　　　(h)

图 4-89　胶状乳化炸药不同温度下加热变化

(a) 90℃加热 20min 后；(b) 100℃加热 20min 后；(c) 140℃加热 20min 后；

(d) 150℃加热 20min 后；(e) 160℃加热 20min 后；(f) 210℃加热 20min 后；

(g) 220℃加热 20min 后；(h) 230℃加热 20min 后

（1）90℃：胶乳变软，但未成流动状态，底部少部分破乳，变成暗红色物质，冷却后变硬。

（2）100℃：胶乳变软加剧，但未成流动状态，底部破乳量增加，变成暗红色物质增加（如油状），冷却后变硬（水分吸出）。

（3）140℃：持续冒烟，且冒烟量增加（但为少量），胶乳变软加剧，但未成流动状态，底部破乳量增加，变成暗红色物质增加（如油状），冷却后变硬（水分吸出）。

（4）150℃：持续冒烟，且冒烟量增加（但为少量），胶乳变软加剧，但未成流动状态，底部破乳量增加，变成暗红色物质增加（如油状），冷却后变硬（水分吸出）。

（5）160℃：持续冒烟，且冒烟量增加（但为少量），且随着时间变化烟量减少，胶乳变软加剧，但未成流动状态，底部破乳量增加，变成暗红色物质增加（如油状），冷却后变硬（水分吸出），底部部分变黑。

（6）210℃：持续冒烟，且冒烟量增加（但为少量），且随着时间变化烟量减少，胶乳变软加剧，但未成流动状态，底部破乳量增加，变成暗红色物质增加（如油状），冷却后变硬（水分吸出）。底部部分碳化，呈黑渣状，变黑部分增加。

（7）220℃：持续冒烟，且冒烟量增加（但为少量），且随着时间变化烟量减少，胶乳变软加剧，但未成流动状态，底部破乳量增加，变成暗红色物质增加（如油状），冷却后变硬（水分吸出）。底部部分碳化，呈黑渣状，变黑部分增加。

（8）230℃：持续冒烟，且冒烟量增加（但为少量），且随着时间变化烟量减少，胶乳变软加剧，但未成流动状态，底部破乳量增加，变成暗红色物质增加（如油状），冷却后变硬（水分吸出）。底部部分碳化，呈黑渣状，变黑部分增加。13min发生燃烧，大量放热，黑色部分增加。

由上述分析可知，胶状乳化炸药在90℃向100℃转变时，破乳量增加，表明此时胶状乳化炸药物理化学性质发生改变；150℃向160℃转变时，底部部分破乳且发黑，有碳化变质现象，表明此时胶状乳化炸药物理化学性质发生明显变化；220℃向230℃转变时，发生燃烧，大量放热，碳化部分增加，表明此时胶状乳化炸药物理化学性质发生突变。

故可得出结论：胶状乳化炸药20min安定温度为90℃；20min保能温度为150℃；20min质变温度为220℃。

B 粉状乳化炸药的耐热性能

在铁板上将5g粉状乳化炸药在设定温度下进行加热20min，其物理化学变化如图4-90所示。

（1）90℃：粉乳轻微发黄，与铁板接触部位少部分凝聚为不结实大块，粉状变成颗粒状，粗糙度增大。

（2）100℃：粉乳轻微发黄，与铁板接触部位凝聚为不结实大块面积增大，粉状变成颗粒状，粗糙度增大。

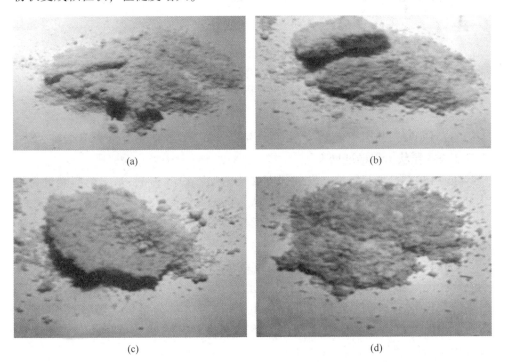

(a)   (b)

(c)   (d)

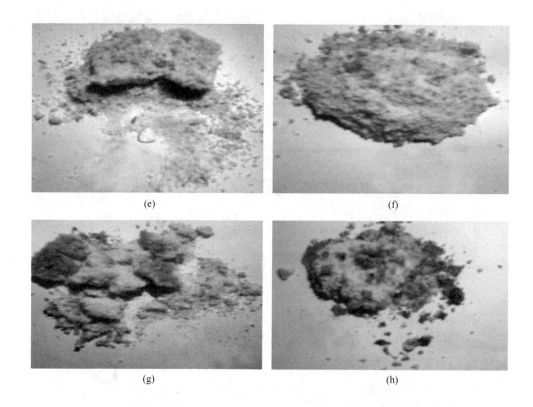

图 4-90　粉状乳化炸药不同温度下加热变化

(a) 90℃加热 20min 后；(b) 100℃加热 20min 后；(c) 120℃加热 20min 后；

(d) 130℃加热 20min 后；(e) 140℃加热 20min 后；(f) 150℃加热 20min 后；

(g) 160℃加热 20min 后；(h) 170℃加热 20min 后

（3）120℃：粉乳发黄程度增加，约占 1/3，基本全部凝聚为不结实大块，粉状变成颗粒状，粗糙度增大。

（4）130℃：少量冒烟，发黄程度继续增加，约占 2/3，基本全部凝聚为不结实大块，粉状变成颗粒状，粗糙度增大。

（5）140℃：少量冒烟，发黄程度继续增加，约占 2/3，基本全部凝聚为不结实大块，粉状变成颗粒状，粗糙度增大。微量熔化（破乳）。

（6）150℃：少量冒烟，发黄程度继续增加，全部凝聚为不结实大块，粉状变成颗粒状，粗糙度增大。部分熔化（破乳）。

（7）160℃：外围小部分熔化（破乳），底部大部分熔化（破乳），少量冒烟，发黄程度继续增加，全部凝聚为不结实大块，粉状变成颗粒状，粗糙度增大。

（8）170℃：温度不断升高（放热），快速冒烟。外围部位立即熔化，呈油状，总体约熔化 1/2，破乳部分较多变成黑色。中间厚位置上部未熔化，全部结成坚硬大块。

由上述分析可知，粉状乳化炸药在 90℃向 100℃转变时，与铁板接触部位较大面积凝聚为不结实大块，变成颗粒状，粗糙度变大，表明此时粉状乳化炸药物理化学性质发生改变；130℃向 140℃转变时，部分发生熔化，表明此时粉状乳化炸药物理化学性质发生明显变化；160℃向 170℃转变时，快速冒烟，破乳部分较多变成黑色，表明此时粉状乳化炸药物理化学性质发生突变。

故可得出结论：粉状乳化炸药 20min 安定温度为 90℃；20min 保能温度为 130℃；20min 质变温度为 160℃。

C 混装铵油炸药的耐热性能

在铁板上将 5g 混装铵油炸药在设定温度下进行加热 20min，其物理化学变化如图 4-91 所示。

（1）90℃：无变化。

（2）100℃：变成淡黄色。

（3）120℃：少量冒烟，大部分呈淡黄色，深黄色颗粒增加。

（4）130℃：少量冒烟，深黄色颗粒比例近半。

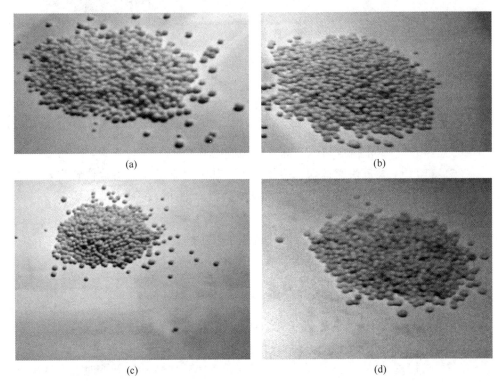

(a)   (b)

(c)   (d)

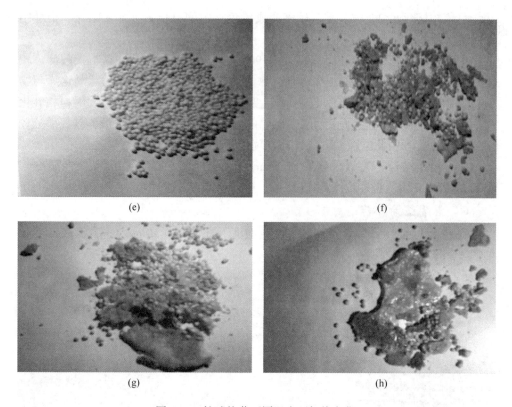

(e)　　　　　　　　　　　　　　　　　(f)

(g)　　　　　　　　　　　　　　　　　(h)

图 4-91　铵油炸药不同温度下加热变化

（a）90℃加热 20min 后；（b）100℃加热 20min 后；（c）120℃加热 20min 后；
（d）130℃加热 20min 后；（e）140℃加热 20min 后；（f）170℃加热 20min 后；
（g）175℃加热 20min 后；（h）180℃加热 20min 后

（5）140℃：少量持续冒烟，深黄色颗粒比例过半。

（6）170℃：大量快速冒烟，熔化加快，基本过半熔化，熔化位置为外围部分和厚位置与铁板接触位置，熔化铵油结成块状，中间厚位置上部未熔化（与传热相关），全为深黄色。

（7）175℃：大量快速冒烟，熔化继续加快，熔化铵油结成块状，但未熔化完全，中间厚位置上部部分未熔化（与传热相关），全为深黄色。

（8）180℃：大量快速冒烟，加速熔化，只有少量未熔化，熔化铵油结成块状。

由上述分析可知，铵油炸药在 90℃向 100℃转变时，由白色变成淡黄色，表明此时铵油炸药物理化学性质发生改变；130℃向 140℃转变时，少量持续冒烟，表明此时铵油炸药物理化学性质发生明显变化；175℃向 180℃转变时，大量快速冒烟，只有少量未熔化，熔化铵油结成块状，表明此时铵油炸药物理化学性质发生突变。

故可得出结论：混装铵油炸药 20min 安定温度为 90℃；20min 保能温度为 130℃；20min 质变温度为 175℃。

D 导爆索的耐热性能

在铁板上将 3cm 混导爆索在设定温度下进行加热 20min，其物理化学变化如图 4-92 所示。

（1）80℃：无任何变化。

（2）90℃：基本无任何变化，但稍微收缩。

（3）100℃：基本无任何变化，稍微收缩，有不明显烫痕。

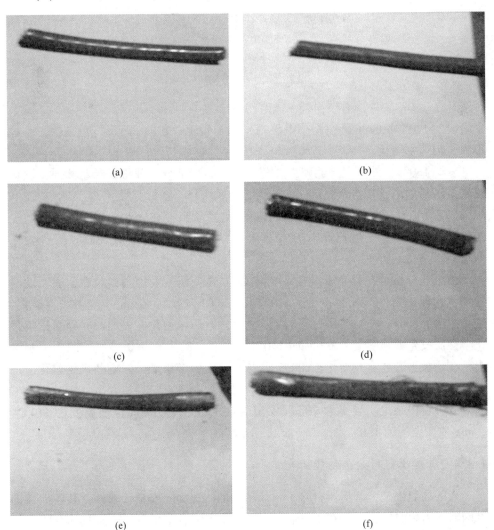

(a)　　　　　　　　　　　　　(b)

(c)　　　　　　　　　　　　　(d)

(e)　　　　　　　　　　　　　(f)

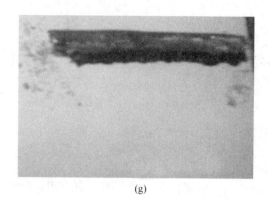

(g)

图 4-92　导爆索不同温度下加热变化

(a) 80℃加热 20min 后；(b) 90℃加热 20min 后；(c) 100℃加热 20min 后；
(d) 110℃加热 20min 后；(e) 120℃加热 20min 后；(f) 130℃加热 20min 后；
(g) 140℃加热 20min 后

（4）110℃：外皮有破损处，烫痕明显增大。

（5）120℃：6min 外皮则严重破损，趋于脱落，20min 两头严重破损，直径增大，但药未熔化。

（6）130℃：外皮立刻烫破损，药未熔化，但部分变成细长针状物质。整体松软，药易洒出，基本全脱落，内部药芯变成块状，颗粒变粗。

（7）140℃：外皮立刻烫破损，芯药大量洒出，在铁板上芯药立刻熔化，20min 时内层发生变形松动，但索药未见熔化，内部药结成块状，颜色轻微变黑。

由上述分析可知，导爆索在 80℃向 90℃转变时，发生稍微收缩，表明此时导爆索物理化学性质发生改变；110℃向 120℃转变时，6min 外皮则严重破损，趋于脱落，20min 两头严重破损，直径增大，但药未熔化，表明此时导爆索物理化学性质发生明显变化；130℃向 140℃转变时，外皮立刻烫破损，芯药大量洒出，在铁板上芯药立刻熔化，20min 时内层发生变形松动，但索药未见熔化，内部药结成块状，颜色轻微变黑，表明此时导爆索物理化学性质发生突变。

故可得出结论：导爆索 20min 安定温度为 80℃；20min 保能温度为 110℃；20min 质变温度为 130℃。

4.3.4.2　起爆器材耐热性能研究

火区高温爆破，起爆器材除了与炸药相同的 20min 安全要求外，其还涉及铺设网路所需要时间，一般在 1h 内。由于起爆器材不像炸药加热似的具有明显可观察现象，且地表温度一般不高，故只从安定温度一方面评价。

A 导爆管的耐热性能

在铁板上将4cm导爆管在设定温度下进行加热，其物理化学变化如图4-93所示。

（1）80℃，90min：轻微变软，能正常起爆，冷却后变硬。

（2）90℃，1h：轻微变软，能正常起爆，冷却后变硬。

（3）95℃，1h：变软，正常起爆，冷却后变硬。

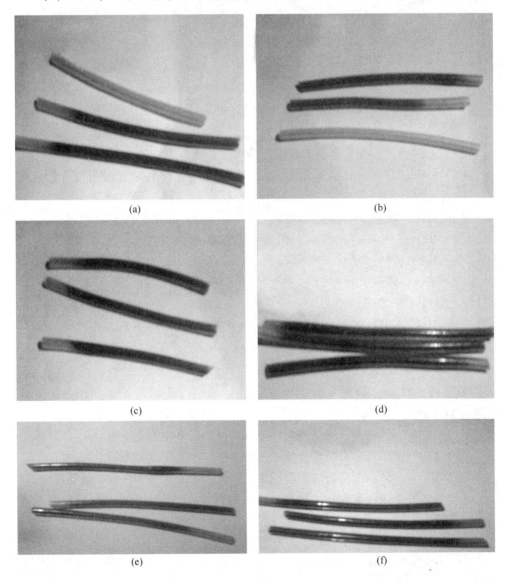

(a)　　　　　　　(b)

(c)　　　　　　　(d)

(e)　　　　　　　(f)

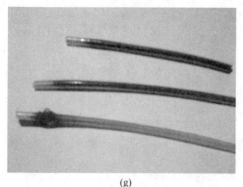
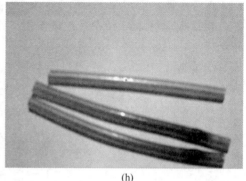

(g)　　　　　　　　　　　　　　　　(h)

图 4-93　导爆管不同温度下加热变化

（a）80℃加热 1.5h 后；（b）90℃加热 1h 后；（c）95℃加热 1h 后；（d）95℃加热 2h 后；
（e）95℃加热 3h 后；（f）95℃加热 4h 后；（g）100℃加热 30min 后；（h）100℃加热 1h 后

（4）95℃，2h：变软，正常起爆，冷却后变硬。

（5）95℃，3h：变软，正常起爆，冷却后变硬。但一根靠近击发针位置击穿，外观无明显变化。

（6）95℃，4h：变软，正常起爆，冷却后变硬。外观无明显变化。

（7）100℃，30min：变软，一根击穿未起爆，两根起爆，冷却后变硬。

（8）100℃，1h：变软，不能起爆，冷却后变硬。

由上述分析可知，导爆管在 95℃分别加热 1h、2h、3h、4h，都呈现变软，但都可正常起爆；在 95℃向 100℃转变时，加热 30min 时，有 33.3%概率发生拒爆，加热 1h 后，100%不能起爆，表明此时导爆管物理化学性质发生改变。

故可得出结论：导爆管安定温度为 95℃。

B　脚线的耐热性能

在铁板上将 4cm 脚线在设定温度下进行加热，其物理化学变化如图 4-94 所示。

（1）140℃，2h：未有烫坏现象，变软，冷却后基本恢复原有状况。

（2）140℃，3h：未有烫坏现象，变软，冷却后基本恢复原有状况。

（3）140℃，4h：未有烫坏变黑现象，变软，冷却后基本恢复原有状况。

（4）150℃，1h：变软，拉易变形，个别点烫痕，但无漏铁芯处，冷却后恢复原有性质，内部铁丝颜色未变化。

（5）150℃，2h：同 1h 情况，内部铁丝未变黑。

（6）150℃，2.5h：两端及其他部分位置烧坏变黑，冷却后胶皮与铁芯连接更紧密。

由上述分析可知，脚线在 140℃加热 2h、3h、4h，都未有烫坏现象，仅仅变

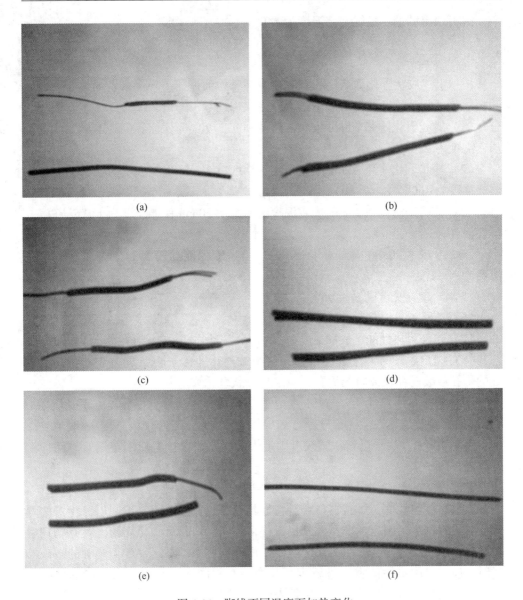

图 4-94 脚线不同温度下加热变化

(a) 140℃加热 2h 后;(b) 140℃加热 3h 后;(c) 140℃加热 4h 后;(d) 150℃加热 1h 后;
(e) 150℃加热 2h 后;(f) 150℃加热 2.5h 后

软,但冷却后基本恢复原有状况;在 140℃向 150℃转变时,虽然加热 1h、2h 后仅个别点烫痕、无漏铁芯处、冷却后恢复原有性质、内部铁丝颜色未变化,但加热 2.5h 后,两端及其他部分位置烧坏变黑,表明此时脚线物理化学性质发生改变。

故可得出结论：脚线安定温度为 140℃。

4.3.4.3　爆破器材耐热性总结

根据上述胶状乳化炸药、粉状乳化炸药、铵油炸药、导爆索、导爆管、脚线铁板加热试验结果，可得出以下结论：

（1）胶状乳化炸药 20min 安定温度为 90℃，20min 保能温度为 150℃，20min 质变温度为 220℃。

（2）粉状乳化炸药 20min 安定温度为 90℃，20min 保能温度为 130℃，20min 质变温度为 160℃。

（3）混装铵油炸药 20min 安定温度为 90℃，20min 保能温度为 130℃，20min 质变温度为 175℃。

（4）导爆索 20min 安定温度为 90℃，20min 保能温度为 110℃，20min 质变温度为 130℃。

（5）导爆管安定温度为 95℃。

（6）脚线安定温度为 140℃。

（7）炸药耐热性能，胶状乳化炸药>混装铵油炸药>粉状乳化炸药。

（8）满足爆破的不注水的干孔，使用铵油炸药优于粉状乳化炸药，孔壁较好的炮孔或装药存在风险的炮孔，应使用胶状乳化炸药。

（9）导爆索耐热性能差与炸药。故在爆破时，应重点保护导爆索不受烫坏。

（10）脚线耐热性能优于导爆管和导爆索。除了高温裂隙位置，一般地表温度不高于 100℃。故导爆索和脚线可满足火区网路需求，但使用导爆管网路应避开高温位置。

需要注意的是本文爆破器材铁板加热试验爆破器材来源于宁夏大石头煤矿，而爆破器材耐热性能与爆破器材自身特性有相当大的关系，不同厂家生产的爆破器材虽然都满足国家标准，但其仍有许多不同，如胶状乳化炸药，其有物理敏化和化学敏化之分等，故在不同地区，使用不同厂家、不同生产工艺等的爆破器材时，应对其耐热性能重新进行表征，即使在相同地区相同厂家生产的爆破器材，也应定期进行耐热试验，以确保安全。

4.4　小结

（1）通过对隔热原理、隔热材料种类、隔热材料的性能影响因素等隔热理论分析可知，隔热装置外层选择无机绝缘材料类的玻璃纤维材料，外表面涂覆一层聚氨酯改性氯丙树脂反射涂料，内层选用橡胶泡沫类的有机材料，并表面涂覆一层红外发射粉末状的辐射型隔热材料，具有较好的隔热效果。

（2）A 型导爆索隔热套筒保护的导爆索，在 100~150℃炮孔温度下可保持导爆索在80℃以下30min；150~200℃孔温可保持导爆索在80℃以下19min；200~300℃孔温可保持导爆索在80℃以下9min；300~350℃孔温可保持导爆索在80℃以下7min。此外A型导爆索隔热套筒具有操作方便、保水性强、保障起爆能力等优点。

（3）B型导爆索隔热套筒保护的导爆索，在200~250℃炮孔温度下可保持导爆索在80℃以下27.8min；250~300℃孔温可保持导爆索在80℃以下22.5min；300~350℃孔温可保持导爆索在80℃以下3.51min，14.08min以内导爆索温度不超过90℃；350~400℃孔温可保持导爆索在80℃以下2min，3.81min以内导爆索温度不超过90℃，12.95min以内导爆索温度不超过100℃。

（4）B型炸药隔热装置，在200℃以下孔温，可使得内部乳化炸药保持90℃以下温度29min；200~300℃孔温，可使得内部乳化炸药保持90℃以下温度24.2min；300~350℃孔温，可使得内部乳化炸药保持90℃以下温度16.4min；350~400℃孔温，可使得内部乳化炸药保持90℃以下温度12.5min。此外B型炸药隔热装置保护的炸药殉爆距离为2cm；其具有优秀的抗磨、抗穿刺、抗冲击等性能，在高速发生碰撞和撞击时，最低仍有75.4%以上的保水率，能够有效保障其隔热性能，且阻燃层的光滑，使得装药过程快速，正常操作时不会发生卡孔。

（5）通过使用B型导爆索隔热套筒和B型炸药隔热装置分别保护导爆索和炸药，在煤矿高温火区现场爆破试验，从爆后爆破效果良好、无大块、块度均匀可知，其能够有效运用于高温爆破，且炮孔无须注水降温。

（6）胶状乳化炸药的油包水结构、高含水量，使其热感度低于水胶炸药和粉状乳化炸药，可优先选为火区爆破用炸药。且通过大量的胶装乳化炸药燃烧试验可知，其燃烧过程烟雾会发生由白变黑至变黄的颜色变化，证实了乳化炸药爆炸前水相中的水会大量蒸发吸热，保障了其耐热性能。

（7）低温度时，铵油炸药安全性高于乳化炸药；而在高温度时，乳化炸药耐热性能优于铵油炸药。

（8）高能混合炸药具有良好的耐热性，但由于价格昂贵、制造不方便，难以大规模用于高温爆破；普通工业炸药选择高分子长链油相材料、添加抑制剂、形成低共熔物等都可以提高其耐热性能，其中以抑制剂效果最佳。

（9）比较分析了现今的炸药热感度测试标准，得出炸药的热感度测试标准较多，但是都存在局限性，需要综合使用才能得出不同性质炸药的热感度高低，考虑到成本等因素，炸药热高度试验可以采取铁板试验。

（10）对爆破器材进行铁板试验，得出胶状乳化炸药20min安定温度为90℃，20min保能温度为150℃，20min质变温度为220℃；粉状乳化炸药20min安定温度为90℃，20min保能温度为130℃，20min质变温度为160℃；混装铵油炸药20min安定温度为90℃，20min保能温度为130℃，20min质变温度为

175℃；导爆索 20min 安定温度为 90℃，20min 保能温度为 110℃，20min 质变温度为 130℃；导爆管安定温度为 95℃；脚线安定温度为 140℃。

（11）由于胶状乳化炸药、混装铵油炸药、粉状乳化炸药的耐热性能依次降低，故高温爆破炸药选用时，满足爆破的不注水的干孔优先选用铵油炸药优，孔壁较好的炮孔或装药存在风险的炮孔，应优先使用胶状乳化炸药。

（12）导爆索耐热性能低于各种炸药，在爆破时，应重点保护其不受烫坏；脚线耐热性能优于导爆管和导爆索，使用导爆管网路时应避开高温位置。

第 5 章   煤矿火区爆破安全分析

5.1   引言

由于煤炭资源的不断开采造成成本上升和煤炭价格低迷，煤矿火区的高质量煤炭越来越受到重视，对其加大开采不仅保护了自然生态，而且可以为国家的经济发展做出贡献。现今的火区煤层埋藏较浅，基本上都是采取露天爆破的方法剥离上层的岩石。但是由于受到火区高温的影响，爆破作业经常发生安全事故，造成人员的伤亡和机械的破坏。根据安全管理有关知识可知，控制事故是安全管理工作的核心，控制事故的最好方式就是通过管理和技术手段来预防事故。但与此同时由于现今技术水平、经济条件等的限制，有些事故隐患又是难以被发现并有效控制的，因此有必要考虑提前制定合理应急措施、预先购买保险以降低事故带来的灾害。由于煤矿火区爆破发展时间较短，理论上存在不足，现今的安全管理主要是通过经验和事故教训对高温爆破过程中的机械、人员的不安全作业进行总结研究，从而采取措施，这种管理方式存在对危险源认识粗浅，安全隐患较大。另外由于技术缺陷使得事故不容易控制，增大了事故损失。针对火区安全管理存在的问题，本章根据安全管理和安全系统工程的理论，用系统安全分析方法对煤矿火区危险源进行识别，并进行分类，从技术、管理两方面制定措施，保障火区的爆破安全。

5.2   煤矿火区爆破系统安全分析

5.2.1   系统安全分析方法简介

系统安全分析又称危害分析，危害包括人的操作、物的故障、不安全的环境条件或其他不安全的因素[173~176]。系统安全分析方法可在火区爆破的整个过程中实时辨识危险源，并采取有效控制措施使其危险性降到最小，使火区爆破系统在规定的时间、成本范围内达到最佳的安全程度，而不是简单通过经验或者事故教训对火区爆破过程中人员、机械进行片面研究。系统安全分析的目的是查明危害，从而可以在整个火区爆破中根除或控制危险。其内容主要包括[177]以下方面：

（1）调查和分析对可能出现的初始的、直接引起火区爆破事故的各种危险因素和相互关系。

（2）调查和分析对与火区爆破事故中有关的施工设备、环境条件、作业人员等有关因素。

（3）分析对能够利用适当的设备、工艺、材料根除某种火区爆破特殊危险因素的措施。

（4）调查和分析对可能出现的火区爆破危险因素的控制措施。

（5）调查和分析对不能根除的火区爆破危险因素，从而避免或减少控制可能出现的后果。

（6）对火区爆破危险因素一旦失去控制，调查和分析防止伤害和损害的安全防护措施。

5.2.2   系统安全分析方法的比较和优选

目前系统安全分析方法众多，可以分为归纳分析和演绎分析。这两种方法各有优缺点，如演绎分析可集中对某些范围进行分析，效率高；归纳法可详细、完整的辨别所有危险源。在实际工作中，常利用两者优点，把两类方法结合起来[178,179]。

危险源识别中，常用的系统安全分析方法包括安全检查表法、预先危险性分析、故障类型和影响分析、危险性和可操作性研究、事件树分析、事故树分析、因果分析等七种方法，七种方法的优缺点比较如表 5-1 所示。

表 5-1   安全分析方法比较表

分析方法类型	优　点	缺　点
安全检查表分析技术（SCL）	能够定量、定性分析，简单方便，易于操作	编制检查表难度及工作量大，不能得出事故概率和预测事故后果
预先危险性分析（PHA）	适用于定性分析，简单易行，能够提供危险等级和预测事故后果	受评价人员主观影响大，对评价人员知识、经验要求高
故障类型和影响分析（FMEA）	适用于定性分析，能够提供事故情况、事故概率和事故后果	复杂，受评价人员主观影响大，前期工作大
危险性和可操作性研究（HAZOP）	定性分析，简单易行，可详细辨识事故原因和后果	受评价人员主观影响大，对评价人员要求高
事件树分析（ETA）	定量、定性分析，可估算事故发生概率	简单易行，受评价人员主观影响大
事故树分析（FTA）	定量、定性分析，精确，可估算顶上事件发生概率	复杂，工作量大
因果分析（CCA）	定性分析，可获得中间事件成功或失败数据概率	编制复杂，不能得到危险等级

上文对系统安全分析方法进行了介绍，由分析可知道：预先危险性分析、故障类型和影响分析、因果分析法一般只用于定性分析；安全检查表不能计算事故概率，且编制检查表难度及工作量大；事件数和危险性可操作研究受分析评价人员主观因素影响大，故这些方法都不适用于火区爆破，而事故树分析具有很大的灵活性，优点如下：

（1）可以分析某些单元故障对火区爆破系统的影响，且可以对导致系统事故如人为因素等特殊原因进行准确分析。

（2）可以通过公式定量计算出火区爆破发生事故的概率，从而科学指导评价和改善火区爆破系统安全性。

（3）火区爆破事故树的编制不受人的主观因素影响，虽然编制较复杂、工作量大，但是可以通过合理选择顶上事件和中间事件来简化事故树分析内容。

可见，事故树分析方法的优点可以很好地针对性地解决火区爆破危险因素众多、定量分析不足、经验比重大的问题，故本文采用事故树对火区高温爆破进行分析。

事故树分析步骤包括熟悉所要分析的煤矿火区爆破系统、调查该系统发生的事故、确定事故树的顶事件、调查与顶事件有关的所有原因事件、事故树定性分析、事故树分析的结果总结和应用等。

5.3 煤矿火区爆破事故树分析

5.3.1 事故树的编制

根据火区爆破现状，依据事故树编制的步骤，按照逻辑关系画出如图 5-1 所示事故树。

5.3.2 煤矿火区爆破事故树定性分析

事故树定性分析，是根据事故树求得最小割集，确定顶上事件发生的原因和对顶事件的影响程度，从而为我们采取经济有效的措施和对策提供依据。

最小割集表示系统的危险性和顶事件发生的原因组合，最小割集是引起顶上事件发生的充分必要条件，最小割集的求法有布尔代数法、行列法等，由于布尔代数法分析较简单全面，故本文采取其对火区事故树进行分析。

布尔代数法求得事故树的最小割集为：

$\{X_1\}$；$\{X_2\}$；$\{X_3\}$；$\{X_4\}$；$\{X_5\}$；$\{X_6\}$；$\{X_7\}$；$\{X_8\}$。

可见导致煤矿火区爆破事故发生的原因有 8 种。

重要度分析方法在系统的事故评价、预防等方面起着非常重要的作用。由于事件的发生概率不好统计，故采取结构重要度进行分析，即假设各基本事件发生

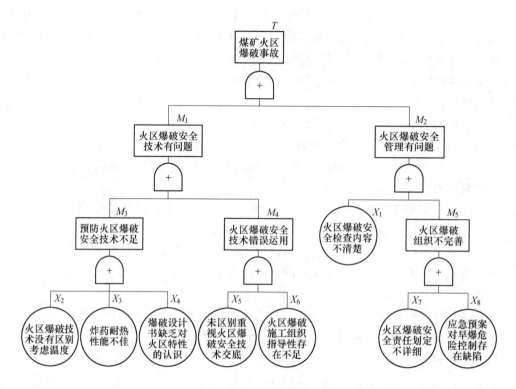

图 5-1　煤矿火区爆破事故树

概率一样，仅从事故树的结构上研究各基本事件对顶事件的影响程度。根据上述最小割集结果，求得结构重要度值的大小：

$I[X_1] = 1$；$I[X_2] = 1$；$I[X_3] = 1$；$I[X_4] = 1$；$I[X_5] = 1$；$I[X_6] = 1$；$I[X_7] = 1$；$I[X_8] = 1$。

排序得：

$I[X_1] = I[X_2] = I[X_3] = I[X_4] = I[X_5] = I[X_6] = I[X_7] = \{X_8\}$。

由定性分析结果可看出，最小割集有 8 组，也就是说导致煤矿火区爆破事故可能发生的条件有 8 种；根据结构重要度的分析结果可知，危险因素危险程度相当，涉及多个方面的内容，控制起来相当困难。结合危险源内容，我们可以从技术、管理两个方面进行解决。

5.4　安全技术措施

火区爆破安全技术问题主要是缺乏预防高温爆破安全技术和火区爆破安全技术错误运用造成的，故从这两个方面来研究安全技术措施。

5.4.1 预防事故安全技术措施

通过技术来消除和控制各种危险，防止煤矿火区爆破各个过程中导致人员伤亡和设备损坏的各种意外，是事故预防的最佳手段。根据事故树分析结果可知，缺乏预防高温爆破安全技术主要是由火区爆破技术没有精细区别考虑温度和爆破设计书缺乏对火区特性的认识造成的，故可从区别火区爆破技术和科学完善爆破设计书两方面来解决预防高温爆破安全技术不足的问题。

5.4.1.1 区别对待煤矿火区爆破技术

火区爆破技术包括测温、降温、隔热、爆破器材选择、爆破方法等环节，这些环节各有特点，结合煤矿火区的性质，如炮孔降温特性、爆破器材耐热特性等，对火区进行科学分区，然后根据各个温度区间的性质，针对性的、区别化的制定爆破技术，主要是从钻孔、测温、降温、隔热、爆破器材的选择、爆破方法（装药、堵塞、联网、警戒、起爆、爆后检查、解除警戒）、人员控制、时间控制等方面进行区别研究。现今的煤矿火区爆破这些问题的研究较复杂，涉及的内容较多，研究具有一定的难度，故将在后面的章节进行详细叙述。

5.4.1.2 优化炸药耐热性能

提高炸药的耐热性能，可以从根本上解决炸药在一定高温下的危险性，使得高温爆破实现如常温爆破一样的安全、方便。

炸药的耐热性能优化应该首先从分子、原子角度研究炸药受热的物理化学机理，然后在研制耐热炸药，最后研制耐热试验装备，标定炸药的耐热性能，指导实际火区爆破装药。

由于经济、高效的耐高温炸药研制需要一定时间，但将目前常用的炸药通过分析物理化学机理、加热试验，得出各自的耐热性能，从而针对不同炮孔温度、优选最合适的炸药，也有一定的积极意义，该部分内容在第四章将和第七章将详细叙述。

5.4.1.3 科学完善爆破设计书

根据《爆破安全规程》有关知识可知，爆破设计书主要包括工程现场的勘察、作业流程、爆炸物品管理，结合火区的特性，研究内容如图5-2所示。

A 工程现场勘查

煤矿火区现场复杂，由于人为挖掘、天然地质运动或者煤的燃烧造成了大量的采空区，容易发生机械落入采空区等伤害；火区的岩石受长年的高温影响，局部地区岩石脆、裂隙大，爆破设计也由于对岩石性质不了解而存在发生飞石伤人

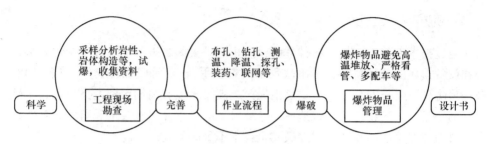

图 5-2 科学完善爆破设计书

等安全隐患，这些问题的根源是缺乏对火区采空区和岩石岩性等的了解。故进行安全爆破的前提必须先了解高温爆破周边环境、爆破施工范围以及岩体的结构等。

针对上述情况，制定的措施如下：

(1) 火区的岩石必须采样分析其岩性、构造和岩体结构，并做好资料的保存，贯穿整个爆破过程。

(2) 在初次爆破前，根据岩性分析，对爆破区域进行试爆，并保存好试爆数据，根据试爆结果，合理或适当增加排间距以及调小药量，以增加安全性。

(3) 必须与火区其他单位尤其是业主做好资料交底，收集采空区的资料，对采空区进行标记，同时对未知位置区域进行探测，可使用遥感法探测采空区的大概位置，再使用 C-ALS 等激光扫描设备可视化，达到科学探测采空区的目的。对采空区可使用支撑法、充填法、缓慢下沉法、垮落法、进行处理，对危险采空区严禁未进行处理而进行操作。

B　作业流程

火区的作业流程包括布孔、钻孔、验孔、测温、注水、装药、堵塞、联网、安全警戒、起爆、检查处理等。

煤矿火区高温爆破由于高温，岩石岩性不一，故布孔参数需要适当调整，现场环境较差，容易出现布孔标记丢失，钻孔过程中容易出现卡钻等现象，同时时间上的限制导致装药前未透孔、堵塞长度不合格或质量差、单孔装药量过大等缺点，故制定的措施如下：

(1) 用全站仪或 RTK 进行布孔，孔位用红色塑料袋进行标记，包括孔深、孔径，对质量要求高的部位需要重复检查布孔。

(2) 煤矿火区只可钻垂直炮孔，钻孔人员需敬业负责，钻好的炮孔用沙袋覆盖，防止周边碎石落入炮孔发生卡孔，钻孔机械可用潜孔钻。

(3) 钻孔完成后，技术员必须复测炮孔深度、直径、方位，检查炮孔有无水，并写在纸上放在炮孔边，同时汇报给有关领导，如果和初始设计误差大或者卡孔等现象，应放弃该孔，相差不大的根据情况调整药量。

（4）测温人员对炮孔进行初测，并把初测温度写在专用纸张上放与炮孔旁边，并做好记录上报领导；对高温孔在放炮前按需要进行复测。

（5）对高温孔进行降温，注意降温时间和效果，严禁中途长时间停水。

（6）技术人员根据钻孔参数，选择炸药种类并计算出炸药等爆破器材的用量、堵塞长度等上报领导进行审批，在放炮前由专门人员运输至炮区，炸药、雷管、导爆索的质量要合格，严禁使用过期、受潮的起爆器材。

（7）装药前进行探孔，对卡孔进行处理；注意观察临近自由面炮孔抵抗线和结构，对易产生飞石的特殊孔应减少装药量，用卷尺等测量装药高度，并控制入孔药量，严禁铵油炸药用于水孔。

（8）按照设计进行装药，堵塞用石渣进行填塞，石渣直径不得大于炮孔十分之一，保证堵塞长度和质量，并根据炮孔温，控制装药时间。

（9）按照设计进行联网，一般采取微差爆破，所选用的爆破器材应事先进行检测，网路连接后要全面检查，若出现故障，专业人员排除后方可进行爆破操作，在炮孔温度超过一定范围时，可安排在装药前预联网。

（10）联网后认真检查网路，按照设计示意图进行安全警戒，警戒距离要符合规范，警戒人员严格操作，在界定通道口设卡进行封闭，并设安全警戒标志牌，特殊高温孔警戒应安排在装药前；放炮指令响后才可以起爆，起爆指令必须响亮，起爆时必须保证人员、设备全部按照要求撤离，起爆器必须选择对应的型号和事先充满电。

（11）爆破后，进行安全检查，包括有无残药、悬石等，如发现异常情况，立刻上报有关领导，采取必要的安全技术措施或者应急预案。

C 爆炸物品管理

煤矿火区爆破的爆破器材管理必须符合《中华人民共和国民用爆炸物品管理条例》和《爆破安全规程》，从仓库运输至爆破现场，由爆破工进行搬运、装药等操作，爆破技术人员必须做好监督，严禁使用过程发生砸碰、不穿工作服等现象。

煤矿火区地面受地下煤层的燃烧影响，局部地表的温度较高，爆破器材若放在高温下，性能容易受到影响，如炸药爆速下降、导爆管变软，甚至在一定条件下热积累可导致爆炸；另外火区生产单位众多，包括钻、爆、挖、运、排等多个单位，不同工作单位存在着工作区域的交叉，管理不当，易发生器材的丢失和错误使用等危险。结合火区的特性，爆炸物品的管理应重视以下的内容：

（1）爆炸物品严禁堆放在温度超过35℃高温地面，堆放的地点要远离施工地点。

（2）火区爆破点较多，同一时间段可能多个区域需要爆破；另外火区的地势较复杂，道路不平，容易发生车辆的损坏，故需炸药车的配置要合理，尽量多配炸药车。

5.4.2　火区爆破施工组织与安全交底

火区爆破技术的错误使用可以导致爆破事故的发生，根据危险源可知，可以在爆破施工前对作业人员做好技术和安全交底以及完善爆破施工组织着手。

5.4.2.1　完善煤矿火区爆破施工组织

煤矿火区爆破施工组织联合各个具体的施工工序，从整体和局部控制火区爆破操作方法，正确指导火区爆破。施工组织是在爆破技术以及安全管理的内容上衍生而来，同时需要综合挖、运、排等施工单位，还需注意质量、环保等信息。在爆破技术不完善、完全管理不清楚的情况下，高质量的施工组织还只是天方夜谭，故本章不详述，将在研究完安全管理和爆破技术内容后，再重点、全面进行叙述。

5.4.2.2　做好火区爆破前技术和安全交底

根据安全管理学的内容可知，做好火区爆破前技术和安全交底可从安全教育着手。安全教育是采取一种缓和的说服诱导的方式，让人学会控制危险的手段，从而达到安全的目的，该方式容易为大众接受，更能从根本上起到消除和控制事故的作用。

安全教育的内容可以分为安全态度教育、安全知识教育和提高安全教育效率，如图 5-3 所示。

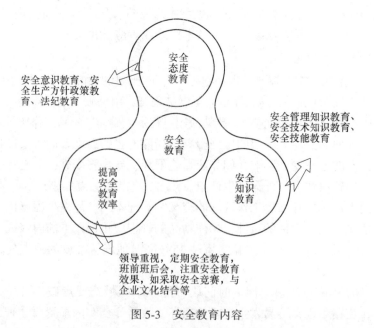

图 5-3　安全教育内容

A 安全态度教育

火区的许多危险因素，首先都是施工人员或者有关领导的态度的不端正造成的，如炮孔填塞不好，缺乏安全防护资金等，故安全态度的教育是根本，安全态度教育包括思想教育和态度教育。

思想教育主要是指全意识教育、安全生产方针政策教育、法纪教育三个方面。安全意识教育主要是通过火区的爆破实践活动加强和深化人们对安全问题的认识；安全生产方针政策教育主要是认真开展"安全第一，预防为主"的安全方针；法纪教育内容主要安全规章制度、爆破安全法规、劳动纪律等的学习。

一个人态度的形成和改变都受宣传、教育等影响，结合火区爆破的危险性，可从以下几点着手：

（1）严格火区爆破责任制考核，对违章人员进行教育和处罚。

（2）重点抓好班队长、爆破技术人员以及自控能力差人员的教育，抓好前两种人就把握了主流，树立了榜样，抓好后一种人，就兼顾了局部。

（3）做好关键位置、关键时期的管理。测温、降温、装药是火区爆破的主要控制程序，它们的效果好坏直接影响着爆破的安全性以及爆破效果，故对这些操作人员必须重点教育；在赶工期等特殊情况下，施工人员情绪受环境影响大，此时应加强安全态度教育频率。

（4）做好火区爆破施工人员的人文关怀工作，煤矿火区高温爆破的危险性易给施工人员造成危险的气氛，无形中形成紧张的压力，容易导致施工人员错误操作，通过人文关怀，建立良好的施工人员之间的人际关系，使职工感受到项目部集体的温暖，提高施工人员的心理素质。

B 安全知识教育

在火区爆破测温、降温过程中，带有明显的感觉因素，同时装药联网过程中存在着操作不熟练的情况，另外有些领导存在着安全管理知识水平差，不设立教育资金等现象，这些问题可通过安全知识教育来解决，安全知识教育包括安全管理知识教育、安全技术知识教育两方面。

安全管理知识教育主要是对火区爆破领导而言，包括对安全管理组织机构、系统安全工程、基本安全管理方法、管理体制、安全人机工程学等方面的知识，通过这些知识的学习，领导从理论上可认清事故是可以预防的，从而重视安全教育。

安全技术知识教育主要内容包括一般生产技术知识、专业安全技术知识教育、一般安全技术知识。一般生产技术知识教育包括火区爆破生产概况，爆破过程、爆破作业方式，爆破中运用的各种机械设备如钻机等的性能和有关知识，爆破过程中积累的操作技能或经验；一般安全技术知识是爆破单位的所有职工必须具备的安全技术知识，包括危险区域或危险源及其安全防护的基本知识和注意事项等；专业安全技术知识是指专业操作性强的施工人员必须具备的安全技术知识，如爆破员等，安全技术知识主要是根据《爆破安全规程》或者有关的《爆破设计与施工》类书籍进行培训。

根据火区爆破与常规爆破的不同，煤矿火区爆破的安全知识教育应注重做好以下几点：

（1）火区爆破项目经理必须具有安全管理类证书，如《安全管理资格证书》，同时设立安全培训教育资金；一般管理人员必须了解国家安全方针以及承担的责任，并且懂得一般安全技术知识，能提出改进措施。

（2）所有火区爆破施工人员必须经过安全知识教育且考核合格后可上岗作业，特种作业人员如炮工、炸药运输员等必须持证上岗。

（3）火区爆破项目部员工培训内容应包括火区爆破危险性的原因、危险识别、危险的应对措施，另外应对火区的概况和整个爆破流程进行介绍。

（4）对火区防护设备正确使用进行培训，包括防护口罩的正确佩戴、防热装置的正确使用等。

（5）做好专门施工人员的技术交底，对钻孔、测温、降温、隔热、爆破、警戒作业人员必须做好专业培训甚至取得相应证书才可进行作业，并通过实践进行巩固，其包括网路连接、测温仪的使用、降温的运用等，使得它们熟练自己的操作，同时能够处理常规的问题。

（6）爆破器材是爆破的能量来源，其发生早爆后果不堪设想，故爆破作业人员必须了解炸药的耐热性能、安全操作方法，以及早爆的危险识别和发生危险时应该采取的安全措施。

C　提高安全教育效率

随着时间的推移，员工的教育效果会被疏忽和遗忘，故为了提高安全教育效果，还应该注重以下几个方面：

（1）火区爆破领导者要重视安全教育，定期组织安全教育，并班前班后会进行技术和安全交底。

（2）应与爆破企业文化建设相结合，爆破企业的危险性使得安全文化成为企业文化的重要组成部分，通过把火区爆破安全教育融入企业文化中，更容易被员工所接受和传播，取得强化职工安全意识，提高安全素质的目的。

（3）要注意巩固学习成果。要让学习者了解自己的学习成果、实践巩固学习成果、以奖励促进巩固学习成果、处罚甚至停工开除违章操作的人员。

（4）重视第一印象对学习者的重要影响，对新员工进行培训时要严肃认真，讲述内容不许出现任何错误。

（5）火区爆破安全教育要注重效果，教育要多样化、规范化、教针对性，以充分调动职工积极性，如采用安全会议、安全活动月、安全水平考试、安全实施竞赛等多样化教育形式巩固和提升施工人员安全技术水平。

5.5 安全管理措施

火区爆破安全管理存在着安全检查内容不清楚、组织不完善的危险，故可从明确火区爆破安全检查内容和完善火区爆破组织这两方面进行研究对应措施。

5.5.1 明确火区爆破安全检查内容

火区爆破安全检查内容不清楚主要是由于监管机构不健全和安全检查内容制定不认真造成的，故可通过建立科学的监管机构和认真做好安全检查两方面来严格监管火区爆破操作。

5.5.1.1 设立安全监理机构

火区煤矿爆破中的违章操作没有有效发现和控制，一定程度上是由于缺乏安全监理机构的原因。爆破安全监理在煤矿火区爆破中实行，可以提高爆破工程的安全性，实现工程目标。

爆破安全监理的工作由具有与爆破工程分级相一致资质的工程爆破设计施工单位承担，爆破安全监理人员应该持有相应的爆破安全作业证。

根据《爆破安全规程》，煤矿火区爆破监理机构人员应该包括总监理工程师、总监代表、监理工程师、监理员。

5.5.1.2 进行认真的安全检查

安全检查是火区爆破安全生产管理工作中的一项重要内容，煤矿火区高温爆破隐患众多，安全检查更能发挥好其作用。安全检查主要包括查思想、查管理、查隐患、查整改，如图5-4所示。

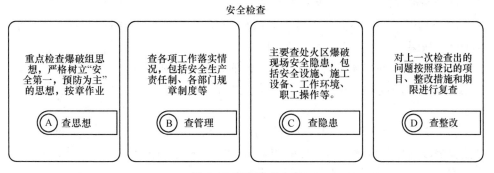

图 5-4 安全检查内容

火区爆破的特殊性，要求查思想要放在首位，根据危险源，要重点检查爆破组的思想，要让职工严格树立"安全第一、预防为主"的思想。

查管理主要是查各项工作的实行情况，包括安全生产责任制和其他管理规章制度是否健全，重点检查测温、降温、装药规章制度。

查隐患是安全检查的主要内容，主要是查火区爆破现场隐患为主，检查内容包括火区爆破现场工作条件、施工设备、安全设施、职工的操作等。工作条件包括现场是否有危岩、是否高温、道路是否通畅等；施工设备包括是否进入采空区、气压是否正常等；安全设施包括是否有避难所、是否有安全帽、是否有安全口罩等；职工的操作主要是指是否符合操作规程。

查整改主要是针对上一次被检查出来的问题按照登记的项目、整改措施和期限进行复查。

此外要注意的是在节假日前后要注重检查，对高温爆破影响小的危险因素检查一般常规或定期检查即可，而对装药、测温等危险因素大的环节应该重点检查，甚至可以安排专业人士进行检查；对受季节影响较大的危险源，如防护装置等，可以安排季节性检查。

针对火区的特殊情况，安全监理机构应该注意以下的工作。

（1）审查火区爆破施工单位的爆破施工专项方案是否考虑到火区岩性以及采空区的影响；对炸药在高温下发生早爆以及人员烫伤是否有应急预案；监督爆破施工单位按照批准后的专项方案组织现场施工作业。

（2）审查火区爆破施工单位机构、人员配置是否合理，主要是安全人员以及测温、降温、爆破、警戒人员数量是否足够以及是否具有相应的技术水平；同时监督好钻机设备、降温设备是否能满足火区爆破需求。

（3）高温孔严禁打斜孔，同时观测地形，严禁在危险采空区进行钻孔作业，当地面温度高时，必须穿戴防热装备以及备好解暑药品。

（4）做好测温的监督，保障测温结果的准确性；对局部高温炮孔的测温坚持要两种测温仪器同时使用和进行复测。

（5）高温炮孔的降温，对降温效果的监督必须重视，严格控制炮孔温度和保证降温效果。

（6）对火区的爆破施工人员必须做好安全防护和安全教育，同时严格监督安全防护和教育的专项资金情况，严禁少配、挪用、不用安全资金的情况。

（7）对高温爆破区域的爆破过程全程监督，包括装药、填塞、联网等，尤其注重爆破器材是否满足耐温性能和高温孔装药前是否进行探孔，同时对装药时高温炮孔温度和炸药的早爆预判断也要做好监控。

（8）爆破后对爆区进行检查，发现盲炮，立即通知项目部有关领导，由经验丰富的技术人员采取最安全的措施予以处理，盲炮的处理过程要认真监督，严格按照标准方案进行，严禁无关人员进入危险区域。

5.5.2 完善火区爆破组织

煤矿火区爆破是一项系统工程，爆破过程的任何一个环节出现问题都必然会影响到火区的爆破安全，爆破前的安全组织管理可以良好的保障爆破安全，要做好安全组织管理。根据事故树分析存在的火区爆破管理规章制度对安全责任划分不详细和应急预案对早爆危险控制存在缺陷的危险，可从建立健全火区爆破规章制度和重点做好早爆应急预案这两方面完善火区爆破组织。

在火区爆破施工过程中存在着火区资料缺乏保管和交流等现象，这些问题的根本原因是由于安全管理组织机构不健全和安全生产责任不明确，如图 5-5 所示。

图 5-5　建立健全规章制度

5.5.2.1　成立安全管理组织结构

火区的特殊性，导致其与常规的爆破管理组织机构存在着较大区别。煤矿火区爆破多了测温人员、降温人员，火区基本上每天都有高温区域进行降温，导致降温人员工作量比较大，测温人员要注重测温数据的准确性，造成了其技术性比较强，针对此情况，应该专门设置测温组和降温组。

测温是在钻爆后进行的，降温是在测温的前提下进行的，同时有些高温孔在降温后还需要复测温度，而良好的降温也是进行装药爆破的前提，故他们之间的信息交流显得格外重要，为了方便信息的流通，应该统一管理，管理机构应该具有项目经理、项目副经理、项目总工，下辖安全部门、技术部门和其他部门，其他部门和常温爆破相似，有财务部、综合办公室、计划部；其次基层设置各个班组，包括测量组、钻孔组、测温组、降温组、爆破组，爆破组人员责任重大，是整个火区爆破的核心力量，部分人员应该具有多种技能，能够协助其他班组作业。

5.5.2.2　制定安全生产责任制

火区管理结构成立后，还存在着施工人员和技术人员不负责等情况，成为安全隐患。

火区安全生产责任制与常温爆破安全生成责任基本内容相似，根据危险源和火区现状，应该重视和加强各个班组的安全生产责任制。

(1) 测温组的安全生产责任制：制定详细的测温方案，严格遵守操作规范，听从领导指挥，和一切违章作业做斗争；保证测温仪器的安全，不得随意拆除和碰撞设备；认真学习安全知识，提高测温技术水平，积极创新；测温数据要认真记录，上报有关领导，同时和降温组、爆破组及时沟通。

(2) 降温人员：制定降温规范，根据测温数据对炮孔进行合理分区，对降温时间进行预算，合理安排降温方法，保障测温效果，同时注意对炮孔的保护；不断学习钻研降温方法，努力降低降温时间；对降温结果做好记录，汇报有关领导；对需要复测的炮孔与测温人员进行联系，同时配合爆破人员的工作。

(3) 爆破组根据炮孔温度，严格控制爆破时间，按照爆破设计进行爆破操作，严禁违章操作，有权拒绝接受违章指挥，对爆破中发生的危险即使通知上级单位和领导。

(4) 爆破施工技术负责人根据测温、降温结果，严格制定安全技术措施和设计；负责审查、编制安全技术规程、作业规程和操作规范，同时监督实施情况；承担火区爆破相关科研工作；协调好监理和业主等煤矿火区其他单位的工作，保证在爆破过程中其他施工队伍撤离；做好有关资料的保存，同时积极获得其他单位的有关火区资料，包括采空区、岩石结构、火区温度规律等资料；负责职工的技术教育和考核；参与事故的调查和对盲炮等进行处理。

5.5.2.3　制定应急预案

根据研究可知，许多重大的灾难性事件的发生与事件发生后应急措施不合理、应急计划不完善有着很大的相关性。因此，我们必须积极采区应急措施，最大限度地保护人的生命，最好避免和减少事故损失。根据火区存在的危险，应急预案应该包括以下几类，如图 5-6 所示。

(1) 为了保障人员或机械落入采空区发生的伤亡事故时，能准确、迅速实施应急预案，制定火区采空区应急预案。

(2) 为了保障人员爆破过程中发生飞石、炮烟中毒等事故时，能准确迅速实施应急预案，制定一般性危害应急预案。

(3) 为了保障人员在高温下发生烫伤或者中暑等紧急情况时，能准确迅速实施应急预案，制定火区降暑应急预案。

(4) 为了保障人员在炸药发生早爆等爆炸伤亡事故时，能准确迅速实施应急预案，制定爆炸应急预案。

前两种应急预案在常规爆破、煤矿爆破中比较常见，经过长年的研究和发

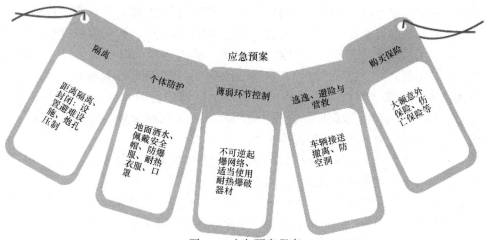

图 5-6 应急预案程序

展，已经比较成熟了；而火区由于温度高，装药过程中容易发生炸药早爆，同时由于时间的限制，缺少网路检查等，容易发生拒爆的情况，在拒爆的处理过程中也容易发生炸药受热爆炸造成人员的伤亡，现今的火区实践也证明了爆炸伤亡事故多与炸药发生早爆有关，另外火区的高温经常发生人员的烫伤和中暑事故，故对火区早爆和降暑的应急预案制定显得格外重要。

根据安全管理学的知识，结合火区的特点，炸药早爆应急预案应做好以下几点，主要隔离、个体防护、薄弱环节、逃逸避难与营救。

A 隔离

隔离技术有距离隔离、偏向装置，封闭等。

距离隔离主要是火区爆破危险区域内严禁有建筑、电线等设施，放炮前施工人员和设备必须撤到安全区域。对搬不走的设备必须用竹片等进行防护。

火区爆破有些炮孔温度极高，在降温后短时间内快速升温，导致炸药发生早爆，炸药的早爆前一般会出现黄色烟雾等现象，此时逃离时间有限，可在常见的高温爆破区域不远处设置避难设施，由于爆破位置经常变换，故避难设施应该可以移动。另外如 2008 年广东宏大发生的爆破安全事故，由于爆破导致未被引爆的硐室装药爆炸，引起重大人员伤亡，故可以在安全距离以外也应该设置安全避难设施，要能够保证其强度，在发生飞石等意外事故时能保证安全。

炮孔经堵塞后，炸药的能量大部分作用于岩石的破碎，但是当炮孔未经良好堵塞的时候，炸药的能量从孔口冲出，产生大量的飞石，造成人员伤害，故当炮孔未及时堵塞的时候，可用装有细沙的塑料袋压在炮孔处，防止大部分能量从炮孔逸出。

B 个体防护

在煤矿火区爆破遇到拒爆情况时，炸药在炮孔中，容易发生自爆，而炸药发生自爆的时间是难以预测的和控制的，遇到此种情况对拒爆进行处理，危险性极大。当存在较高温度孔时，如炮孔温度超过 100℃ 以上时，炸药容易突然发生爆炸，造成人员的伤亡，若此时网路未受破坏，由有经验的爆破人员穿上防爆装置，快速重新联网，进行爆破，若网路已经损坏，短时间难以处理的，应立即对该区域进行警戒，严禁人员入内，同时对该区域进行洒水；对炮孔温度低于100℃ 的炮孔，基本上长时间不会发生爆炸，此时可按照常规的操作方法进行处理，为了保障安全，严格控制操作人数。

此外，火区的高温处理煤矿火的高温经常发生人员烫伤事故，施工人员长时间在高温下，其身体机能也会受到损害。故对高温地面必须进行洒水作业，同时施工人员必须穿戴长袖长裤和耐热手套以及耐热鞋，同时保障水的供应，严禁空手作业和短袖作业，在极高温区进行作业时，还必须穿戴专门的耐热服装进行作业，同时控制作业时间。

煤矿火区的长年燃烧造成火区的空气中含有大量的污染物，钻孔过程中也会产生大量的灰尘，同时在冬季宁夏等地风大，施工人员很容易吸入冷风造成伤害。故施工人员必须携带防尘口罩，对钻孔的工人的防护口罩要加强质量。

火区的爆破事故，有些是小石块砸人伤人等造成的，故施工人员必须穿戴安全帽，保障安全。

火区的高温容易发生燃烧等事故，故施工现场还需配备灭火器等工具。

C　薄弱环节控制

高温爆破的薄弱环节主要是炸药，炸药发生的不正常爆炸是导致伤亡的主要原因，当可以使得炸药在发生爆炸时不殉爆相邻的炸药，可以大大降低危害，此时可以采取特殊的网路连接或者器材进行防护，如导爆索具有一定概率反向不起爆，现今也有人在研制不可逆起爆网路和起爆器材；另外提高爆破器材的耐热性，主要是炸药的耐热温度，也可以大大提高火区爆破的安全性，不过此研究尚处于试验阶段，现今还没有可靠的成果可以运用。

D　逃逸、避难与营救

当事故发生到不可控的程度时，则应采取措施逃离事故影响区域，采取避难等自我保护措施和为救援创造一个可行的条件。

当火区发生事故时，很有可能会发生二次事故，故在救援力量到达前，施工人员应该逃逸和避难。同时为了保障逃逸时的速度，在超过一定温度区域爆破时，应该安排车辆，方便人员进行快速撤离。

在火区的某个安全区域建设防空洞等大型安全设施，可以在不知是否会发生二次爆炸或者道路毁坏的情况时，给等待救援的人员提供一个暂时的安全场所。

根据安全理论，选取减小事故损失安全技术的优先次序为：隔离 > 个体防护 > 逃逸、避难 > 营救。

E 购买保险

应急预案措施尽可能地减少了火区爆破事故发生的严重性，但无论采取了何种技术和管理措施，仍有可能发生其损失大大超过我们承受能力的事故，因此，采取保险的方法，补偿因事故所造成的经济损失，使得企业具有重新恢复生产的能力，是控制事故的重要手段之一。

火区爆破危险远大于常规爆破，发生爆破事故一般都是重大安全事故，给社会和公司造成了巨大负面影响，故对火区作业人员购买保险显得尤为重要。结合火区爆破具体施工，爆破作业是危险系数最大、伤亡人数最多的工序，故对爆破人员应该购买大额意外伤害保险，甚至死亡保险，其他作业工种危险性较小，但是危险性也大于一般的爆破工程，应该购买普通意外伤害保险等。

5.6 小结

（1）通过事故树方法对煤矿火区爆破危险源进行分析，得出其存在安全检查内容不清楚、爆破技术没有区别考虑温度、施工组织指导性不全面等八个危险源，且危险源危险程度相同，可以分为安全技术方面危险源和安全管理方面危险源两大类。

（2）通过采取区别对待煤矿火区爆破技术、优化炸药的耐热性能、科学完善爆破设计书、完善煤矿火区爆破施工组织、做好火区爆破前技术和安全交底等安全技术措施，可以解决火区爆破中安全技术方面存在的危险源。其中科学完善爆破设计书应先做好工程现场勘查工作，然后制定相应的作业流程，并重视爆炸物品的管理；做好火区爆破前技术和安全交底，应把握安全态度教育、安全知识教育、提高安全教育效率三方面工作。

（3）通过采取明确火区爆破安全检查内容、建立健全规章制度、制定应急预案等安全管理措施，可以针对性的治理火区爆破中安全技术方面存在的危险源。明确火区爆破安全检查内容，首先是设立安全监理机构，然后从思想、管理、隐患、整改四方面认真进行安全检查；可从成立安全管理组织结构、制定安全生产责任制两方面健全火区爆破规章制度；火区爆破应急预案应重视炸药早爆，其内容可从隔离、个体防护、薄弱环节控制、逃逸与营救、购买保险等方面着手。

第6章 煤矿火区爆破技术

煤矿火区爆破的重点即高温爆破技术，煤矿火区爆破技术水平的高低，代表着火区煤炭开采的效益和安全。在良好性能的工业耐热炸药尚未研制出来之前，提高高温爆破技术是最有效、直接的方法。煤炭火区爆破技术又是由测温、降温、隔热、炸药选择、爆破方法等一系列技术组成的，提高这些技术的水平，可以初步解决之前章节所述的安全技术问题，保障火区爆破安全。煤矿火区爆破不仅存在着安全问题，而且安全和效率在一定程度上是相互矛盾的关系，为保障安全，有时候就不得不以牺牲爆破效率作为代价，现今的煤矿火区爆破效率较低，高温区一天只放三炮，每次炮孔数目不大于8个，同时规定的作业人员人数也较多，较明显地造成爆破成本提高和降低了爆破效率。

高温爆破技术，根据前述章节所讨论的测温、降温、隔热等理论，可分为注水降温爆破法和隔热保护爆破法。

6.1 注水降温爆破法

6.1.1 煤矿火区温度的分区

6.1.1.1 温度分区的意义

常温爆破由于炸药长时间放在炮孔中是安全的，性能也基本不发生变化，安全隐患少，故对爆破工序的时间控制比较宽松，相应的爆破技术也比较简单、确定。但在煤矿火区高温爆破过程中，炸药在高温下容易发生早爆，炸药受热其性能也快速发生变化，导致了爆破时间的控制比较严格，同时火区岩石裂隙发育、存在采空区等，对爆破的排间距和药量的限制也较苛刻。

因此在煤矿火区采取常规的爆破方法必将会带来重大危险，但由于煤矿火区爆破技术发展缓慢，现今的火区爆破技术相当一部分是在常规爆破的方法中发展而来的，导致火区爆破温度分区粗糙，简单地分为常温区和高温区，在高温区的爆破的技术基本没有区别对待，使得施工人员容易错误操作，过度重视安全，极大降低火区爆破效率和增加成本，而且由于利润低或者赶工期的情况下，极易发生安全事故。

根据炮孔温度，对炮孔进行区别对待，并针对性地制定爆破技术，精细化操作，合理安排人员和机械设备等，可以从技术上解决存在安全隐患，在保障安全的条件下，可以大幅度提高火区爆破效率和降低成本。

6.1.1.2 温度的分区

煤矿火区由于地质、火势等的影响，导致不同的区域温度变化较大，但是在同一区域的温度基本上变化不大。根据现场实践，我们可以把温度分为常温区和高温区两种，常温区所占比例较大，具有岩石冰凉、无烟雾、岩石较硬、很少有高温孔的特点，高温区具有空气明显较热、岩石烫手、有烟雾、很少有常温孔的特点。但是上述的分类中，高温孔太广，指导性不强，故需要进行再细分。

火区爆破的危险主要是炸药发生的早爆，而炸药发生早爆的原因主要是因为炮孔温度过高导致的，炮孔温度过高一般是降温效果不良的结果，另外控制时间的不准确也是其原因。故本章根据前文所述起爆器材和炸药的耐热性能、注水降温的效果、A 型导爆索隔热套筒隔热性能等数据对温度进行细分。

A 爆破器材耐热性能

（1）胶状乳化炸药 20min 安定温度为 90℃、20min 保能温度为 150℃、20min 质变温度为 220℃；粉状乳化炸药 20min 安定温度为 90℃、20min 保能温度为 130℃、20min 质变温度为 160℃；混装铵油炸药 20min 安定温度为 90℃、20min 保能温度为 130℃、20min 质变温度为 175℃；导爆索 20min 安定温度为 90℃、20min 保能温度为 110℃、20min 质变温度为 130℃。

（2）导爆管安定温度为 95℃；脚线安定温度为 140℃。

B 注水降温效果

（1）150℃以下炮孔降温注水 20min 后，温度可降至 130℃以下，基本稳定在 108℃。

（2）150~200℃炮孔注水降温 1h 后，温度普遍低于 130℃，基本位于 120℃以下。

（3）200~300℃炮孔注水降温 2h 后，温度普遍低于 130℃。

（4）300~350℃炮孔注水降温 3.5h 后，温度能够降至 130℃以下，最低能够降至 100℃以下。

（5）350℃以上炮孔，降温时间增长后炮孔温度出现异常，有些许升高现象，这与水增加了高温裂隙长度和宽度，加快了热源与炮孔的传热所致。故对此类高温炮孔，降温时间应有较大增长，应持续降温 24h。

C A 型导爆索隔热套筒隔热性能

A 型导爆索隔热套筒保护的导爆索在 182℃温度下，导爆索温度可保持在 80℃以下 30min；214℃时，导爆索温度可保持在 80℃以下 19min；240℃时，导爆索温度可保持在 80℃ 以下 15min；285℃时，导爆索温度可保持在 80℃ 以下 12min；320℃时，导爆索温度可保持在 80℃ 以下 9min；385℃时，导爆索温度可保持在 80℃ 以下 7min。

D　温度分区条件

由上述已知，炸药的 20min 保能温度都在 130℃ 以上，其中胶状乳化炸药 20min 保能温度达到 150℃，故也就是说目前常用的铵油炸药、粉状乳化炸药、胶状乳化炸药在 130℃炮孔内，20min 内是安全的，故可把 130℃作为注水降温应达到的要求。但导爆索 20min 保能温度只为 110℃，低于 130℃，但通过将导爆索使用 A 型隔热套筒保护，在 182℃时，导爆索温度可保持在 80℃ 以下 30min，80℃低于导爆索的安定温度 90℃，30min 的时间也大于 20min，故可知导爆索使用 A 型导爆索隔热套筒保护后，也能满足在 130℃炮孔内 20min 安全使用。

在观察注水降温效果，100~150℃炮孔温度，注水降温 20min；150~200℃炮孔温度，注水降温 1h；200~300℃炮孔温度，注水降温 2h；300~350℃炮孔温度，注水降温 3.5h，基本炮孔温度可降至 130℃以下。但需要注意的是，注水降温效果具有不稳定性，相同的温度区间，受炮孔温度来源、炮孔裂隙发育程度、注水量等不同，降温效果可能不同，经过一定降温时间，可能将温度降至 130℃以下，也可能无法将温度降至 130℃以下，故上述降温时间只供参考，可作为相应温度区间注水降温时间的最低限制，具体降温时间仍以降温过程的温度测量数据为准。

E　分区

考虑到安全裕度、注水量、炸药的耐热性能、导爆索护套隔热性能以及便于操作，根据上述结果，我们把火区分为以下 8 类：

（1）常温区（60℃以下）。

（2）普通高温爆破区（60~100℃）。

（3）一级高温区（100~150℃）。

（4）二级高温区（150~200℃）。

（5）三级高温区（200~300℃）。

（6）四级温区（300~350℃）。

（7）异常高温区（350℃以上）。

（8）多温度区。

6.1.2　各温度分区爆破技术

6.1.2.1　常温区爆破技术

常温区温度低，和常规爆破相似，结合火区的特性，常温区的爆破技术如下：

（1）常温区的岩石多为砂岩、泥岩等，岩石较软，火区的台阶一般为10m左右，钻孔孔径90mm以上，为深孔爆破，采取潜孔钻钻倾斜孔，倾斜孔不但能提高爆破效率和爆破效果，同时容易保持坡面，但是倾斜孔不利于火区测温，尤其是热电偶测温时，测温只能测一个轴线方向的温度。考虑的测温准确性的重要性，必须使用潜孔钻钻直孔。

（2）常温区温度变化小，测温先使用红外测温仪测温（测温安排在钻孔完成3h之后），温度若在50℃以下，即作为常温炮孔温度，若温度在50℃~60℃之间，采取GW新型热电偶测温仪复测温度，若温度在60℃以下，作为常温炮孔温度，若温度高于60℃，按照相应的高温爆破执行。

（3）火区的温度低，炸药不存在受热发生的早爆问题，故使用现今常用的各种工业炸药，由于火区地势高或位于缺水地区，基本上都是干孔，可以使用混装铵油炸药或者混装乳化炸药，考虑到炸药的成本和岩石硬度一般，铵油炸药的价格更便宜、对中硬岩石爆破效果较好，同时运输、混药、装药比较安全和方便，故可以使用铵油炸药作为主要炸药，遇到水孔时使用混装乳化炸药或成品乳化炸药。混装铵油炸药的使用量根据爆破设计来估算，在放炮的前一天通知地面站需用量和时间地点，混装乳化炸药也一样，在使用前一天通知地面站，然后在当天提前半个小时到达爆破区域。

（4）常温区考虑到施工机械多等影响，静电较大，故使用导爆管雷管进行连接和起爆，导爆管连接方式与常规爆破相似，可采取四通，使用闭合、复式网路等，如图6-1所示。

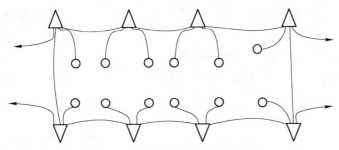

图6-1 闭合起爆网路连接示意图

（5）常温孔数量较大，装药时间较长，可提前进行装药，装药后长时间不起爆，炸药的安全看管是个问题，尤其在隔夜的情况下遇到雷雨天气等，可能造成炸药的早爆或者失效，也可能把炮孔冲刷堵住，故常温区炸药一般在装药当天进行起爆，起爆时间不超过6h。

（6）火区的地势崎岖不平，铵油混装车的输料软管较短，故先用塑料袋装好混装的铵油炸药，为了避免炸药操作不当，落入地下，需在地下铺一个4平方米左右的棉布，然后根据实际炮孔的需用量，把袋装炸药放在其旁边。混装乳化炸药输料管较长，可以在装药时把输料软管放入炮孔底部，通过控制软管升速来装药。

（7）常温区的装药、堵塞、联网、警戒、起爆、爆后检查、解除警戒按照常温爆破执行，这方面的内容前人已经做了很多研究，故不再叙述，注意的是混装乳化炸药装药完成后等10min后进行填塞，以使炸药发泡完全，整体方法如图6-2所示。

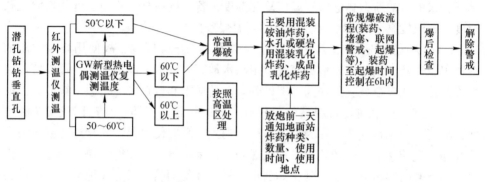

图6-2　常温区爆破技术

6.1.2.2　普通高温爆破区爆破技术

普通高温爆破区温度高于常温区，属于高温爆破区域，在此温度区间，需要考虑爆破器材等性能受温度的影响，普通高温爆破区的爆破技术如下。

（1）普通高温爆破区和常温区一样，岩石较软，故也采取潜孔钻钻直孔。

（2）测温包括初测和末测两种，初测安排在钻孔完成3h后，使用红外测温仪和GW新型热电偶联合测温。除了钻孔完成后的初测，在装药前为了保证安全性，需对炮孔温度进行复测，复测依然使用红外测温仪和GW新型热电偶测温仪联合测温。

（3）混装铵油炸药在100℃以下无水的炮孔中，能够长时间耐温，但是混装乳化炸药由于在炮孔中还需要发泡，发泡温度一般为55~60℃，炮孔高温下气泡质量不合格，将造成炸药失效，故不可以使用混装乳化炸药，但是可以使用成品乳化炸药或粉状乳化炸药。考虑到成本，炮孔没水时使用混装铵油炸药，有水时使用成品乳化炸药或粉状乳化炸药，其中深孔为了避免卡孔，提高装药速度，应用粉状乳化炸药，浅孔粉状乳化炸药不好控制药量，应使用成品乳化炸药。

（4）为了进一步保障爆破安全，避免异常情况，装药时采用水药花装法对炮孔降温。即将装有水的圆柱形塑料袋入孔内，塑料袋落入炮孔内即摔破，水渗出将孔壁浸湿，从而达到暂时降温效果，然后快速装药、堵塞、起爆，一般水袋个数不少于4个。

（5）混装铵油使用方法同上，普通导爆管的安全使用温度为95℃，低于100℃，故不可用用于孔内，但可用于孔外，孔内使用导爆索，为了保障爆破安全，导爆索使用A型导爆索隔热套筒保护。导爆管雷管正向起爆导爆索，导爆管雷管之间使用簇联，禁止使用四通，以防单一炮孔早爆时传爆其他炮孔，如图6-3所示。

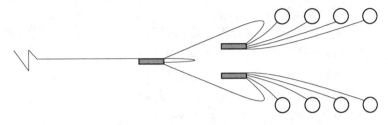

图6-3　导爆管接力起爆网路

（6）考虑到炸药在此温度下虽然安全，但是长时间其爆速等性能有明显下降，故把装药到起爆时间控制在20min以内，炮孔个数限制在32个，炮孔也就是说需要快速进行装药和起爆，为了缩短时间，根据爆破设计，计算好每个炮孔需要的填塞物、炸药量、导爆管雷管数目，并放在相应的炮孔旁边，同时特定装药联网人员。

（7）收到装药指令后，迅速进行装药、堵塞、起爆，然后爆后检查、解除警戒。整体如图6-4所示。

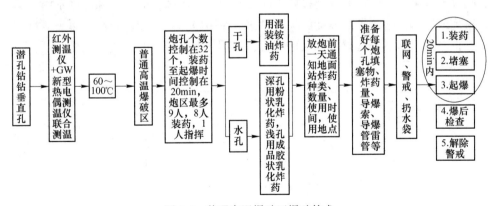

图6-4　普通高温爆破区爆破技术

6.1.2.3　一级高温区爆破技术

一级高温区的温度不太高，但是在此温度下，炸药热分解速率加快，当炸药敏感度较高、不均匀、散热不好等情况下，容易发生早爆，但是在此温度范围，用水降温效果好，回温速度慢。根据上述特点，普通降温区的爆破技术如下。

（1）一级高温区钻直孔除了测温的原因外，另外普通降温区需要注水降温，如果采取倾斜孔炮孔孔壁易受水的冲刷而发生塌孔，造成炮孔堵塞，且堵孔后不易处理。

（2）一级高温区需要三次测温，初测、中测、末测，测温使用红外测温仪和热电偶测温仪联合测温。初测安排在钻孔完成 3h 后，中测安排在注水降温20min 后，末测安排在装药前 10min。

（3）一级高温区炮孔容易降温，降温时间较短，但注水降温时间不得少于20min，可以在装药前半小时用洒水车向炮孔中进行注水，也可以用输水管进行注水降温，中测温度满足爆破条件后（低于 130℃），方可计划装药，否则继续注水降温。综合回温和炸药的受热性能变化的影响，把安全时间定为 10min，装药人员控制在 9 人，炮孔数目控制在 16 个。

（4）当用注水方法时，为了减小装药至起爆的时间，同高温爆破区一样，先在炮孔旁边准备好填塞物、炸药等，同时采取把堵塞以后的联网工序提前至装药前，缩短装药至起爆的时间，保障安全。

（5）由于铵油炸药不抗水，必须使用乳化炸药，为了方便装药、便于控制药量，浅孔爆破用成品乳化炸药，深孔爆破使用粉状乳化炸药。导爆管在此温度下容易变软，存在拒爆的可能，应该使用导爆索和电雷管进行爆破，孔内使用导爆索，导爆索使用 A 型导爆索隔热套筒保护，孔外使用电雷管，且电雷管使用串联连接或并串联，其中并串联连接方式更加安全，网路中一发电雷管桥丝断路不影响其他雷管，由于串并联连接要求起爆器起爆能较高，故若高温爆区不附带其他解炮或地脚，起爆器起爆能够保障时，可使用串并联连接，若高温爆破区域附带其他网路，起爆器起爆能无法保障时，使用串联网路，如图 6-5、图 6-6 所示。整体如图 6-7 所示。

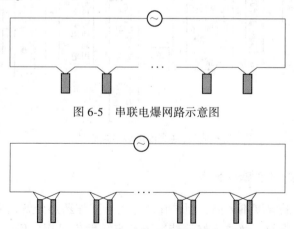

图 6-5　串联电爆网路示意图

图 6-6　并串联电爆网路示意图

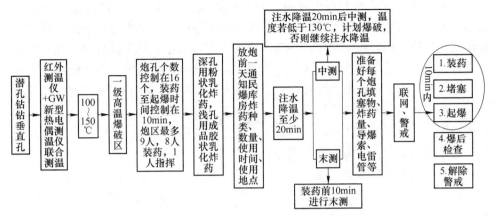

图 6-7　一级高温区爆破技术

6.1.2.4　二级高温区爆破技术

二级高温区、三级高温区是煤矿火区爆破降温的重点，也是极容易发生炸药早爆、人员烫伤等危险的区域。对炮孔进行降温，可以保障炸药的安全，好的降温方式可以提高降温效果和降低成本。

二级高温区温度较高，温度处理不好炸药容易发生早爆，同时需要较长时间的降温，结合降温技术，二级高温区的爆破技术如下：

（1）二级高温区注水量大于一级高温区，因此造成的炮孔毁坏概率也较大，有时候 8 个炮孔可能有一半会发生塌孔现象，需要重新钻孔，故必须使用潜孔钻机钻直孔。同时由于炮孔越深，炮孔温度越高，温度规律变化复杂，导致测温准确性差，故炮孔深度不宜太深，控制在 10m 以下。

（2）钻孔结束后，需对炮孔温度进行初测，由于炮孔温度高，同样的温度误差相对误差小，另外相差几度，对注水降温影响不大，故初测采取红外测温仪测温方法即可。

（3）二级高温区的降温时间应不小于 1h，为了排除注水后炮孔温度快速回升的情况，需对炮孔进行中测和末测，中测的目的是验证炮孔降温是否合格，末测的目的是为了验证炮孔是否允许爆破。中测的准确性直接关系到炮孔是否合格，同时中测时间长，容易导致炮控温度回升，影响降温效果，故中测安排在注水降温 1h 后，用红外测温和 GW 新型热电偶联合测温，温度在 130℃ 以下给予验收合格，测温完成后，立即进行注水降温；末测是验证炮孔温度在停水中测后，温度是否上升异常，故在放炮前 20min 停水，快速用红外测温仪和 GW 新型热电偶测温，温度在 130℃ 以下准许爆破，末测后快速注水，保证在装药前注水时间不小于 20min。

（4）由于炮孔含水和温度较高，和一级高温区一样，应选择乳化炸药进行装药，为了方便装药及便于控制药量，浅孔爆破用成品乳化炸药，深孔爆破使用粉状乳化炸药，用导爆索起爆，导爆索使用 A 型导爆索隔热套筒保护，孔外使用电雷管，电雷管使用串并联连接，严禁爆区附带其他起爆网路，应该使用高能起爆器。考虑到回温和炸药的性能影响，把爆破时间控制在 5min 内，炮孔数目控制在 8 个，现场爆破人员不超过 9 个，其中 8 人对爆破炮孔进行装药，1 人指挥协调操作，同时观看装药的炮孔有无逸出黑色或黄色浓烟等异常情况，若有此情况，立即组织撤退，并报告有关领导。

（5）二级高温区装药至起爆时间短，故应把联网和警戒安排在装药前，联网方式与一级高温区相似，这样在装药完成、人员撤离后，可快速起爆。如图 6-8 所示。

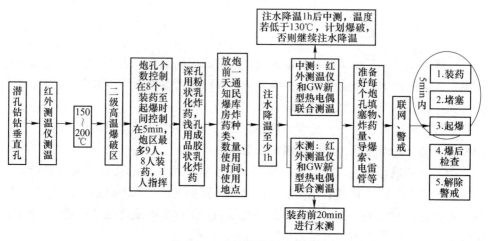

图 6-8　二级高温区爆破技术

6.1.2.5　三级高温区

三级高温区降温较困难，注水降温时间较长，有些炮孔温度还难以降低至 130℃，需要对炸药进行隔热防护，其爆破技术如下：

（1）钻孔和二级高温区一样，采取潜孔钻钻直孔。

（2）测温和二级高温区也相似，需要初测、中测和末测，初测也采用红外测温仪测温。

（3）三级高温区温度高，降温时间比二级高温区时间更长，同时回温也快，故降温时间要长于二级高温区，而保温降温效果时间却小于二级高温区，注水时间不小于 2h，中测安排在降温 2h 后，用红外普通测温和 GW 新型热电偶测温仪测温，温度在 130℃ 以下视为合格孔，给予验收，末测安排在放炮前 30min，用红外测温仪和 GW 新型热电偶测温仪测温，在 130℃ 以下的炮孔视为合格孔，准许爆破，末测后立刻注水降温，保证装药前注水时间不少于 30min。

（4）炮孔为湿孔、温度高，和二级高温区一样，使用乳化炸药和导爆索，为了方便装药、便于控制药量，浅孔爆破用成品乳化炸药，深孔爆破使用粉状乳化炸药，导爆索用 A 型导爆索隔热套筒保护。

（5）三级高温区装药至起爆时间控制在 5min 内，炮孔数目不超过 8 个，人员控制 9 人。由于联网时间较长，为了减少其他单位的施工，故三级高温区先联网（孔外使用电雷管，网路使用电雷管串并联网路，严禁网路附带其他炮区网路，使用高能起爆器），然后再警戒。

（6）装药堵塞后，人员应该快速撤离，警戒距离一般在 300m 以上，即使靠跑，也要 90s 左右，甚至更多，故应通过车辆来进行撤离，装药完成后，统一指挥快速上车，人员全部上车后，快速撤离。整体如图 6-9 所示。

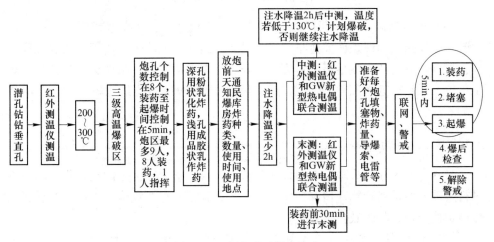

图 6-9　三级高温区爆破技术

6.1.2.6　四级高温区

四级高温区爆破和三级高温区相似，如图 6-10 所示，仅存在以下的不同。

（1）四级高温区温度高，降温时间比三级高温区时间更长，同时回温也快，故降温时间要长于三级高温区，而保温降温效果时间却小于二级高温区，注水时间不小于 3.5h。

（2）中测安排在降温 3.5h 后，用红外测温和 GW 新型热电偶测温，温度在 130℃ 以下视为合格孔，给予验收，末测安排在放炮前 1h，用红外测温仪和 GW 新型热电偶测温，在 130℃ 以下的炮孔视为合格孔，准许爆破，末测后立刻注水降温，保证装药前注水时间不少于 1h。

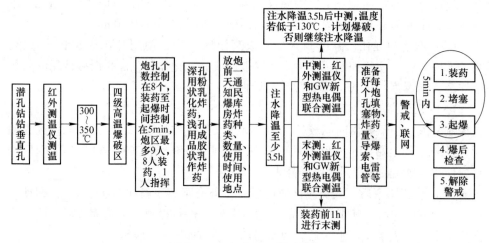

图 6-10　四级高温区爆破技术

（3）四级高温区，炸药危险性极大，在联网阶段也存在着或者引起一定的危险，如炸药在高温地面发生早爆，人员多，毁坏了网路等，而把警戒放在联网前，可以减少炸药发生早爆的危害或者炸药拒爆的危险等，虽然会影响到其他施工单位，但是迅速进行联网后装药至起爆，增加的时间还是比较少的，能够接受的。

6.1.2.7　异常高温区

异常高温区存在难降温、回温快等特点，且在整个火区占的比例很少，故不进行爆破。但是遇到特殊情况，比如为了快速施工、存在危险区域等，需要运用爆破快速处理，其爆破技术如下。

（1）异常高温区注水降温效果差，需长时间降温，一般降温时间不小于 24h，由于钻倾斜孔钻孔速度小于垂直孔的速度，在高温下钻杆强度以受损而发生折断，同时工人受热身体伤害大，故为了减少钻孔时间而采用钻垂直孔，另外钻垂直孔隔热装置也不易发生卡孔。

（2）异常高温区的初测采取红外测温仪测温即可，中测安排在降温 24h 后，用红外测温和 GW 新型热电偶测温仪联合测温，温度在 130℃ 以下视为合格孔，给予验收，末测安排在放炮前 2h，用红外测温仪和 GW 新型热电偶测温仪联合测温，在 130℃ 以下的炮孔视为合格孔，准许爆破，复测后立刻注水降温，保证装药前注水时间不少于 2h。

（3）异常高温区温度高，地面温度一般也较高，故一般需要先采取洒水降温，一般采取成品胶状乳化炸药，另外导爆索使用 A 型导爆索隔热套筒保护，且孔内、孔外皆用导爆索连接，孔外导爆索和主导爆索用单向继爆管连接，防止孔内导爆索早爆引起主导爆索起爆，而使伤害扩大，如图 6-11 所示。

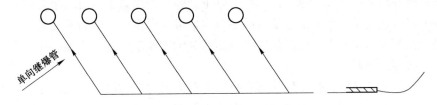

图 6-11　导爆索起爆网路

（4）异常高温区危险较大，故炮孔数目和放炮人员应该严格控制，炮孔一般不多于 2 个，人员控制在 2 人。

（5）同样装药至起爆时间控制在 3min 内，和难降温区爆破一样，警戒、联网、装药、堵塞、起爆、爆后检查、解除警戒，堵塞后人员撤离采取车辆撤离。异常温度孔一般较少，且不太重视其爆破效果，对大块可采取二次爆破处理，综合考虑，为了安全，可不对炮孔堵孔，一方面可以节约时间，另一方面使炸药处于开放空间，在燃烧时产生泄压、散射的特点，一定程度推迟或组织炸药的爆炸。整体如图 6-12 所示。

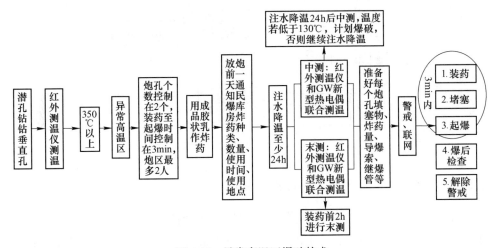

图 6-12　异常高温区爆破技术

6.1.2.8　多温度区

大部分煤矿火区的温度变化较大，只可以大致分为常温区（60℃以下）和高温区（60℃以上）两种情况。常温区的温度基本上变化不大，可以按照常温区进行爆破，但是高温区经常同时存在着多个温度区间的情况，如同时存在普通高温爆破区、一级高温区、二级高温区的情况，遇到这种情况下，就存在以哪种情况为标准进行操作的问题。炸药所处的温度越高，炸药的放热量越大，炸药的潜在危险性越大，在安全第一的指导方针下，为了保障施工人员的生命健康，适当降低爆破进度是种可取的办法，故本章选取最高温度点来判断所处的区间，也就是说假如最高温度在二级高温区，则不管其他炮孔温度是在常温区还是在其他区域，按照二级高温区来执行。

　　但是需要注意的是当个别孔落入相邻高温区间时后，如果按照较高温度的标准来执行，此时必定会大大提高成本和降低效率。个别高温孔的存在说明此区域温度大部分是低于此温度的，当其与相邻低温区的最高温度相差不到 10℃ 时，可以把其划入低温区域执行，但是要对其最后装药；当温度相差较大时，可以放弃此孔，换个位置重新钻孔，也可以单独作为一个网路按照其对应的爆破方式进行处理。如图 6-13 所示。

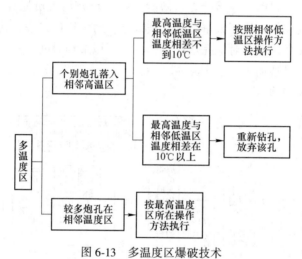

图 6-13　多温度区爆破技术

6.1.2.9　各个温度区间的综合比较分析

　　各个温度区间由于温度的不同，使得其具体的爆破技术存在差异。差异主要体现在爆破前的准备阶段（测温、降温、爆破器材准备、堵塞物的准备）和爆破过程（装药、堵塞、联网、警戒、起爆、爆区检查）两方面。其比较分析如表 6-1 所示。

表 6-1　各个温度区爆破技术的比较

温度区间	区间特点	爆破前准备	爆破过程
常温区	岩石性质、爆破器材种类、人员安排等与常规爆破相似，可按照常规爆破执行，但不能钻斜孔	基本上无须准备，需提前通知地面站需要的混装铵油炸药量等	装药、填塞、联网、警戒、起爆、爆区检查，同常规爆破一样

温度区间	区间特点	爆破前准备	爆破过程
普通高温爆破区	需使用导爆索,导爆索用 A 型导爆索隔热护套保护,孔外用导爆管雷管,可用铵油,不可使用混装乳化,炸药在炮孔中时间控制在 20min,测温较严格,需初测和末测	提前准备好堵塞物和各个炮孔药量和起爆器材。提前联网、警戒	装药至起爆时间控制 20min 内,9 人,32 孔;水药花装法降温。装药、堵塞、起爆、爆后检查、解除警戒
一级高温区	只用乳化炸药,深孔用粉状乳化,浅孔用成品胶状乳化,孔内用导爆索,孔外为电雷管,测温有初测、中测、末测,炮孔需降温,降温时间短、效果好,降温时间不少于 20min	先用洒水车、输水管降温,输水管可分流,准备各孔堵塞物和爆破器材	水管降温:需要先预联网、警戒,再装药至起爆。装药至起爆时间控制 10min 内,人员控制在 9 人,做多 16 孔
二级高温区	深孔用粉状乳化,浅孔用成品胶状乳化,孔内用导爆索,孔外为电雷管,测温有初测、中测、末测,注水降温时间不小于 1h,回温较快,装药至起爆时间为 5min 内	对各个炮孔同时降温,较高温度单独降温,末测后降温时间大于 20min,准备好堵塞物、爆破器材	先预联网、预警戒,炮孔为 8 个,人员控制在 9 人,快速装药、堵塞、起爆,然后爆后检查、解除警戒
三级高温区	深孔用粉状乳化,浅孔用成品胶状乳化,孔内用导爆索,孔外为电雷管,测温有初测、中测、末测,注水降温时间不少于 2h,回温快,装药至起爆时间短,为 5min 内	对各个炮孔同时降温,末测后降温时间大于 30min,准备好堵塞物、爆破器材	先预联网、预警戒,后装药至起爆,然后爆后检查、解除警戒,人员控制在 9 人,炮孔 8 个
四级高温区	深孔用粉状乳化,浅孔用成品胶状乳化,孔内用导爆索,孔外为电雷管,测温有初测、中测、末测,注水降温时间不少于 3.5h,回温快,装药至起爆时间短,为 5min 内	对各个炮孔同时降温,末测后降温时间大于 1h,准备好堵塞物、爆破器材	先预警戒、预联网,后装药至起爆,然后爆后检查、解除警戒,人员控制 9 人,炮孔最多 8 个
异常高温区	注水降温时间不小于 24h,使用成品胶状乳化炸药,导爆索、继爆管;装药至起爆时间短,控制 3min 内	准备好各个炮孔隔热护套装药、爆破器材	预警戒、预联网,装药至起爆,最多 2 人,炮孔最多 2 个,装药至起爆控制在 3min 内
多温度区	存在多个温度区间,根据相邻高温区的炮孔个数判断温度区间类型	根据相应炮孔温度类型来执行	根据相应炮孔温度类型来执行

通过上述比较，可得出以下结论。

（1）注水降温爆破法由于对煤矿火区进行分区，并采取 A 型导爆索隔热套筒对耐温性能较差的导爆索进行隔热保护，提高了导爆索在高温炮孔中的耐温时间。使得注水降温的设计温度从传统的 60℃提高到了 130℃，极大地减少了注水降温时间和水量。

（2）其对不同温度区间设置了最少降温时间，在保障降温效果的同时，也避免了炮孔注水过多的问题，提高了水源的利用效率，也降低了对炮孔的损坏程度，有利于提高爆破效果。

（3）其不同温度分区，采取不同的爆破方法，在保障爆破安全的条件下，最大化提高爆破炮孔数量，提高了爆破方量。

（4）其根据不同温度区间，使用不同的爆破工序，控制作业人员数量，针对性的限制装药至起爆时间，确保了煤矿火区爆破的安全。

综合各种优点，注水降温爆破法在水源利用效率增加、降温时间减少、降温效果保障、高温炮孔数量增加、爆破安全提高等方面较以往有较大提高。

6.2　隔热保护爆破法

在温度较高区域，注水降温效果差，或者注水降温爆破满足不了高温爆破需求时，可采取隔热保护爆破法。

隔热保护爆破法不需要对炮孔注水降温，使用 B 型导爆索隔热套筒将导爆索隔热保护、B 型炸药隔热装置将胶状乳化炸药隔热保护即可。

6.2.1　技术参数

隔热保护爆破法技术参数的如下所述。

（1）B 型导爆索隔热套筒内径为 1~1.3cm，导爆索易放入 B 型导爆索隔热套筒中，且放入炮孔过程迅速，未遇到卡孔现象。试验结束时，观察 B 型导爆索隔热套筒，表面光滑，未发现划痕和破损，且下部保持少量水分。

（2）将试验过的 B 型导爆索隔热套筒放入水中，仍然具有快速吸水功能。

（3）B 型导爆索隔热套筒保护的导爆索，200~250℃孔温可保持 80℃以下27.8min；250~300℃孔温可保持 80℃以下 22.5min；300~350℃孔温可保持 80℃以下 3.51min，14.08min 以内导爆索温度不超过 90℃；350~400℃孔温可保持 80℃以下 2min，3.81min 以内导爆索温度不超过 90℃，12.95min 以内导爆索温度不超过 100℃。

（4）B 型炸药隔热装置保护的胶状乳化炸药，200℃以下孔温可保持 90℃以下 29min；200~300℃孔温可保持 90℃以下 24.2min；300~350℃孔温可保持 95℃以下 16.4min，350~400℃孔温可保持 90℃以下 12.5min。

（5）B 型炸药隔热装置保护的胶状乳化炸药，能够殉爆相邻 B 型炸药隔热装置保护的胶状乳化炸药，殉爆距离为 2cm。

（6）B 型炸药隔热装置保护的胶状乳化炸药，具有良好的耐冲击和抗摩擦性能。投掷入炮孔中，形态无破坏，具有 75.4% 以上的保水率。

6.2.2 材料

隔热保护爆破法使用的材料如下器材：

（1）红外测温仪 1 台。

（2）GW 新型热电偶测温仪 1 台。

（3）B 型导爆索隔热套筒若干，数量应满足爆破的需求，一般为 8 个。

（4）B 型炸药隔热装置若干，应满足爆破的需求。

（5）测量杆一根（可由标有刻度的炮杆代替）。

（6）炮区需要的爆破器材（胶状乳化炸药、导爆索、电雷管、脚线等）。

（7）装满水的粗水桶若干，一般为 4 个。

装满水的水桶、测量杆为市场上普通产品，价格便宜，可重复利用，装完炸药后随人员带出炮区，使用过程中放于低温地表，不存在自燃或自爆危险。

B 型导爆索隔热套筒和 B 型炸药隔热装置经济实惠，可批量生产，其材质为环保材料，具有耐高温性能，使用后不会对环境造成影响。

6.2.3 工艺流程

因为注水降温对温度低于 200℃ 以下炮孔效果较好，且注水降温时间较短，一般水源能够满足。故隔热保护爆破法主要用于温度较高的炮孔爆破，即一般孔温大于 200℃ 时，作为辅助高温爆破的一种方法。

6.2.3.1 B 型炸药隔热装置内炸药选择

B 型炸药隔热装置内炸药可以是装粉状乳化炸药、胶装乳化炸药，而铵油炸药由于不防水是不可以使用的。胶状乳化炸和粉状乳化炸药对比如下。

（1）胶状乳化炸药耐热性能优于粉状乳化炸药，安全性更高。

（2）B 型炸药隔热装置的装药是在爆破前进行的，粉状乳化炸药可直接用袋装装药，胶装乳化炸药使用成品条状炸药。但是由于隔热装置直径较小，隔热装置结合处容易累积砂石，故选择密度大、殉爆距离大的成品胶装乳化炸药，有利于保障炸药的传爆性能。

故考虑安全性和炮孔内炸药的正常传爆，一般情况下 B 型炸药隔热装置内都使用胶状乳化炸药。

6.2.3.2　隔热保护爆破法工艺

隔热保护爆破法工艺如下。

（1）为了方便 B 型炸药隔热装置进入炮孔，减少与孔壁摩擦，应用潜孔钻钻直孔。

（2）炮孔测温使用红外测温仪和 GW 新型热电偶测温仪联合测温。测温只需要初测和末测，末测在装药前进行，初测安排在钻孔完成 3h 后验孔时进行。

（3）测量炮孔深度，计算各个炮孔装药量和堵塞长度。

（4）爆破前，将爆破器材、隔热材料等运至炮区，并根据炮孔深度，将相应的装药量、B 型导爆索隔热套筒、B 型炸药隔热装置等材料放在相应炮孔旁边；并将炮孔堵塞物提前用编织袋装好，放在相应炮孔旁边。

（5）B 型导爆索隔热套筒、B 型炸药隔热装置装药、吸水等使用方法见第四章相关内容。

（6）为防止 B 型炸药隔热装置卡孔，装药前，必须对炮孔进行检查，炮棍探孔的一端其直径必须略大于隔热装置直径。

（7）隔热保护爆破法使用反程序爆破法，装药至起爆时间控制在 5min。

（8）温度低于 300℃ 炮孔，炮孔个数控制在 8 个，现场装药人员控制在 9 人，提前联网、警戒，然后装药、堵塞、起爆等，操作方式同三级高温区。

（9）温度位于 300~400℃ 炮孔，炮孔个数控制在 4 个，现场装药人员控制在 9 人，两人一个炮孔，一人指挥，提前警戒、联网，然后装药、堵塞、起爆等，具体操作方式同四级高温区。

（10）装药堵塞后，人员应该快速乘车撤离至安全地点，然后起爆，整体如图 6-14 所示。

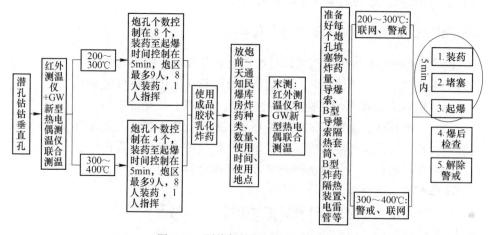

图 6-14　隔热保护爆破法工艺流程

从上述分析可知，隔热保护爆破法具有以下优点。

（1）隔热保护爆破法相比于传统注水降温爆破法，不需要对炮孔注水降温，一方面解除了水源对炮孔降温数量和效果的限制，另一方面不会发生注水降温对炮孔造成的卡孔、堵孔等问题，可保持炮孔原始状态。提高高温爆破次数，以满足产量需求，且可保障爆破效果，减少地脚、大块。

（2）隔热保护爆破法能够用于 400℃以下炮孔的爆破，只是装药至起爆时间随着炮孔温度的升高而缩短，但仍可满足现今所有煤矿高温火区的爆破。且隔热保护爆破法的温度上限，可通过对 B 型炸药隔热装置和 B 型导爆索隔热套筒的组分或厚度进行调整而改变，应用前景广阔。

（3）隔热保护爆破法整体操作相对简单，装药过程迅速，利于节省爆破时间，提高爆破安全性。

6.3　小结

（1）提高注水降温爆破法爆破效率和安全的一个重要前提是对不同炮孔温度进行分区，再针对性有效采取措施。结合爆破器材的耐热性能、注水降温的效果、A 型导爆索隔热套筒隔热性能等数据对高温炮孔进行温度分区，可分为常温区（60℃以下）、普通高温区（60~100℃）、一级高温区（100~150℃）、二级高温区（150~200℃）、三级高温区（200~300℃）、四级温区（300~350℃）、异常高温区（350℃以上）、多温度区等 8 种情况。

（2）对各个温度区的爆破技术进行了分析，内容包括爆破前的准备（钻孔，测温，注水降温，准备好爆破器材、堵塞物、隔热装置，预联网，预警戒等）和爆破过程中的操作（装药、堵塞、起爆、爆后检查、解除警戒等），区别化、精细化的采取相应技术措施（从炮孔数量、降温方式和时间、装药人数、装药至起爆时间、网路方式等方面采取不同方案），有效指导火区爆破，保障火区爆破的安全、高效、低成本。

（3）注水降温爆破法由于对煤矿火区进行分区，并采取 A 型导爆索隔热套筒对耐温性能较差的导爆索进行隔热保护，提高了导爆索在高温炮孔中的耐温时间。使得注水降温的设计温度从传统的 60℃提高到了 130℃，极大地减少了注水降温时间和注水量，此外其对不同温度区间设置了最短的降温时间，在保障降温效果的同时，也避免了炮孔注水过多的问题。最后对不同温度分区，采取不同的爆破方法，在保障爆破安全的条件下，最大化提高爆破炮孔数量，提高了爆破方量。综合各种优点，注水降温爆破法在水源利用效率增加、降温时间减少、降温效果保障、高温炮孔数量增加、爆破安全提高等方面较以往有较大提高。

（4）隔热保护爆破法操作工艺简单，利于缩短装药至爆破时间，提高爆破安全性。其次不需要对炮孔进行降温等特殊处理，保持炮孔原始状态即可，利于爆破设计目的的实现，并且解除了水源对炮孔降温数量和效果的限制，可大量对高温炮孔进行爆破，提高爆破效率。隔热保护爆破法还对炮孔温度上限没有限制，可通过对 B 型炸药隔热装置和 B 型导爆索隔热套筒的组分或厚度进行调整而改变，这是注水降温效果没法做到的，适用于目前所有高温炮孔的爆破。

（5）注水降温爆破法和隔热保护爆破法的结合使用，于传统的高温爆破模式，在安全、效率、质量等方面具有较大的提高，基本可解决目前高温对爆破产量的限制，可加速煤矿火区煤层的开采，实现降本增效、绿色矿山的理念。

第7章 煤矿火区爆破施工组织

根据施工组织有关文献可知，施工组织能够调节煤矿火区爆破施工中人员、机器、原料、环境、工艺等矛盾，优秀的施工组织，可以全面考虑火区爆破施工过程中的各种环境，科学制定合理的施工方案，确定爆破施工顺序、施工方法和劳动组织，合理统筹安排拟定施工进度计划，从而保证爆破单位能够以高质量、高效率、低成本、少消耗的完成火区爆破任务。

根据《建筑工程施工合同》的规定，施工组织设计的内容包括施工方案、施工进度计划及保证措施、质量保证体系及措施、环境保护、成本控制措施等9项基本内容[180]。常规爆破经过多年的发展，管理和技术都比较成熟，使得其施工组织规范化和科学化。煤矿火区爆破作为爆破的一种，却因为管理和技术上的不完善，施工组织指导性差，造成火区爆破效率低、成本高。另外煤矿火区爆破的实施是在整个煤矿开采作业的一个部分，需要与挖运排等多个部门合作，而且合作是爆破作业顺利、高效实施的前提，故本章先介绍火区联合作业内容，然后根据前文的安全管理和爆破技术的系统内容，讲述完善火区爆破施工组织工作。

7.1 工程简介

7.1.1 工程概况

工程概况以宁夏大石头煤矿作为爆破施工场地为例。大石头煤矿的火区众多，规律复杂，温度变化大，地势崎岖，海拔高，车辆、设备运输较困难，岩石硬度不一，包括砂岩、泥岩、页岩等，造成煤矿开采难度大；同时火区岩石采剥量大，施工地点、施工单位、施工机械众多，包括挖运排等，使得现场管理、协调不易。

煤矿火区温度复杂，高温区存在多个温度分区，各个温度区爆破技术存在差异，工人操作容易混乱，需要精细化的施工工艺来保障正确的施工。

火区爆破危险大，人为的疏忽可能会带来灾难性的后果，需要严格的安全管理机构和管理措施来保障技术的正确使用、责任的准确落实以及控制和降低危害。

大石头煤矿由宏大爆破有限公司总承包施工，钻、爆、挖、运、排皆为该公司施工。受火区爆破技术限制，业主之前规定一天高温区爆破次数不可超过三次，但随着注水降温爆破法、隔热保护爆破法等新技术运用，现对高温爆破次数没有限制，只要满足爆破条件即可爆破，现今一般爆破次数为 6~10 次，火区爆破量可达 2 万立方米以上。

7.1.2　施工组织结构和平面布置

7.1.2.1　施工组织结构

与常规爆破相比，煤矿火区爆破增加了测量队、测温组、降温组三个组织，其他组织机构和常规爆破相似，故不详述。火区范围广，一天放炮量较多，具有多个炮区，炮孔数量多，且不同炮区距离可能较远，故一个炮区应该安排一个测量人员，大石头具有两个较大的炮区（首采区和山顶区），测量人员设置为 2 人，测量的内容包括高程、方位角等内容，需要两台全站仪或 RTK。结合爆破炮孔，测温人员数目安排 2 人，其中一人操作 GW 新型热电偶测温仪测温，一人操作红外测温仪测温，GW 新型热电偶测温仪 2 台（一台备用），每台 GW 新型热电偶测温仪配补偿导线为 4~8 根（炮孔越深，配备补偿导线数量越多，一般 10m 孔深配备四根即可），红外测温仪为 2 台（一台备用）。降温人员降温工作量大，但是地点和设备比较固定，故人员设置为 2 人，水泵 5 台，粗水管、细水管根据实际炮孔数目和地理条件而定。

7.1.2.2　施工总平面布置

爆破施工的项目部和员工生活区按照业主的安排设置，远离排土场，故不考虑。但需要做好住房旁边的绿化，自备发电机和做好蓄水工作。

7.1.3　施工进度计划及工程质量管理

7.1.3.1　施工进度计划分析

煤矿火区爆破工程施工计划与业主有关，业主每年的煤炭开采量影响着爆破的工程量。现今的煤矿火区爆破放炮次数每天为 6~10 次，爆破时需警戒，为了尽量降低对其他爆破施工单位的作业影响，需固定爆破作业时间。爆破作业时间段应安排在其他施工队伍吃饭或者休息时间，即：上午 11：00~1：00 和下午5：00~7：00 进行。

警戒区域存在爆破过程，直至解除警戒，严禁车辆进入；如果爆破时间预测会超过规定时间，严禁爆破，推迟至下一个时间段进行，除非挖运需要或爆破排险等特殊情况。

煤矿火区一个区域爆破后，在下一次爆破前，必须先对爆破区域的碎石进行挖运。爆破方量越大，挖运时间较长，需要增加挖运机械的数量，一般需要两天左右的时间挖运，为了不影响爆破的进行，适当的增加爆破区域的个数以及自由面的长度和数目，可有效保障煤矿火区爆破的进度和计划，一般一个地理位置，爆炮区的数目不应少于 8 个。

7.1.3.2 工程质量管理

煤矿火区爆破质量的好坏直接影响着挖运等工作是否能够快速完成。减小大块率，可减少二次破碎等工作，便于挖运；减少碎渣，可增大炸药的能量利用率，降低成本。

火区爆破的质量与各层人员都有密切的关系，项目经理需做好质量文件的审批工作、总工制定各种措施保障质量的完成，各作业人员须认真、正确执行质量管理文件等。结合火区爆破特性，质量管理措施可重点落实以下内容。

（1）做好测量工作：根据平面和高程控制点，准确做好爆破开挖工程的平面及高程的布设。

（2）火区爆破开挖前，必须做好技术交底工作，在试爆后，根据经验和理论及时调整爆破方案。

（3）对各个爆破孔的位置、布孔情况、深度、装药量、堵塞长度进行记录，爆破后，对大块率等进行观察，做到实时调整。

7.1.4 环境保护及信息管理

煤矿火区的一般在山区，远离市区，工人居住生活一般都在火区周边，火区周围缺少绿化，长年的爆破产生了大量的灰尘，同时缺少雨水，在冬季经常刮大风，这些导致了火区的环境质量差，工人容易发生职业病，另外居民生活用电、水也是个难题；火区的地势较高，不同的炮区距离较近，排土场紧靠生活区，安全隐患大；火区作业机械多，噪声污染大。针对上述情况，制定的措施如下。

（1）对工人住房周边进行绿化，同时房间窗户密封性能要好，食堂经常准备猪肝等有利于排尘的食物。

（2）自备发电机，保障在长时间停电的情况下电力的正常供应。

（3）节约用水，同时打深井、利用高山上融化的雪水和雨水，对质量差的水源要进行过滤的操作，对地势高的区域可用电动机抽水。

（4）严格规划用地，居民要远离排土场，设计要经过专家的评审，禁止在采空区上部建房，尽量不在煤层上面建房，居民房周边严禁爆破施工。

（5）火区爆破现场通过洒水车对路面洒水，主要施工道路要进行维修，不应还有大量灰尘，施工现场应保持整洁，不得随意丢弃垃圾，必须定期检查，搞好环境卫生。

（6）车辆驾驶员应具有相应驾驶证，车辆应具有相应的标志，定期进行保养，控制车速，现场车辆靠左开。

（7）禁止晚上施工，影响作业人员休息。

对煤矿火区爆破过程中的所有往来信息进行管理，包括合同信息、成本管理、工程记事、图纸信息、通信等内容，可通过软件等进行信息管理和保存，对采空区、爆破参数、爆破设计等内容需要特注意，应有纸质信息。

7.2　煤矿火区爆破联合作业规程

火区爆破作业的顺利实施，需要多个单位的高效配合。

7.2.1　爆破、挖运、排土联合作业规程

火区爆破完成后，需要尽快进行挖运，以便下次爆破工作的进行。火区爆破完成后，立即把爆破地点、方量和下次预爆破时间通知业主和挖运部门。

挖运部门合理安排挖掘机和卡车的数量，进行挖运工作，运输卡车根据排土场的远近，通知排土场管理单位，把渣石运至排土场。

挖运完成前一天，通知爆破单位，爆破单位对下一次的爆破施工区域进行设计，并做好钻孔、测温工作；挖运完成后，通知业主和爆破单位，爆破单位迅速组织降温、爆破工作。挖运单位必须密切关注作业时间，在警戒区域爆破时间段前退至安全区域。

7.2.2　钻爆联合作业

火区钻孔完成后，需要进行测温分区，而高温炮孔需要降温，降温效果需要测温来验证，降温效果的好坏和分区又直接影响着爆破器材的类型以及爆破方法。

钻孔组完成钻孔作业后，立即通知测温组钻孔区域、钻孔孔数；测温组做好记录，安排时间进行测温。

测温组测温完成后，把温度数值放在相应炮孔旁边，对各个炮孔温度进行记录，并把测温数据上报给降温组。

测温组根据测温数据，对炮孔进行分区，并把分区情况通知爆破组。

爆破组根据分区情况，合理安排爆破方法，把需要降温的炮孔、降温时间、通知降温组，降温组根据降温时间，对需要安排中测的炮孔适时联系测温组，进行中测，并把中测结果做好记录，通知爆破组。

爆破组根据安排的爆破时间，到达爆破区域，并通知测温组和降温组，测温组对需要末测的炮孔进行测温。并把测温结果告知爆破组，爆破组根据末测情

况，合理安排爆破器材类型以及数量、装药人员、警戒方式等，按照相应分区的爆破标准，实施爆破。

7.3 施工方案

各个分区的爆破施工。包括施工作业工艺流程图、施工工序及方法（测量、爆破）。

7.3.1 工艺流程图

为了使得煤矿火区能组织有效均衡的施工，避免人力、设备能力的损失，以获得施工最佳效益，制定的工艺流程图如图7-1所示。

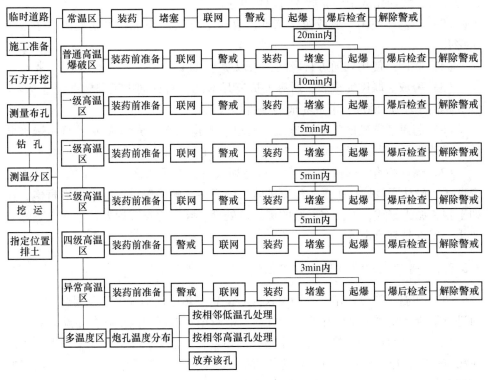

图 7-1　火区爆破工艺流程图

7.3.2 煤矿火区爆破操作工艺

煤矿火区爆破，首先要进行布孔和钻孔。考虑到安全因素，布孔的排间距适当增大，具体的安排，在施工前选取有代表性的炮区进行爆破试验，根据爆破效果（岩石破碎情况、振动、飞石），进一步确定并调整排间距，以达到最优效果；钻孔用潜孔钻垂直孔，孔深一般不超过 10m，钻孔直径 90mm 以上。其他操作工艺如下所述。

7.3.2.1　常温区操作工艺

（1）测温。初测用红外测温仪测温；50~60℃，附加 GW 新型热电偶测温仪测温验证，温度低于 60℃的按照常温区爆破，温度高于 60℃的按照高温区爆破。

（2）装药。混装铵油炸药车到爆破场地后，每个炮孔用两条 90mm 或 110mm 乳化炸药（乳化炸药直径应比炮孔直径小 20mm 以上）与导爆管雷管连接，作为起爆药包，放入炮孔中；根据爆破设计药量，把铵油炸药装入塑料袋中，倒入炮孔；使用混装乳化时，把输药软管放入相应炮孔底部，控制装药量和装药速率，进行装药，装药完成 10min 后才可以堵孔。

（3）堵塞。使用石渣或黄土堵孔，直径不可大于 5mm，严禁使用石子或浮灰堵孔。

（4）联网。使用四通进行联网，采取微差爆破。

（5）警戒。联网完成后，所有人员离开炮区，封锁周围道路，并设立标示，警戒距离不小于 200m，警戒完成后报告爆破队长。

（6）起爆。爆破队长下达连线、充电、起爆指令。充电完成后通知爆破队长，爆破队长大声清楚地喊出“5、4、3、2、1、起爆”指令，并立即起爆。

（7）爆区检查。爆破 5min 后，待炮烟散去，安排两名有经验的爆破员去检查爆区，确认无盲炮、拒爆，经爆破队长同意后，解除警戒；如果发现盲炮，立即上报，派人警戒，安排有经验的爆破员处理。除了检查盲炮外，还需检查爆破效果、爆堆是否稳定等。

7.3.2.2　普通高温爆破区操作工艺

（1）测温。初测使用红外测温仪和 GW 新型热电偶测温仪联合测温，在装药前进行复测，复测也是用红外测温仪和 GW 新型热电偶测温仪联合测温。

（2）装药前准备。准备好每个炮孔的填塞物、水袋，水袋应 4 个以上，并放在相应炮孔旁边。计算好每个炮孔装药量、雷管数目、导爆索数量，提前放置在相应炮孔前。

（3）联网。爆破时间，联网人员提前连接好爆破网路，孔内使用导爆索，孔外使用导爆管雷管，雷管正向起爆导爆索，导爆管之间使用簇联。导爆管网路应避开地面高温，联网时严禁无关人员进入炮区。

（4）警戒。联网完成后，在装药前，立即封锁周围道路，并设立标示，警戒距离不小于 300m，警戒完成后报告爆破队长。

（5）装药。提前规划好各个炮孔装药人员；干孔使用混装铵油炸药时；水孔深孔使用粉状乳化炸药，浅孔使用胶状乳化炸药。孔内使用导爆索，导爆索用A型导爆索隔热套筒保护，孔外使用导爆管雷管。炮孔数目不超过 32 个，装药人员 9 人，1 人指挥，8 人装药，提前规划好各个炮孔的装药人员，每人控制 4 个炮孔，先低温孔、后高温孔。

警戒完成后，接到现场指挥人员装药指令后，相应的炮孔装药人员先将水袋扔入炮孔中，然后下导爆索，导爆索下放完全后快速把炮孔旁边的炸药装入炮孔。

（6）填塞。装药完成后，迅速由相应的装药人员堵孔，把炮孔旁边堵塞物快速倒入炮孔中。

（7）起爆。堵塞完成后，人员全部撤离至安全区域，爆破队长下达连线、充电、起爆指令；充电完成后通知爆破队长，爆破队长大声清楚地喊出"5、4、3、2、1、起爆"指令，并立即起爆。装药至起爆时间应控制在 20min 内。

（8）爆区检查。爆破 5min 后，待炮烟散去，安排两名有经验的爆破员去检查爆区，确认无盲炮、拒爆，爆破队长同意后，接触警戒；如果发现盲炮，立即上报，派人警戒，安排有经验的爆破员处理；除了检查盲炮外，还需检查爆破效果、爆堆是否稳定等。

7.3.2.3 一级高温区操作工艺

（1）测温。初测使用红外测温仪测温，注水降温 20min 后中测，中测使用红外测温仪和 GW 新型热电偶测温仪联合测温，末测安排在装药前 10min，也使用红外测温仪和 GW 新型热电偶测温仪联合测温。

（2）装药前准备。1）注水准备：装药前 30min 用洒水车向炮孔中进行注水，洒水车必须具有 8 个及以上的出水口，同时向炮孔进行注水，注水先低温孔，再高温孔；当道路不通，洒水车难以进入炮区时，使用输水管向炮孔进行注水，输水管数目不应小于 8 根，当输水管有限时，可以通过设置沟槽的形式，将粗水管的水分流至多个炮孔；2）堵塞物的准备：根据炮孔堵塞长度，计算炮孔堵塞物的量，并把相应的堵塞物放在炮孔旁边。3）爆破器材的准备：根据炮孔的装药高度，计算好装药量，把相应的装药量放在炮孔旁边；把导爆索和电雷管的需要量也放在炮孔旁边。

（3）预联网。把导爆索一端捆绑小石子，放入孔底，增加 1m 左右长度，作为该炮孔的导爆索用量，然后把导爆索拉出，与一条乳化炸药绑扎在一起，用胶带捆绑，应将导爆索捆在起爆药包外，不得直接插入药包内。将各个孔的导爆索绑在电雷管上；将电雷管采取串联或并串联连接，使用电力起爆。

（4）警戒。联网完成后，在装药前，立即封锁周围道路，并设立标示，警戒距离不小于 300m，警戒完成后报告爆破队长。

（5）装药。现场控制在 9 人，8 人用于装药，一人用于指挥；炮孔数目不超过 16 个，提前规划好各个炮孔的装药人员，每人控制 2 个炮孔，先低温孔、后高温孔，先把捆有乳化炸药的导爆索放入孔底，后把剩余炸药放入孔底。

警戒完成后，指挥人员的装药指令下达后，装药人员迅速开始装药，一个炮孔装药完成后，立即装下一个炮孔。现场指挥人员注意已装药的炮孔有无黑烟等异常情况，若发生此情况，立即停止装药，迅速组织人员撤离；眼观的同时，可把 GW 新型热电偶测放入最高温孔观察温度情况，当温度回升至 130℃，立即停止装药，堵塞炮孔，携带好未使用的炸药，迅速撤离。

（6）堵塞。装药完成后，由各个炮孔装药人员迅速进行填塞，先低温孔、后高温孔，堵塞完成后，人员快速撤离至安全地点。

（7）起爆。人员撤离至安全地点后，爆破队长下达连线、充电、起爆指令；充电完成后通知爆破队长，爆破队长应大声清楚喊出"5、4、3、2、1、起爆"指令，并立即起爆，装药至起爆时间控制在 10min 内。

（8）爆区检查。爆破 5min 后，待炮烟散去，安排两名有经验的爆破员去检查爆区，确认无盲炮、拒爆，爆破队长同意后，接触警戒；如果发现盲炮，立即上报，派人警戒，安排有经验的爆破员处理；除了检查盲炮外，还需检查爆破效果、爆堆是否稳定等。

7.3.2.4 二级高温区操作工艺

（1）测温。初测使用红外测温仪测温；中测安排在降温 1h 后，使用红外测温仪和 GW 新型热电偶测温仪联合测温，温度在 130℃ 以下的视为合格；末测安排在装药前 20min，红外测温仪和 GW 新型热电偶测温仪联合测温，温度在 130℃ 以下的准许爆破。

（2）装药前准备。1）降温：使用输水管同时对各个炮孔进行降温，当输水管数目不够时，可采取设置沟槽进行分流，一根输水管同时对 4 个左右炮孔进行降温，对温度较高的，必须使用单根水管降温；输水管采取直线铺设，先把水源输送至半山腰，再从半山腰输送至各个炮孔，水源可采地下水或者阴暗处的水源；把水变成环状，沿孔壁流入炮孔底部；水管换炮孔时，严禁对着周围碎石冲刷；前半部分输水管可用直径大的铁质钢管，后部分以及分流管使用胶皮管；降温时间不少于 1h，在末测后，降温时间不小于 20min；2）堵塞物、爆破器材的准备，注意必须使用导爆索和电雷管，导爆索使用 A 型导爆索隔热套筒保护。

（3）预联网。炮孔内使用导爆索，孔外使用电雷管，使用串并联网路，采取电力起爆。

（4）预警戒。除了装药人员外，所有人员撤离爆破区域，同时对爆破区域 300m 处进行警戒，严禁任何人员、车辆进入。

（5）装药。炮孔数目控制在8个，装药人员为9人，其中8人装药，一人指挥，提前规定好每个炮孔的装药人员，每人负责一个炮孔。爆破队长收到警戒完成指令后，迅速下达装药命令，8个人同时对炮孔快速装药。指挥人员除了协调操作，同时注意已装药的炮孔有无黑烟等异常情况，若发生此情况，立即停止装药，带好未装好的炸药，迅速组织人员撤离。

（6）堵塞。装药完成后，装药人员继续快速完成堵塞，堵塞完成后，指挥人员迅速检查网路，无误后，所有人员乘车快速撤离至安全地点。

（7）起爆。装药至起爆时间控制在5min内，起爆程序同一级高温区。

（8）爆区检查。同一级高温区。

7.3.2.5 三级高温区操作工艺

（1）测温。初测使用红外测温仪测温；中测安排在降温2h后，使用红外测温仪和GW新型热电偶测温仪联合测温，温度在130℃以下的视为合格；末测安排在装药前30min，使用红外测温仪和GW新型热电偶测温仪联合测温，温度在130℃以下的准许爆破。

（2）装药前准备。1）降温：降温处理同二级高温区，必须对每个炮孔都采取水管降温，不可采取分流降温，在末测后至装药前，降温时间不少于30min；2）堵塞物、爆破器材的准备同二级高温区，注意必须使用电雷管及导爆索，导爆索使用A型导爆索隔热套筒保护；3）安排车辆进入放炮区域，接送装药人员撤离。

（3）预联网。炮孔内使用导爆索，孔外使用电雷管，使用串并联网路，采取电力起爆。爆区人员进行联网，操作方法同二级高温区。

（4）预警戒。除了装药人员外，所有人员撤离爆破区域，同时对爆破区域300m处进行警戒，严禁任何人员、车辆进入。

（5）装药。炮孔数目控制为8个，装药人员为9人，联网完成后，在指挥人员的指导下，按照提前规定好的炮孔装药人员迅速同时对炮孔进行装药。

（6）堵塞。装药完成后，迅速进行堵塞。堵塞完成后，在指挥人员的指挥下，同时坐车撤离爆破区域，撤离时注意电雷管脚线，以防踢断和踩坏。

（7）起爆。装药至起爆时间控制在5min内，起爆程序同二级高温区；当装药、堵塞完成后，为了节省时间，可免除喊"5、4、3、2、1"口令，直接命令起爆。

（8）爆区检查。同二级高温区。

7.3.2.6 四级高温区操作工艺

（1）测温。初测使用红外测温仪测温；中测安排在降温3.5h后，使用红外测温仪和 GW 新型热电偶测温仪联合测温，温度在 130℃ 以下的视为合格。末测安排在装药前 1h，使用红外测温仪和 GW 新型热电偶测温仪联合测温，温度在 130℃ 以下的准许爆破。

（2）装药前准备。1）降温：降温处理同三级高温区，必须对每个炮孔都采取水管降温，不可采取分流降温，在末测后至装药前，降温时间不少于 30min；2）堵塞物、爆破器材的准备同三级高温区，注意必须使用电雷管及导爆索，导爆索使用 A 型导爆索隔热套筒保护；3）安排车辆进入放炮区域，接送装药人员撤离。

（3）预警戒。除了装药人员外，所有人员撤离爆破区域，同时对爆破区域 300m 处进行警戒，严禁任何人员、车辆进入。

（4）预联网。警戒完成后，爆区人员进行联网，操作方法同三级高温区。

（5）装药。炮孔数目控制为 8 个，装药人员为 9 人，联网完成后，在指挥人员的指导下，按照提前规定好的炮孔装药人员迅速同时对炮孔进行装药。

（6）堵塞。装药完成后，迅速进行堵塞。堵塞完成后，在指挥人员的指挥下，同时坐车撤离爆破区域，撤离时注意电雷管脚线，以防踢断和踩坏。

（7）起爆。装药至起爆时间控制在 5min 内，起爆程序同二级高温区；当装药、堵塞完成后，为了节省时间，可免除喊"5、4、3、2、1"口令，直接命令起爆。

（8）爆区检查。同三级高温区

7.3.2.7　异常高温区

（1）测温。初测使用红外测温仪测温；中测安排在降温 24h 后，使用红外测温仪和 GW 新型热电偶测温仪联合测温，温度在 130℃ 以下的视为合格；末测安排在装药前 2h，使用红外测温仪和 GW 新型热电偶测温仪联合测温，温度在 130℃ 以下的准许爆破。

（2）装药前准备。1）降温：降温处理同四级高温区，必须对每个炮孔都采取水管降温，不可采取分流降温，在末测后至装药前，降温时间不少于 2h；2）堵塞物、爆破器材的准备同四级高温区，注意必须使用继爆管、导爆索、导爆管雷管，导爆索使用 A 型导爆索隔热套筒保护；3）安排车辆进入放炮区域，接送装药人员撤离。

（3）预警戒。同四级高温区。

（4）预联网。孔内使用导爆索，导爆索使用 A 型导爆索隔热套筒保护；孔外使用单向继爆管与导爆索连接，用导爆管雷管引爆导爆索，导爆管引至起爆区域，以起爆雷管，注意导爆管应避开高温地面，防止烫坏。

（5）装药。炮孔数目控制为 2 个，装药人员为 2 人，测温准许装药后，相应炮孔的降温人员迅速进行装药，先放导爆索捆绑的药包，再装炸药。

（6）堵塞。装药完成后，迅速进行堵塞。堵塞完成后，装药人员迅速跑离炮区，坐车撤离至安全地点，撤离时注意避开网路，以防踢断和踩坏。

（7）起爆。装药至起爆时间控制在 3min 内，装药人员撤离至安全地点后，迅速喊起爆指令，起爆人员立即起爆。

（8）爆后检查。爆后检查同四级高温区。

7.3.2.8 多温度区

（1）选取最高温度点来判断炮孔温度类型，执行该炮孔温度类型的爆破操作工艺。

（2）个别温度点落入相邻高温点，最高温度与相邻低温区温度相差不到10℃，执行相邻低温区的操作工艺；最高温度与相邻低温区温度相差在 10℃ 以上，重新钻孔，放弃该孔。

（3）较多炮孔温度落在相邻高温区，执行最高温度所在区操作工艺。

7.3.2.9 隔热保护操作工艺

（1）测温。炮孔测温使用红外测温仪和 GW 新型热电偶测温仪联合测温。测温只需要初测和末测，末测在装药前进行，初测安排在钻孔完成 3h 后验孔时进行。

（2）装药前准备。提前准备好炮孔堵塞物、爆破器材数量等。将炸药放入 B 型炸药隔热装置内，并吸水；将导爆索穿入 B 型导爆索隔热套筒内，并吸水；将导爆索绑在一条炸药外面并放入 B 型炸药隔热装置内，作为起爆药包，与炸药接触的一段导爆索不使用 B 型导爆索隔热套筒保护，因其在 B 型炸药隔热装置内，已受保护。

（3）预联网。孔内使用导爆索，孔外使用电雷管，使用电雷管串并联网路。

（4）预警戒。安排人员到各个警戒点，将警戒区内人员、设备撤离至安全地点，严禁任何行人、车辆进入炮区。

（5）装药。温度低于 300℃ 炮孔，炮孔个数控制在 8 个，现场装药人员控制在 9 人，8 人每人 1 个炮孔，1 人指挥；温度位于 300~400℃ 炮孔，炮孔个数控制在 4 个，现场装药人员控制在 9 人，两人一组同时装药，一人指挥（此时先预警戒、再预联网）。装药至起爆时间控制在 5min 内。接到装药指令后，先将炸药投入炮孔，最后将起爆药包投入炮孔。

（6）堵塞。在所有炮孔装药完成后，立即进行堵塞，堵塞完成后，炮区人员快速跑离炮区，坐车撤离至安全地点，撤离时注意导爆索和电雷管脚线，以防踢断和踩坏。

（7）起爆、爆后检查。

7.4　安全保证体系及安全技术措施

7.4.1　安全组织结构与安全生产责任制

7.4.1.1　安全组织结构

安全组织结构由项目经理、总工、等人员组成。结构如图 7-2 所示。

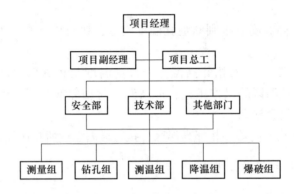

图 7-2　安全组织结构图

监理工程师、总监代表、监理工程师、监理员组成。

测量组人员 2 人，一个大的炮区 1 人，测量人员应该由专门的测量技术人员担当，需要有相应的资格证书和经验。

钻孔组人员也需要专门培训，包括钻孔方法等，尤其注意防尘保护，钻孔组人员安排 4 人，一个炮区 2 人，在钻孔工作量大的情况下，可增加钻孔人员和钻机数量，以满足爆破需求。

测温组人员需要专门培训测温方法，使他们熟练和正确操作测温仪器，人员安定岗为 2 人，在测温工作量大时，可安排爆破组有过测温训练的人临时担任测温。

降温组 2 人，需经过专门培训。

爆破组是煤矿火区爆破的主要人员，人员数量众多，不少于 30 人（根据火区特点，常温区比较安全，高温爆破区比较危险，整体素质要求较高，故可把爆破人员分为常温组和高温组两类，常温组主要负责常温区爆破，高温组主要负责高温爆破区及以上区域爆破）。具体内容主要负责装药、堵塞、联网、起爆、警戒任务，同时协助其他班组工作，爆破组人员是处在危险的前线，其教育内容要丰富、管理要严格，持证上岗，爆破前要对其做好安全技术交底。爆破组部分人员需要具有多项技能，能够测温、能够钻孔，能够降温，在其他班组缺少人员情况下，能够抽调专门精干协助操作。

7.4.1.2 安全生产责任制

其他部门包括财务部、计划部、后勤部等部门，这些部门与常规爆破的相应部门的安全生产责任制相似，主要做好安全管理资金的审核和劳动保护等物资的购买，故不叙述。项目经理、项目副经理、项目总工以及各个部门与班组的安全生产责任制内容部分也与常规爆破相似，也不详述。在此重点介绍在煤矿火区爆破特有的、需要特别注意的安全生产责任制。

A 项目经理安全生产责任制

（1）重视煤矿火区爆破安全生产，经常性召开安全生产工作。

（2）牢固树立火区爆破安全第一的思想，对整个火区爆破阶段做好事故预工作，对新的爆破点危险的区域爆破开工前，负责制定员工的安全、健康措施。

（3）审查火区爆破安全技术措施规划，对发现的重大危险源，及时采取措施解决。

（4）保障火区爆破安全技术、教育、劳动保护经费，并按照规定使用。

（5）对火区爆破发生的重大事故进行调查，严格查清事故原因和责任人，并制定防范措施。

（6）联系政府人员或者专业人员对职工进行安全培训和考核。新员工进行三级安全教育，爆破等特种作业人员必须持证上岗。

（7）组织各种火区爆破安全生产竞赛、评比活动，提高员工的安全意识，对优秀集体和员工进行表彰；主持召开安全生产例会，接受所有员工的监督，认真听取意见。

（8）按期妥善解决上级部门或监理指出的问题。

（9）拒绝执行业主错误的指令和政策。

B 项目副经理安全生产责任制

（1）协助项目经理做好火区爆破事故的预防工作，对分管内的事故负直接领导责任，并支持安全部门的工作。

（2）组织项目部所有领导学习安全生产法规、标准等文件精神，根据火区爆破现状，制定并组织实施安全生产措施；组织并实施年度安全技术措施计划。

（3）协助项目经理开展安全例会，并贯彻实施安全例会的有关决定。

（4）组织有关领导定期或不定期开展火区爆破安全检查，对发现的隐患，组织相应人员解决。

（5）主持制定并实施安全生产管理制度、安全技术操作规程，定期检查执行情况。

（6）发生重大爆破安全事故后，立即考察现场，并上报领导，主持事故调查，确定事故责任、提出责任处理意见。

C　项目总工的安全生产责任制

（1）贯彻火区煤矿业主、项目经理或者政府部门的安全生产方针、法令等政策，负责组织制定和贯彻实施煤矿火区爆破安全技术规程。

（2）定期主持召开部门、班组领导干部会议，分析煤矿火区安全生产形式，并研究解决出现的安全技术问题。

（3）定期检查安全和技术部门的工作，协助项目经理组织煤矿火区爆破安全大检查，对检查中发现的安全隐患，负责制定整改措施并组织相关部门实施。

（4）参加煤矿火区爆破事故的调查和技术鉴定，经常对职工进行安全技术教育，拒绝执行项目经理等上级安排的错误意见。

D　安全部的安全生产责任制

（1）监督检查爆破项目部的安全生产政策、事故预防工作的情况，并研究分析火区爆破伤亡事故、职业危害趋势和重大事故隐患，提高事故预防措施。

（2）制定火区爆破安全生产目标管理计划和安全生产目标值。

（3）了解煤矿火区爆破现场情况，进行安全生产检查，重点监督高温区域的爆破危险工序，如测温、降温环节，制止违章操作和指挥，提出整改意见，督促技术部门排除危险。

（4）督促技术和各班组制定和贯彻安全技术规程和安全管理制度，检查所有人员对安全技术规程的熟悉情况。

（5）组织煤矿火区爆破安全生产竞赛，帮助员工树立安全生产典型，总结和推广火区爆破经验。

（6）组织三级安全教育和职工教育，对特种作业人员坚持持证上岗。

（7）统计火区爆破伤亡事故，并对事故进行分析，对事故的责任人提出处理意见。

（8）对劳动防护用品的质量和使用情况进行监督，在接受地方政府或上级安全部门的指导。

E　技术部门的安全生产责任制

（1）负责制定煤矿火区爆破安全技术措施，负责编制、审查安全技术规程、作业规程、操作规程，并监督检查实施情况。

（2）对火区爆破相关的科研项目提供资料和信息，审查和采纳安全技术方面的合理化建议。

（3）协同安全部加强员工的技术教育和考核，推广先进的火区爆破经验。

（4）参与煤矿火区爆破事故的调查，从技术方面找出事故原因以及制定防范措施。

（5）对测量、钻孔、降温等各个小组做好技术交底和培训工作，对危险温度区域的爆破提供技术指导和组织。

F　各班组的安全生产责任制

（1）认真执行煤矿火区爆破有关安全生产的各项规定，带头遵守安全操作规程，对本组人员的安全和健康负直接责任。

（2）根据煤矿火区的现实环境、生产任务、本组人员的思想状态等特点，开展事故预防工作，对新员工做好岗位安全教育，并在其熟悉工作操作前安排专门熟练员工负责其安全和技术指导。

（3）组合检查本组人员的学习情况，教育工人严禁违章操作，发现违章作业，立即制止，对表现好的人员进行表扬和上报。

（4）经常性对负责的火区爆破区域和内容进行安全检查，发现问题及时解决或上报。

（5）配合好其他班组的工作，并把遇到的安全问题与其沟通。

G　煤矿火区爆破操作工人的安全生产责任制

（1）遵守煤矿火区爆破劳动纪律，认真执行安全规章制度和安全操作规程，听从班组长和领导的指挥，严禁违章作业。

（2）正确使用劳动保护设备，保护好本本班组的工具，不影响其他班组的工作。

（3）积极学习煤矿火区爆破安全知识，参与安全相关的会议，努力提高操作技术水平，并提出自己的理解和优秀建议。

（4）对发现的煤矿火区爆破安全问题，即使上报，拒绝接受违章操作，根据指挥，积极参与爆破事故的救援工作。

H　监理安全生产责任制

认真贯彻国家的有关规定，负责煤矿火区爆破的监督、检查工作，对查出的隐患，立即监督进行整改，对安全措施等进行审批；参加火区爆破伤亡事故的调查和处理，提出结论性意见。

7.4.2　安全教育培训和安全活动

7.4.2.1　安全教育培训

煤矿火区安全教育培训是以项目部为基础进行的。

（1）由项目副经理、项目总工做好项目部的安全教育，培训内容主要包括：安全生产方针政策、法纪教育，专业员工的安全操作技能和知识培训，了解火区爆破工地的特点、性质和安全施工概况，了解整个爆破流程和工种及作业的专业要求，了解本工地爆破的主要危险作业场所、特种作业场所及有害作业场所的注意事项和防护措施以及发生危险时的应急措施。

（2）需要做好各个班组的安全教育：班组长应对本组人员叙述本班组安全施工概况、工作性质、施工范围，本岗位所需机械设备的性能、防护装置的作用、使用方法、维修；本班组的施工环境以及危险场所，各岗位的责任、安全操作规程和有关注意事项，个人防护用品、用具的正确使用和保管方法。

7.4.2.2　安全活动和安全例会

（1）项目经理主持召开安全例会、安全部门组织安全竞赛等活动，可以增强员工的安全意识，提高安全操作技能，正确执行应急措施。

（2）班组实行班前班后会，强调正确的操作方法和劳动保护，加强员工遵章守纪。通过安全标语、安全知识竞赛、安全演讲等增加员工学习安全知识的积极性。

（3）每周开展安全例会，对火区爆破安全动态进行分析，及时发现施工中的安全问题并进行整改，会议由项目经理组织。

7.4.2.3　安全检查

（1）开工前，公司领导和部门领导对火区爆破现场安全防护设备、作业环境、设备状况等是进行全检查，保障各项工作都符合开工条件。

（2）每月定期由相关领导对施工现场进行综合检查，包括查思想、查管理，排除安全隐患。

（3）安全部门和监理人员对火区现场进行监督和巡查，对危险爆破工序重点检查，发现问题立即上报和处理，为违章人员进行记录和教育。

（4）安全检查的内容，限期进行整改，整改完成后，安全人员或安监人员进行验收。

7.4.3　安全技术措施

煤矿火区爆破安全技术措施主要是针对爆破工序而言。

（1）爆破工程要严格遵守《爆破安全规程》，爆破安全技术措施需经过公安部门批准，并经监理、业主检查以及安全技术较低后才可进行爆破。

（2）火区爆破的参数设计应充分考虑工程要求、地质环境等因素。

（3）爆破工程所用机械设备、爆破器材等应符合国家相关标准。

（4）爆破器材的使用要符合条件，如铵油不可用于水孔。

（5）严格控制爆破振动、爆破噪音、爆破冲击波等有害因素。

（6）爆破器材的管理要符合规程，不可混放，严禁烟火。

（7）制定正确的应急预案，应急预案包括隔离、个体防护、薄弱环节控制、逃逸、购买保险等。

7.5　小结

（1）火区爆破作业的高效完成，需要爆破、挖运、排土联合作业，同时需要注重钻爆作业的合理配合。

（2）根据各个温度区的特点，严格制定包括布孔、钻孔、测温、降温、隔热、爆破方法等操作工艺，规范各类人员的操作方法，可有保障火区爆破安全和提高火区爆破效率。

（3）结合火区爆破特性，由建立安全组织结构、制定安全生产责任制、组织安全教育和安全活动、制定应急预案等形成的安全保证体系及安全技术措施，可有效控制和消除火区爆破危险源。

第8章 其他相关爆破技术

煤矿火区高温爆破，除了注水降温爆破法、隔热保护爆破法等用于保护爆破器材方法外，还可以从降低爆破次数和不进行爆破处理方面着手。降低爆破次数主要是提高孔网面积，在相同爆破量时，可以减少爆破次数，也就是减少人员高温爆破时间，相对提高高温爆破安全。不进行爆破，主要是一方面使用挖机对松软高温火区进行强挖，不进行爆破，根本上避免高温爆破产生的危险；另一方面是对高温大块、地脚等使用破碎锤进行破碎，也不进行爆破，和机械强挖相同，避免爆破造成的危险。

8.1 弱松动研究

火区高温爆破风险是客观存在的，采取的隔热保护或者注水降温在保障安全的条件下，提高火区爆破效率，但需要增加一定成本，且效率也不可大幅提高。火区爆破过程，相同的爆破次数，增大孔网面积，使用弱松动技术，爆破量会相应增大，相对地提高了火区爆破效率和人员安全。增大孔网会提高大块率，但大块可用挖机摆在一侧，二次处理。下文将对此进行介绍。

8.1.1 布孔、钻孔现状

高温火区爆破台阶高度考虑到钻孔和降温需求，一般设置为10m，采用注水降温和反程序爆破法进行爆破作业。

煤层的燃烧造成岩体形成高温，且岩体不均匀膨胀形成大量节理裂隙，造成穿孔难度增加，导致大部分爆区实际穿孔深度达不到设计孔深。且随着炮孔深度增加，钻孔不到位现象越明显。

降温过程造成孔口及孔内的浮渣冲入孔内，使得装药前实际孔深低于穿孔后的孔深。经过钻孔后和降温后验孔数据对比，孔深平均减少1m左右，加上超深1~1.5m，因此炮孔深度实际为13m。

一般每片爆区孔数定为8个，采取梅花形布孔方式，一般两排孔，前排4个，后排四个。如图8-1所示。

受火区爆破发展的影响，目前火区爆破孔网参数未有相关经验总结，为了保障爆破效果，孔网面积较小。现场通过试验总结，在合理数量大块的条件下，摸索最佳孔网。研究爆破效果的评价由爆堆情况、根底率、大块率、炸药单耗来确定。

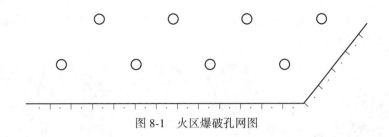

图 8-1 火区爆破孔网图

8.1.2 孔网参数试验

大石头露天煤矿高温岩体大致分为三类，次生变质岩、砂岩、页岩，其硬度由大到小。针对上述三类岩石，进行了现有的孔网参数统计分析。

8.1.2.1 次生变质岩

（1）台阶高度 10m，平均孔深 12m，孔距 5.6m，排距 4m，现场爆破后效果如图 8-2 和图 8-3 所示。

图 8-2 爆区爆破后现场图　　　　　图 8-3 爆区渣石挖净现场图

（2）台阶高度 10m，平均孔深 12m，孔距 6m，排距 4.3m，现场爆破后效果如图 8-4 和图 8-5 所示。

图 8-4 爆区爆破后现场图　　　　　图 8-5 爆区渣石挖净现场图

（3）台阶高度 10m，平均孔深 12m，孔距 6.5m，排距 3.4m，现场爆破后效果如图 8-6 和图 8-7 所示。

图 8-6   爆区爆破后现场图   图 8-7   爆区渣石挖净现场图

（4）台阶高度 10m，平均孔深 12m，孔距 6.5m，排距 3.5m，现场爆破后效果如图 8-8 和图 8-9 所示。

图 8-8   爆区爆破后现场图   图 8-9   爆区渣石挖净现场图

对次生变质岩不同孔网参数对应的爆破效果进行统计，如表 8-1 所示：

表 8-1   次生变质岩不同孔网参数对应的爆破效果统计明细表

孔距 /m	排距 /m	台阶高度 /m	平均孔深 /m	岩石类型	单耗 /kg·m⁻³	地脚数量 /个	大块数量 /个	爆堆抛掷距离
5.6	4	10	12	次生变质岩	0.39	0	0	稍远
6	4.3	10	12	次生变质岩	0.4	6	7	适中
6.5	3.4	10	12	次生变质岩	0.46	0	2	较远
6.5	3.5	10	12	次生变质岩	0.45	1	2	较远

由结果可见，次生变质岩 6m×4.3m 之下，在 6.5m×3.5m 之上，故平均孔网

面积，得出次生变质岩最佳孔网参数应为 6m×4m，此时单耗较小，也有一定量大块和地脚。

8.1.2.2 砂岩

（1）台阶高度 10m，平均孔深 12m，孔距 6m，排距 3.5m，现场爆破效果如图 8-10 和图 8-11 所示。

图 8-10 爆区爆破后现场图

图 8-11 爆区渣石挖净现场图

（2）台阶高度 10m，平均孔深 12m，孔距 6m，排距 4m，现场爆破效果如图 8-12 和图 8-13 所示。

图 8-12 爆区爆破后现场图

图 8-13 爆区渣石挖净现场图

（3）台阶高度 10m，平均孔深 12.5m，孔距 6.5m，排距 3.8m，现场爆破后效果如图 8-14 和图 8-15 所示。

（4）台阶高度 10m，平均孔深 12m，孔距 6.5m，排距 4m，现场爆破后效果如图 8-16 和图 8-17 所示。

（5）台阶高度 10m，平均孔深 12m，孔距 6.5m，排距 4.2m，现场爆破后效果如图 8-18 和图 8-19 所示。

图 8-14　爆区爆破后现场图

图 8-15　爆区渣石挖净现场图

图 8-16　爆区爆破后现场图

图 8-17　爆区渣石挖净现场图

图 8-18　爆区爆破后现场图

图 8-19　爆区渣石挖净现场图

（6）台阶高度 10m，平均孔深 12m，孔距 7m，排距 4m，现场爆破后效果如图 8-20 和图 8-21 所示。

图 8-20　爆区爆破后现场图　　　　　　　图 8-21　爆区渣石挖净现场图

（7）台阶高度 10m，平均孔深 12m，孔距 7m，排距 4.2m，现场爆破后效果如图 8-22 和图 8-23 所示。

图 8-22　爆区爆破后现场图　　　　　　　图 8-23　爆区渣石挖净现场图

砂岩不同孔网参数对应的爆破效果统计如表 8-2 所示。

表 8-2　砂岩不同孔网参数对应的爆破效果统计明细表

孔距 /m	排距 /m	台阶高度 /m	平均孔深 /m	岩石类型	单耗 /kg·m⁻³	地脚数量 /个	大块数量 /个	爆堆抛掷距离
6	3.5	10	12	砂岩	0.36	2	2	适中
6	4	10	12	砂岩	0.42	2	4	适中
6.5	3.8	10	12.5	砂岩	0.38	2	3	适中
6.5	4	10	12	砂岩	0.39	2	4	适中
6.5	4.2	10	12	砂岩	0.37	4	6	稍近
7	4	10	12	砂岩	0.37	3	3	适中
7	4.2	10	12	砂岩	0.39	6	8	稍近

　　由结果可见，页岩最佳孔网参数为 7m×4m，此时单耗较小，地脚和大块也较适中。

8.1.2.3　页岩

　　（1）台阶高度 10m，平均孔深 12m，孔距 6.2m，排距 3.5m，现场爆破后效果如图 8-24 和图 8-25 所示。

图 8-24　爆区爆破后现场图　　　　　图 8-25　爆区渣石挖净现场图

　　（2）台阶高度 10m，平均孔深 12m，孔距 6.6m，排距 3.5m，现场爆破后效果如图 8-26 和图 8-27 所示。

图 8-26　爆区爆破后现场图　　　　　图 8-27　爆区渣石挖净现场图

　　（3）台阶高度 10m，平均孔深 12m，孔距 6.8m，排距 4m，现场爆破后效果如图 8-28 和图 8-29 所示。

　　（4）台阶高度 10m，平均孔深 12m，孔距 7m，排距 4m，现场爆破后效果如图 8-30 和图 8-31 所示。

　　（5）台阶高度 10m，平均孔深 12m，孔距 7m，排距 4.2m，现场爆破后效果如图 8-32 和图 8-33 所示。

图 8-28 爆区爆破后现场图

图 8-29 爆区渣石挖净现场图

图 8-30 爆区爆破后现场图

图 8-31 爆区渣石挖净现场图

图 8-32 爆区爆破后现场图

图 8-33 爆区渣石挖净现场图

（6）台阶高度 10m，平均孔深 12m，孔距 7.2m，排距 4m，现场爆破后效果如图 8-34 和图 8-35 所示。

（7）台阶高度 10m，平均孔深 12m，孔距 7.5m，排距 3.6m，现场爆破后效果如图 8-36 和图 8-37 所示。

图 8-34　爆区爆破后现场图

图 8-35　爆区渣石挖净现场图

图 8-36　爆区爆破后现场图

图 8-37　爆区渣石挖净现场图

　　爆破效果较好，大块率低，炮堆松散度好，挖运效率高，挖运完成后根底出现异常情况，是由于装药前有三个孔内积水，炸药未能装到底部，出现了较多根底。

　　（8）台阶高度 10m，平均孔深 12m，孔距 7.5m，排距 4m，现场爆破后效果如图 8-38 和图 8-39 所示。

图 8-38　爆区爆破后现场图

图 8-39　爆区渣石挖净现场图

（9）台阶高度10m，平均孔深12m，孔距7.5m，排距4.2m，现场爆破后效果如图8-40和图8-41所示。

图 8-40 爆区爆破后现场图　　　　图 8-41 爆区渣石挖净现场图

页岩不同孔网参数对应的爆破效果统计如表8-3所示。

表 8-3 页岩不同孔网参数对应的爆破效果统计明细表

孔距 /m	排间 /m	台阶高度 /m	平均孔深 /m	岩石类型	单耗 /kg·m⁻³	地脚个数 /个	大块个数 /个	爆堆距离
6.2	3.6	10	12	页岩	0.41	1	0	较远
6.6	3.5	10	12	页岩	0.39	0	0	较远
6.8	4	10	12	页岩	0.39	1	2	适中
7	4	10	12	页岩	0.33	1	3	适中
7	4.2	10	12	页岩	0.31	4	3	较近
7.2	4	10	12	页岩	0.31	2	2	适中
7.5	3.6	10	12	页岩	0.33	6	0	较远
7.5	4	12	14	页岩	0.298	1	2	适中
7.5	4.2	10	12	页岩	0.284	4	3	较近

由结果可见，页岩最佳孔网参数为7.5m×4.2m，此时单耗最小，地脚和大块也较少。

8.1.3 结果分析

通过上述可知：次生变质岩最佳孔网参数应为6m×4m、砂岩最佳孔网参数为7m×4m、页岩最佳孔网参数为7.5m×4.2m。孔网面积最小为24m²，最大为31.5m²，平均孔网面积为27.3m²。孔网面积较之前的单一孔网5m×4m，面积增加7.3m²，提高36.5%，也就是爆破相同的火区量，新的孔网面积较之前孔网爆破次数可减少 26.7%，人员因火区爆破造成的危险性直接降低 26.7%。

8.1.4　二次爆破处理大块和根底

通过上述分析，扩大孔网面积，增加了一定量的大块和根底，需二次处理[181]。

8.1.4.1　大块处理

大块使用浅孔爆破处理，孔径为 35~42mm，钻爆参数如表 8-4 所示，按堵塞长度控制装药量，是我们在大量解炮工作中总结出的一套办法，可以较好地控制飞石，爆后大块底部炸碎，上部开花，无论从安全上讲还是从爆破效果上讲都能达到满意。

表 8-4　二次破碎大块的钻爆参数

孔深/m	最小抵抗线/m	孔间距/m	堵塞长度
1.5 以上	1.0~1.2	1.0~1.2	0.75~1.0m
1.0~1.5	0.8~1.2	0.8~1.0	1/2 孔深
0.5~1.0	等于孔深	等于孔深	3/5 孔深
0.5 以下	等于孔深	等于孔深	4/5 孔深

8.1.4.2　拉底爆破

火区爆破，处理地脚，打抬炮与深孔一起爆破，影响装药时间，安全隐患大，故不采用。处理地脚，一般单独拉底处理。

底板欠挖超过 1.0m 的不多，一般钻直孔，多超一点钻，拉大一点孔距，在经济上上是合理的。拉底浅孔爆破可参照表 8-5 钻孔装药，一般都是用瞬发雷管同时起爆，钻孔时一般先钻最深孔，然后钻周围浅孔。

表 8-5　拉底浅孔爆破参数表

欠挖高度/m	1.0	0.8	0.6	0.4	0.3	0.2
孔深/m	1.2	1.0	0.8	0.7	0.6	0.5
孔间距/m	1.0	0.7	0.6	0.5	0.5	0.4
装药量/kg	0.5	0.4	0.35	0.3	0.25	0.2

大块和地脚的处理，除了使用钻孔爆破的方法外，还可以使用液压破碎锤机械破碎，尤其是大块或地脚处于高温时，可使用液压破碎锤及时处理，而不用等其温度降至 60℃ 以下再进行爆破，以免因大块地脚处理不及时而降低挖装效率和爆破效果。液压破碎锤使用内容可见下节。

8.2 机械破碎、强挖火区岩石

火区高温岩石破碎，除了使用爆破外，也可以采取机械破碎的方法，如现今比较常用的液压破碎锤破碎技术。液压破碎锤破碎技术，直接对岩石进行破碎，无须对岩石进行钻孔爆破，从而避免了高温装药爆破带来的危险，但液压破碎锤效率相对钻孔爆破来说较低，且使用过程对操作人员要求较高。本节将对此进行介绍研究。

8.2.1 液压破碎锤

8.2.1.1 定义

自 1963 年德国克虏伯公司提出第一份关于液压冲击机械专利申请，1967 年德国汉诺威展览会上，克虏伯公司展出了世界上第一台液压破碎锤—HM400 型液压破碎锤，液压破碎锤已经走过了四十多年的发展历程。液压破碎锤已经成为液压挖掘机的一个重要作业工具或叫作附件（at-tachment），现有又有人将液压破碎锤安装在挖掘装载机（又称两头忙）或轮式装载机上进行破碎作业，液压破碎锤的使用范围正在扩大[182]。

液压破碎锤，又叫作液压破碎器（hy-draulic breaker）或液压碎石器（hydraulic rock breaker），日本，韩国多用此术语。也有称之为液压锤（hydraulic hammer，芬兰、德国的公司多用此术语。我国国家标准的术语称之为液压冲击破碎机（hydraulic impact breaker），但是几乎无人使用此术语。我国的厂商与用户，有称之为液压破碎机的，也有称之为液压冲击器、液压破碎器，液压镐、液压炮、破碎头等，名称虽然五花八门，但都是指的同一机具，这种机具是以液体静压力为动力，驱动活塞往复运动，活塞冲程时高速冲击钎杆，由钎杆破碎矿石、混凝土等固体。笔者认为，将这种机具称为液压破碎锤比较贴切。

液压破碎锤，这个名词包含了三层意义：

（1）以"液压"为动力。

（2）主要功能是"破碎"。

（3）破碎功能是"锤"击（即冲击）作用产生的。

8.2.1.2 液压破碎锤发展状况

液压破碎锤经历了 40 多年的发展，已经从当初结构复杂、功能单一的形式发展到现在产品多样化、系列化。目前液压破碎锤的种类繁多，如韩国水山系列 15 种，工兵系列 11 种，日本 FURUKAWA 公司有 14 种等，并且商家还可根据用户的需要进行设计生产[183]。

世界工业发达的国家都在生产不同技术性能和结构的液压破碎锤，如瑞典、韩国、美国、日本等，其中韩国 GB（工兵）破碎锤、Sonsan（水山）破碎锤、KOMAC（工马）破碎锤、SG（广林）破碎锤、KOORY（高力）破碎锤、DEMO（大模）破碎锤、S.J.（世进）破碎锤为主要代表；美国的 CAT（卡特彼勒）破碎锤、STANLEY（史丹利）破碎锤；德国 KRUPP（克虏伯）破碎锤；日本 FURUKAWA 古河破碎锤、KOMATSU（小松）、TOKU（东空）破碎锤；芬兰的 RAMMER（拉莫）破碎锤。国内有 SWH（湖南山河智能公司）破碎锤、安徽惊天破碎锤、山西长治破碎锤。我国的液压破碎锤经过了几十年的研究，已取得了很大的进展，如长沙矿山研究院研制的 SYD-400 型、SYD-1200 型和 SYD-2000 型液压破碎锤及北京科技大学研制的 YS-5000 型液压破碎锤，均已通过部级坚定；中南大学对液压破碎锤多档和独立无级调频调能方面也进行了研究[184]。

目前国外生产的液压破碎锤各有优势，综合来看，其性能的发展主要有以下几个趋势。

（1）冲击能大。为了提高破碎效率，冲击器应提供尽可能大的冲击能，这是衡量冲击器性能的主要指标。

（2）能量利用率高。

（3）易于维修和更换部件。

（4）活塞行程可调，以改变冲击频率和冲击能，使冲击参数适于所要破碎的岩石硬度条件和冲击阻力。

（5）引进了"智能破碎冲击器技术"。可根据前次打击的阻力来决定输出，连续控制冲击能量。使冲击波、共振、发热和震动都相应降低，并使钎具的寿命延长，噪声下降。

从 2003 年的北京工程机械展看到，韩国的液压破碎锤已在我国液压破碎锤市场占了很大的比例，并且许多生产液压破碎锤的厂家都在为国外代销，国内自己的产品极少。从这一事实可以看到，我国的液压破碎锤主要靠引进国外产品和技术进行生产，或是在国外产品的基础上加以改进而成为自己的产品，还没有能力进行新产品的研制与开发。

8.2.2　液压破碎锤型号

现在液压锤市场十分兴旺，韩国、日本、德国、美国、芬兰、意大利等国的多种型号液压锤充斥我国市场。国内也有一些厂家提供一些型号的液压锤产品。液压锤的型号是销售商和用户都十分注意的重要信息，但型号究竟能告诉我们什么信息呢？液压锤的型号一般由字母和数字组合而成[185]。

8.2.2.1 型号中数字表示适用挖掘机的机重

有一些公司的一些液压锤型号中的数字表示适用挖掘机的机重等级，如 GB170 型号中 GB 是韩国工兵公司的缩写（General Breaker），数字 170 表示此型号液压锤适用于机重为 170kN（即 17t）左右的挖掘机，即适用于 13~20t 的挖掘机。以此类推，GB220、GB290 表示的是工兵公司液压锤，适用挖掘机的机重分别是 22t、29t 级。

液压锤型号 KB1500、KB2000、KB3500、KB4000、KB5000 中的 KB 表示韩国工马公司（Komac Rock Breaker）破碎锤，数字 1500、2000、3500、4000、5000 分别表示适用挖掘机机重为 15t、20t、35t、40t 和 50t 左右。

SG1200、SG1800、SG2800、SG3200 表示是韩国广林产机（SANGI）公司的液压锤，适用挖掘机重量分别是 12t、18t、28t 和 32t 左右。

F1、F2、F3、F4、F5、F6、F9、F12、F19、F22、F27、F35、F45、F70 是日本古河公司 F 系列液压锤，适用挖掘机重量分别是 1t、2t、3t、4t、5t、6t、9t、12t、19t、22t、27t、35t、45t、70t 左右。

8.2.2.2 型号中的数字表示适用挖掘机的斗容

液压锤的型号 SB50，SB 表示韩国水山公司液压破碎锤（Soosun Hydraulic Breaker），数字 50 表示适用挖掘机斗容为 $0.45~0.6m^3$，即 $0.5m^3$ 左右。以此类推，SB60、SB80、SB130 表示水山公司液压锤适用挖掘机的斗容分别是 $0.6m^3$、$0.8m^3$、$1.3m^3$ 左右。

液压锤的型号 D60、D70、D90 分别表示大农（Dainong）公司液压锤，适用挖掘机斗容为 $0.6m^3$、$0.7m^3$、$0.9m^3$ 左右。

GT80 是马鞍山惊天公司液压锤的型号，表示适用挖掘机斗容为 $0.8m^3$。

8.2.2.3 型号中的数字表示液压锤的质量

液压锤的型号 IMI260 中 IMI 表示意大利意得龙（IDROMECCANICA ITALIANA），260 表示液压锤质量为 260kg，类似的，IMI400、IMI1000、IMI1200 都是意大利意得龙液压锤，锤分别为 400kg、1000kg、1200kg。要注意质量中是否包含了机架的质量，意得龙的液压锤锤重是包含了机架的质量的。而湖南山河公司的液压锤的重量是不含机架质量的。SWH1000 型号中的 SWH 表示山河公司（SUNWARD HYDRAULIC IMPACT HAMMER）液压锤，1000 表示裸锤质量为 1000kg（不含机架质量）。

长治液压件厂液压锤型号 YC70、YC110、YC750 中的 YC 是液压破碎冲击器的汉语拼音缩写，70、110、750 是表示锤的使用质量分别为 70kg、110kg、

750kg。使用质量（operating weight）是一个外来术语，也可译为操作质量，也有称之为工作质量的（working weight）。并没有见到锤的操作质量或工作质量的确切定义，按照字面定义，可理解为工作时的总质量，理应包含锤体质量（body weight）、机架质量（bracket weight）、连接器质量（coupler weight）以及胶管质量、液压锤内的油液质量等。尚不知制造商对此是怎么理解的，如果大家对工作质量的理解不一致，不如使用锤体质量（包含钎杆）或总质量（包括机架）等比较明确的概念。

8.2.2.4　型号中的数字表示液压锤钎杆直径

液压锤钎杆是液压锤直接破碎岩石或混凝土的工具，也没有统一的术语，有称之为凿杆（chisel）的，也有称为钎杆（rod）或工具（tool）。

液压锤型号 KrB68，字母 KrB 是韩国高力公司液压锤（Koory Breaker）的缩写，数字 68 表示液压锤的钎杆直径为 68mm，类似地，KrB85、Kr100、KrB125、KrB140、KrB15 都是高力公司液压锤，这些液压锤的钎杆直径分别是 85mm、100mm、125mm、140mm、155mm。

一般型号中的数字表示液压锤钎杆直径的范围，如 H120、H130 是卡特彼勒（Caterpillar）公司液压锤，他们的实际钎杆直径分别 115mm、130mm。

8.2.2.5　型号中的数字表示液压锤的冲击能

液压锤型号 CB370，型号中的 CB 表示凯斯公司（Case Breaker），370 表示液压锤的冲击能为 370J 左右。类似地，CB620、CB1150、CB2850 表示冲击能分别为 620J、1150J 和 2850J 左右的凯斯公司液压锤。

PCY80、PCY300、PCY500 是通化风动工具厂液压锤的型号。PCY 是液压破碎冲击器的汉语拼音缩写。80、300、500 表示冲击功分别为 80N·m、300N·m、500N·m、左右。

YC2000 是广东佛山纺织机械厂生产的液压锤型号。YC 是液压锤的汉语拼音缩写。2000 表示冲击能为 2000J 左右。

8.2.2.6　型号中的数字仅表示液压锤的设计序列号

也有不少液压锤型号中的数字无法诠释其确切的含义。不知道其携带的确切信息，只好理解为它是厂商给液压锤的一个设计系列号，区别不同液压锤的一个记号。

它们共同的特点是型号中数字越大，则液压锤的重量越大，钎杆直径越大，冲击能越大。如 S21、E61、G100 均是芬兰锐马公司液压锤型号，S 系列是小型液压锤，E 系列是中型液压锤，G 系列是大型液压锤。型号中的数字是液压锤的序号，没有特殊意义。类似地市场上的 HM60-HM230、HM350-HM780 和 HM960-HM4000 分别表示德国克虏伯公司的小、中、大型液压锤，数字仅是序号。

8.2.3 液压破碎锤选型

了解了液压锤型号中数字的含义，对挖掘机用户选型配套液压锤有很大的帮助[186]。

8.2.3.1 根据型号直接选配液压锤

（1）按挖掘机机重选配液压锤。如果液压锤型号中的数字表示了适用挖掘机的机重（整机质量），可以根据挖掘机机重与液压锤型号直接选配。

（2）按挖掘机斗容选配液压锤。如果液压锤型号中的数字表示了适用挖掘机的斗容，可以根据挖掘机斗容与液压锤型号直接选配。斗容与液压锤重量有如下关系式：

$$W_h \approx (0.6 \sim 0.8)(W_b + \rho V)$$

式中　ρ——砂土密度，$\rho = 1600 \text{N/m}^3$；

　　　V——挖掘机铲斗容量，m^3；

　　　W_b——挖掘机铲斗自身重量，$W_b = W_1 + W_2 + W_3$；

　　　W_1——液压锤锤体（裸锤）重量；

　　　W_2——钎杆重量；

　　　W_3——液压锤机架重量。

8.2.3.2 根据型号间接选配液压锤

如果液压锤型号中的数字表示液压锤的质量，或是表示液压锤钎杆直径，或是液压锤型号中的数字表示液压锤的冲击能，一般是根据制造商提供的选型指南表或是同行的经验进行挖掘机的选配。

锤重与钎杆直径这两个参数，可以简便地、直接地检验与测量，检测得到的数据是可靠的、稳定的，不随条件与工况的变化而变化，是直接参数，或说是精确参数，硬参数。如果液压锤型号中的数字表示液压锤的冲击能，直接表明了液压锤的破碎能力，间接表明了所需承载机械的大小。

值得注意的是，冲击能的检测是一件非常困难的事，需要各种仪器设备，冲击能很难直接测量，往往要通过电量的测量进行转换，需要专业人员进行采样、标定、计算。冲击能是一个不可靠的参数，检测方法、设备和环境条件不同，检测的结果也不同，甚至相差甚大。冲击能也是一个不稳定的参数，液压锤加工质量不同，工作状况不同，测得的结果也不同，甚至相差甚大。冲击能还是一个间接参数，或曰模糊参数，软参数。因此，用户对于液压锤样本或说明书中所标明的冲击能数字，千万不可轻信，只能作为参考，它们往往是夸大的，没有可靠的试验依据的。

　　美国的建筑工业制造商协会（CIMA）所属的机载式破碎锤制造商分会（MBMB）已经制定了液压锤冲击能（IE）测试方法的统一标准，CIMA 测试方法对所测液压锤发给冲击能认证书。锐马（Rammer）液压锤、卡特（CAT）液压锤、加拿大 BTI 液压锤和水山液压锤已获 IE 认证。

　　以上谈的都是液压锤与挖掘机重量的匹配，考虑的是液压锤作业时反作用力要与挖掘机的下压力平衡。除此种考虑之外，液压锤所需的油液压力和流量也要与挖掘机供油压力和流量相匹配。所幸的是，目前生产的挖掘机液压泵的流量与压力都能满足液压锤的需要。但是如果超出过多，对液压锤与挖掘机都是有害的，需要调压和选择适当的流量。如果液压泵的压力与流量不足，则液压锤的破碎能力也不足，甚至根本不能工作。

8.2.4　破碎锤的构成和原理

8.2.4.1　破碎器本体的结构

　　液压破碎器由液压破碎器本体、托架等零部件组成。破碎器本体是液压破碎器关键部件[187]。破碎器主体构造如图 8-42 所示。

8.2.4.2　液压破碎器驱动方式的分类

　　常见液压破碎器的工作原理，按照驱动方式可以划分为"液压、气压并用方式"、"液压直动方式"和"气压驱动方式"。在"液压、气压并用方式"中又可分为"下部常时高压上部

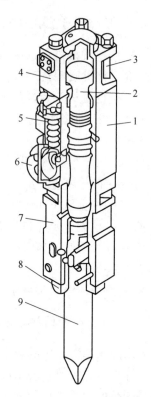

图 8-42　破碎器主体构造图
1—液压缸；2—活塞；3—边杆螺栓；
4—后盖；5—换向阀；6—蓄能器；
7—前盖；8—钢凿衬套；9—钢凿

反转"和"上部常时高压下部反转"方式。所谓"下部常时高压上部反转"是在活塞下部作用高压油，活塞上部进行高、低压油切换，当活塞上部作用高压油时获得打击力（作用低压油时，活塞向上运动）。为了提高打击效率，减少压力波动，在活塞顶部的腔室内，充有氮气。被充较高压力氮气的视为"重气体型"；反之，被充较低压力氮气的视为"重液压型"。为了防止打击过程中，液压系统

压力骤然降低，蓄能器配置在进油回路。有些则简化了破碎器结构，没有蓄能器装置。

8.2.4.3 破碎锤的工作原理

以"液压、气压并用"，"下部常时高压，上部高、低压转换"形式的反转驱动方式为例，工作原理（见图 8-43）说明如下。

由图 8-43 可见活塞上部的 D_1 直径小于下部的 D_3 直径，分别与活塞的 S_2 直径形成了上、下不同的作用面积 S_1 和 S_2。S_1 称为"上部承压面"，S_2 称为"下部承压面"，且 $S_1>S_2$。

作用于 S_1 的腔室称为"反转腔"，作用于活塞顶部 S_3 的腔室称为"氮气腔"。

当下部承压面 S_2 承受了来自液压系统的高压油压力，换向阀处于图 8-43 所示位置时，活塞向上运动（此时反转腔为低压）。

当活塞向上运动后，切换了换向阀右端的液压先导油（从原先的低压状态切换成高压状态）。换向阀阀芯二端的作用面积与活塞相同的作用面积不同，即控制右端的作用面积大于左端的作用面积。由于阀芯二端控制面积的差异，使得换向阀切换到图 8-44 所示位置。

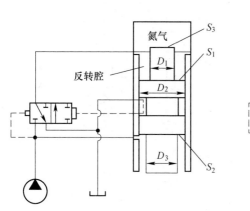

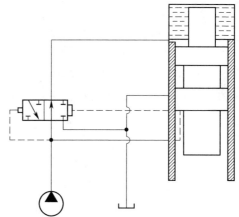

图 8-43 活塞位于底端起始工况图　　　图 8-44 活塞上升至顶端工况图

切换后的换向阀，使活塞"反转腔"从低压状态转换到高压状态，S_1 面积上因此受到高压。此时上、下承压面 S_1、S_2 同时受到高压油的作用，因 $S_1>S_2$，使得活塞向下方向打击。

当活塞打击钢凿之后，此时活塞重新回复到下端工作位置，并切换了换向阀的先导油（从高压状态切换成低压状态），再次回到图 8-43 状态，破碎器以此循环打击。

　　打击循环中，当活塞受下部的高压油作用而向上运动时，压缩上部氮气腔内的氮气，氮气腔吸收了回程能量；在活塞向下打击时，释放氮气能量，从而提高打击力。

8.2.4.4　打击次数可变装置

　　针对破碎器打击物不同，打击力与打击次数的要求不一致。一些要求打击力不大的破碎场合，需要提高打击频率以提高打击效率。有些破碎器设有打击次数可变装置，只能通过可变装置切换，来获得不同的打击次数。

　　打击频率可变的破碎器工作原理就是改变活塞的工作行程。由图 8-45 可见，活塞回程向上运动时，活塞到达打击次数可变装置的回路，提前切换换向阀右端的液压先导油，使得换向阀提前切换。

　　因此，破碎器高速打击时，活塞的行程变短，打击次数增加，而打击力则减小。

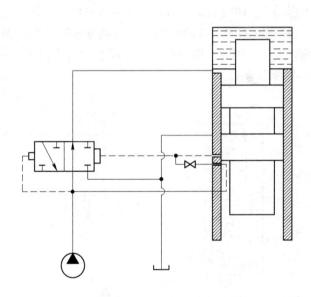

图 8-45　打击频率可变装置

8.2.4.5　托架

　　A　托架的形式

　　本体通过与托架安装，成为液压破碎器。托架按照安装的结构形式分有立式和卧式二种。立式托架 [见图 8-46 (a)] 又被称作顶装式、竖式托架；卧式托架 [见图 8-46 (b)] 又被称作侧装式、枪式托架。

B 低噪声托架

托架增加减震橡胶结构，降低破碎器工作时的噪声，较适合于城市的夜间作业。

C 立式托架与横式托架的优缺点

立式托架优点。箱式结构形式，能较好保护破碎器本体；向上破碎作业性能好，能对水沟等狭小位置破碎作业；传递破碎压力较好；托架比较结实；容易实现防噪声结构。

立式托架缺点。与挖掘机安装点到钢凿头部的距离远，作业定位较为困难；重量较大；维修保养稍为困难。

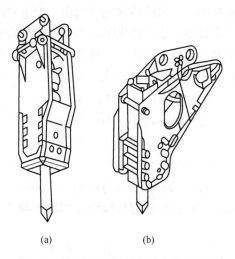

(a) (b)

图 8-46 立式和卧式托架破碎器外形图

卧式托架优点。安装高度小，作业较容易定位；操作方便；重量较轻；结构简单，维修方便。

卧式托架缺点。托架焊接结构和安装螺栓承载力较大；防噪声结构实现困难大。

D 托架形式的应用状况

托架形式不同各有各自的特点，但是托架形式的采纳，往往受使用者的使用习惯影响。因此，使用何种形式的托架与使用地域有关。欧美国家大都使用立式托架，日本大都采用横式托架。我国华北地区较早接受欧美破碎器，因而受其影响较大，大都采用立式托架。华东、华南和东北（除了黑龙江外）地区大都采用横式托架。

8.2.5 破碎锤的作业形式

液压破碎器的破碎作业方式大致分成贯穿破碎法和冲击破碎法两种形式。

A 贯穿破碎施工法

贯穿破碎施工即使钢凿插入破碎物，由此产生裂缝。贯穿破碎施工对于混凝土及较疏松的岩石等比较易破碎对象较为适用。此施工时，普遍采用尖头钢凿。

B 冲击破碎施工法

冲击破碎施工犹如用榔头敲打石块，最终获得石块分割。

冲击破碎施工常用于坚硬、脆性、高硬度天然石的破碎，或高标混凝土构建的拆除。此施工法，较为普遍采用平头钢凿。

对于上述的两种不同的破碎施工方法，在施工作业中除了根据作业对象，还得根据液压破碎器状况来选用。冲击破碎施工法要求大的打击力，液压破碎器需要配置蓄能器，提供强有力冲击能量的连续释放。因此，大打击力的破碎器即满足冲击破碎施工法，也适合使用于贯穿破碎施工法。而擅长贯穿施工法的液压破碎器不适合冲击破碎施工法。

　　C　破碎锤使用注意事项

　　液压破碎锤使用中应注意以 6 点[188]：

　　（1）为获得最大破碎力，并减小钎杆与导向套的磨损，使用液压破碎锤作业时，钎杆应垂直于破碎体，如图 8-47 所示。

　　（2）对在同一处连续打击 1min 后，如果不能将破碎体破碎或穿透，应选择易于破碎的断面进行破碎，如图 8-48 所示。

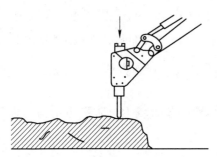
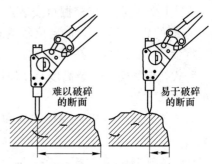

图 8-47　钎杆垂直于破碎体　　　　　图 8-48　破碎阻力较大时更换打击位置

　　（3）为了避免空打的现象，在打击时应使钎杆头部始终紧压在被破碎面上。

　　（4）在被破碎物已被破碎后，应立刻松开液压破碎锤操作踏板或手柄，使液压破碎锤停止打击，如图 8-49 所示。

　　（5）在钎杆进入到破碎物中时，不得使液压破碎锤前、后、左、右摇动，否则会造成液压破碎锤螺栓、钎杆等零件扭曲或折断，以及钎杆及导向套的异常磨损，如图 8-50 所示。

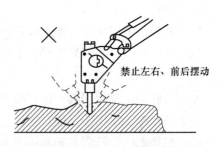

图 8-49　物体破碎后停止打击　　　　　图 8-50　禁止操作液压破碎锤摇动

（6）工作完毕后，应将液压破碎锤的钎杆与地面垂直放置，以将活塞压致缸体内腔中，对活塞起到一定的保护作用。

8.2.6 破碎锤的运用

液压破碎锤在煤矿高温火区，可用于破解大块和强挖岩石。

8.2.6.1 破碎大块

宁夏大石头煤矿高温火区，受钻孔质量、孔网参数、装药量等影响，爆破后存在大量的高温大块，高温大块使用钻孔爆破处理时，需要等其温度降至60℃以下才可装药。高温大块的降温时间普遍需要一天以上，尤其是在夏天或者大块温度高温200℃以上时，自然降温三天炮孔温度仍可达100℃以上。高温大块无法及时处理，一方面占据工作面，影响挖机工作摆放和工作效率；另一方面不利于采区整体形象。液压破碎锤破碎大块，则避免了装药爆破对炮孔温度的要求，可直接进行破碎。

在宁夏大石头煤矿，现场使用CAT330C配合破碎锤对大块进行破碎，破碎的岩石坚硬。尺寸和破碎时间记录如表8-6所示。

表8-6 不同尺寸大块破碎时间统计

大块序号	大块尺寸/cm×cm×cm	大块破碎时间/s
1	60×70×80＝0.336m³	50
2	100×90×30＝0.27m³	25
3	70×110×50＝0.385m³	40
4	130×80×70＝0.728m³	52
5	70×80×40＝0.224m³	10
6	120×130×110＝1.716m³	182
7	160×210×90＝3.024m³	373
8	150×110×80＝1.32m³	126

由表8-6可知：

（1）相同形状岩石，岩石越硬，破碎时间越长。

（2）相同岩性、体积岩石，越扁越容易破碎。

（3）小尺寸岩石，破碎成本更低。

（4）特大尺寸岩石，小型破碎锤破碎难易使用，应选用大型挖机配破碎锤。

故破碎锤破碎过程中，应重点对较软、较扁、较小岩石进行破碎，以提高大块处理效率。对大块、坚硬岩石，可使用钻孔爆破处理。

大石头露天煤矿，通过统计发现，1 台破碎锤单班（8h）破碎量可达 $200m^3$ 以上。通过钻孔爆破和液压破碎锤的综合利用，有效解决高温大块的问题，实现了大块当天处理的目的。

8.2.6.2　破碎岩石

煤矿高温火区，高温岩石、高温地脚也可以使用机械进行破碎。主要分为破碎锤破碎和机械强挖两类。

A　破碎锤破碎

使用破碎锤对岩石破碎，无须进行爆破，从本质上避免危险。

李云云等人在某石灰石矿（中厚层灰岩），使用 CAT320D 挖机配 HB2200 破碎锤，生产台阶高度为 7.5m，最小工作平台初始宽度确定为 20~30m，正常工作为 30m 以上[189~191]。破碎锤性能参数如表 8-7 所示。

表 8-7　HB2200 破碎锤性能参数

冲击频率 /次·min^{-1}	直径 /mm	有效长度 /mm	生产能力 /t·h^{-1}
280~550	150	650	110~330

火区岩石一般为砂岩，硬度和石灰石矿相似。由上述可知，每小时生产能力 110~330t/h，相当于 48~143m^3。按每天工作 20h，可知破碎锤每天可破碎 960~2860m^3 岩石，产量较高。但液压破碎锤使用过程对挖机损坏较大，且油耗较高，导致成本较正常爆破有较大提高，故需要合理安排使用。

B　挖机强挖

火区页岩，由于长时间受高温影响，岩石裂隙多、节理发达。其炮孔温度较高，温度可达 300℃以上，爆破效率较低，且安全风险高，此时无需使用破碎锤破碎，可采取挖机进行强挖，但应使用大型挖机。在宁夏大石头煤矿，使用 VOLVO EC460B 挖机进行强挖。该挖机参数如表 8-8 所示。

表 8-8　VOLVO EC460B 挖机参数表

主要性能参数			
分　类	履带挖掘机	品　牌	沃尔沃
整车重量/kg	44500	发动机功率/kW	235
发动机排量/L	12.1	最大挖掘高度/mm	11110
最大卸载高度/mm	7780	最大挖掘深度/mm	7570
最大垂直挖掘深度/mm	6710	最大挖掘半径/mm	12000

主要性能参数			
分　类	履带挖掘机	品　牌	沃尔沃
最小回转半径/mm	5090	动臂长度/mm	7000
斗杆长度/mm	3350	标配铲斗半径/mm	1810
爬坡能力/%	70	尾部回转半径/mm	3800
上车平台宽度/mm	2990	下车平台宽度/mm	3340
整机全长/mm	12150	整机全宽/mm	3340
整机全高/mm	3650	最大牵引力/kN	324.6

据统计，VOLVO EC460B 正常爆破爆堆每天挖装方量为 2000m³，强挖高温火区岩石，每天挖装方量为 700m³ 左右，挖装效率为正常挖装情况的 35%，挖机效率较低，但对施工机械根据挖装方量给予一定补贴，挖运施工队还是乐于强挖。强挖图如图 8-51 所示。

图 8-51　挖机强挖图

高温岩石突然变冷，快速热胀冷缩过程岩石会发生崩裂、破碎、产生裂缝等。故对岩石裂缝少等高温区强挖过程中，可先对整个高温区钻孔，然后用水车或水管注水降温，使得岩石产生裂缝，注水时间越长，产生裂缝越多，越便于强挖。

由于火区高温，挖机进行强挖时应注意安全，避免发生挖机自燃。挖机自燃原因主要有液压油遇到高温而引起自燃、柴油油管的滴漏导致发动机自燃、电器线路短路导致火灾等，尤其在驾驶室下部液压油管路及电气线路交错布置、液压油箱及柴油箱下部沉积油污、发动机线路与柴油管交错布置、长时间连续启动或短间隔多次启动等情况下，极易自燃。可采取以下措施[192,193]。

（1）车体保持干净无油污，杜绝跑冒滴漏。

（2）操作手养成良好的个人习惯，严禁在驾驶室吸烟、工具乱放。

（3）灭火尽量不要用水，特别是电路油路起火部分。

（4）必须要配灭火器，每台挖机配备灭火器不得少于 3 个，灭火器应选择容量大的，一般为 6~10L。

（5）做好挖掘机点检定修管理和设备现场交接。交接班必须认真点检设备。

（6）建立设备火灾管理预案，对设备重大危险源制定专项措施。经常开展专项安全教育，提高设备防自燃意识和特殊情况应对能力。

（7）对地表高温区，挖机连续强挖时间进行控制。强挖一段时间后，挖机必须撤离高温区进行自然降温，挖机降温后再进入高温区强挖。

（8）对地表温度过高区域，可先对该区域洒水降温，然后挖机在进入作业。但需要注意的是洒水降温后，地表会出现水汽，影响作业视线，当水汽较浓时，挖机应暂时不作业或选择上风口作业，且现场应有调度指挥。

8.3　小结

（1）采用弱松动爆破技术，煤矿火区根据岩石坚硬程度分为易爆岩石、中等可爆岩石、难爆岩石三类，在爆破效果可接受前提下，在现场摸索各类岩石的最佳孔网参数，得出次生变质岩最佳孔网参数应为 6m×4m、砂岩最佳孔网参数为 7m×4m，页岩最佳孔网参数为 7.5m×4.2m。将孔网面积较未分类之前提高了 36.5%，也就是爆破相同的火区量，新的孔网面积较之前孔网爆破次数可减少 26.7%，人员因火区爆破造成的危险性直接降低 26.7%，相对有效提高了煤矿火区高温爆破的安全性。虽然弱松动爆破大块率、根底会有一定增加，但可使用二次爆破或破碎锤处理，不会对挖运效率造成较大影响。

（2）根据液压破碎锤型号、选型等，选择合适液压破碎锤，采取正确的作业形式，对煤矿高温火区岩石进行机械破碎。在大石头煤矿统计或理论分析发现 1 台破碎锤单班（8h）破碎大块量可达 200m³ 以上，每天可破碎 960~2860m³ 岩石，具有较高的作业效率，可辅助对煤矿火区处理。但液压破碎锤使用过程对载体挖机损坏较大，且油耗较高，导致成本较正常爆破有较大提高，故需要合理安排使用。

（3）对温度较高、裂隙发育、岩石较软岩石使用挖机进行强挖，具有一定的可行性。在大石头煤矿统计发现，VOLVO EC460B 强挖高温火区岩石，每天挖装方量为 700m³ 左右，挖装效率为正常挖装情况的 35%，虽然挖机效率较低，但对施工机械根据挖装方量给予一定补贴，挖运施工队还是乐于强挖。需要注意的是，挖机强挖过程，挖机受高温影响，存在自燃可能性，安全隐患较大，需要针对性的采取车体保持干净无油污、严禁在驾驶室吸烟、配备灭火器等安全措施。

　　(4) 液压破碎锤机械破碎、挖机强挖等作业，避免了装药爆破过程的风险，实现了煤矿高温岩石处理的本质安全性，虽然其效率相对较低，成本较高，但仍作为爆破法处理煤矿火区高温岩石的一种补充手段，尤其在无法进行装药爆破或装药爆破满足不了产量需求时。

第 9 章 自动装药装置

若火区爆破装药过程爆区没有人员，全部由设备机械进行装药，则本质上安全有了保证。设备装药分为两种方式，一种是自动化设备，人远程操控，设备完成装药、撤离工序，这种方式设备可循环使用，但开发较困难，且售价会较高；另一思路是使用一种一次性自动装药装置，人远程操控完成装药工作，设备无须撤离，即可起爆，该种装置造价便宜，无须撤退，可节省装药至起爆时间。基于现场实用性，本书作者现场尝试开发了一次性自动装药器。

9.1 自动装药装置结构和使用方法

9.1.1 自动装药装置结构

自动装药装置包括一次性自动装药器和支撑架两部分结构，如图 9-1 所示。

（1）一次性自动装药器包括装药漏斗、挡盖、变力器和固定卡。装药漏斗包括从上到下依次连接的上圆筒、中圆锥筒和下料管。挡盖设置在下料管的下端，且挡盖一侧通过铰链与下料管的下端连接，另一侧通过插销与下料管的下端相连接。变力器设置在下料管上，固定卡设置在上圆筒的上部端口处。

（2）支撑架用于支撑上圆筒与中圆锥筒的连接处，包括三条支腿和铁环，铁环设置在上圆筒与中圆锥筒的连接处，铁环每隔120°连接一条支腿，三条支腿向铁环外侧偏移，与铁环的内夹角为 100°~120°。此外支撑架还包括两根固定杆，两根固定杆连接在三条支腿之间，且固定杆的两端连接在支腿下部位置。

图 9-1 一次性自动装药器整体图

（3）挡盖包括盖板和折边，盖板呈圆形，折边呈圆环状，且折边垂直于盖板，在铰链对面的折边上开有第一圆孔，下料管与第一圆孔叠合位置上开有第二圆孔，第一圆孔和第二圆孔的直径相同，均大于插销的直径。

（4）上述铰链为两折式弹簧合页，由轴销连接的一对叶片组成，一片叶片固定在下料管上，另一片叶片固定在挡盖上。

（5）插销为一端开孔的细棒，插销的未开孔端穿过挡盖和下料管，使挡盖遮住下料管管口。

（6）变力器包括滑轮架和滑轮，滑轮架垂直固定在下料管上，滑轮固定在滑轮架上，且滑轮的顶部与插销位置齐平。

（7）固定卡包括固定架和卡子，固定架设置在上圆筒的上部端口处，并与上圆筒的上部端口位于同一面上，卡子固定在固定架一边，并相离于上圆筒。

通过一次性自动装药器使用过程和效果来看，该装置具有以下几个特点。

（1）上圆筒结构增加了装药容积，降低了装药漏斗的整体高度，中圆锥筒使得炸药可全部快速落入下料管，避免了剩药问题和节省了装药时间，下料管的内径与炮孔的直径相同，既保证了最大下药速度，也避免了炸药落入炮孔外边。

（2）装药漏斗材料厚度和材料类型匹配，使得装药漏斗具有良好的强度和刚性，在炸药装入装药漏斗后时，装药漏斗不会发生变形和破损，保障了装药漏斗的结构完整性。

（3）挡盖包括盖板和折边，折边垂直于盖板，且高度为 1~2cm，由于高度较大，保证了装药漏斗内的炸药不会从折边漏出。

（4）铰链为两折式弹簧合页，弹簧合页的弹性，使得插销拔出时，挡盖能够弹到下料管外侧且固定，不会受重力或风力的影响来回晃动，保证了炸药落入炮孔过程不会受到挡盖的影响。

（5）插销为一端开孔的细棒，且表面光滑，摩擦力小，容易从挡盖和下料管中拔出。

（6）变力器包括滑轮架和滑轮，滑轮顶部与插销位置齐平，使得导爆索下降的冲击力通过滑轮全部转换成对插销的单一拉力，该拉力大于插销受到的摩擦力，可以迅速将插销拉出。

（7）固定卡包括固定架和卡子，固定架位于上圆筒的上部端口，位置最高，增加了相邻圆弧件之间的导爆索长度，降低了导爆索从圆弧件上拉出时的能量损失，使得导爆索可快速下降，保障了必要的冲击力以拉出插销。

（8）圆弧件由塑料制成，具有一定的弹性，高度为 5mm~15cm，其弹性、大小既可保障卡住导爆索，也可使得导爆索的重力势能将导爆索从塑料圆弧上拉出。

（9）支撑架的两根固定杆，两根固定杆连接在三条支腿之间，使得支腿不会在炸药重力的作用下偏移或散架，同时容易通过石块垫支腿，使得支撑架放在炮孔上方，铁环中心正对炮孔中心。

（10）支撑架高度大于中圆锥筒和下料管的加和高度，由于高度较大，一方面抬高了装药漏斗的高度，另一方面给挡盖的打开留下了必要的空间。

（11）滑轮位置可以朝向未连接固定杆的两条支腿之间，没有固定杆影响，使得插插销、固定导爆索、导爆索下落等环节操作简单。

9.1.2　自动装药装置使用方法

自动装药装置使用方法包括安装一次性自动装药器、将粉状乳化炸药倒入漏斗内等，具体步骤如下。

（1）安装一次性自动装药器。此过程是将支撑架放于将装药炮孔上方，然后将一次性自动装药器放于支撑架上，调节支撑架，使一次性自动装药器稳定，并漏斗下口对准炮孔孔口。

（2）导爆索固定于导爆索固定夹。根据导爆索长度，末端和首端各留 2m 长，然后剩下长度每隔 2m 将导爆索选定一个点固定在导爆索固定卡上。

（3）插销通过线绑于首端导爆索。通过插销一端将挡盖盖住漏斗下口，插销另一端连接一根线，线缠绕于滑轮上，线另一头捆绑于导爆索上部，离导爆索首端 2m 左右。

（4）将粉状乳化炸药倒于漏斗内。根据炮孔深度，将计算好的炸药提前倒于漏斗内，倒药过程中一次性倒入，当自动装药器稳定，挡盖未变动，表明插销能够支撑炸药的压力。

（5）自动下导爆索。装药时，将导爆索末端捆绑的石块放入炮孔内，利用石块下降的冲击力自动从导爆所固定卡上拉出导爆索，实现导爆索的自动下放过程，整根导爆索下放时间不超过 5s。

（6）自动装药。当导爆索下放至首端 2m 位置时，快速下放的导爆索拉紧绑与其表面的线，线受力通过滑轮作用于插销，将插销拔出，然后挡盖受上方炸药压力作用，自动弹开，然后炸药快速落入炮孔内，整个装药过程时间在 10s 以内。

上述使用方法在炮区外拉炮线，拉出纸板，使得石头滑入炮孔，利用石头下降的重力势能将导爆索从固定卡上拉出落入炮孔，当导爆索下落至导爆索与细绳连接处时，导爆索下降的重力势能转换为拉力，向下拉住细绳，细绳所受拉力通过变力器转换为对插销的拉力，从而将插销从挡盖和下料管拉出，挡盖在炸药压力作用和铰链的作用下，迅速打开至下料管外侧，炸药无支撑力从而快速从下料管落入炮孔，整个过程中，导爆索下落和装药实现了无人化，且炸药为粉状，装药过程不存在卡孔等风险，具有本质安全性。其次，炮孔无需进行降温等处理，一方面保证了炮孔的完整性，另一方面解决了水源对炮孔数目的影响，可大范围进行爆破，此外装药量可根据炮孔深度而调节，对炮孔深度无限制，提高了爆破效率和爆破质量。最后，采用的原材料来源广泛，整体结构简单，可一次制造成型，价格便宜，可大量使用，经济效益明显。

9.2 自动装药装置工艺流程

9.2.1 技术参数

自动装药装置的一般要求和技术参数如下。

（1）一次性自动装药装置原材料为塑料或薄铁片等普通材质，价格便宜。

（2）一次性自动装药装置结构简单，组装简单，操作方便，爆破员只需要将装药器放在炮孔上方、将导爆索固定于导爆索固定夹上、将炸药倒入漏斗内等几项简单工作。

（3）一次性自动装药装置装药量大，且可调节，现场使用的尺寸可满足 10m 深、φ140mm 炮孔的装药量。

（4）一次性自动装药装置实现了导爆索、炸药的自动下放过程，操作人员可远距离操作，远离炮区，具有本质安全性。

（5）一次性自动装药装置可做到装药至起爆时间短。目前的装药器，对 10m 深炮孔装药，下放导爆索和装药时间只需要 12s，加上起爆时间，也即装药器从装药至起爆时间可控制在 15s 以内，远远低于目前人工操作所需的 5min。

（6）炮孔无须注水或少注水。

（7）上圆筒呈圆筒状，材质为塑料或金属，厚度为 0.2~5mm，材质为金属时厚度取小值，材质为塑料时厚度取大值，内径和高度根据所装炸药量计算，例如 80kg 装药量计算的上圆筒内径为 50~60cm，上圆筒的高度为 40~45cm。

（8）上述中圆锥筒呈圆锥筒形，材质、厚度与上圆筒相同，其锥底内径和上圆筒的内径相同，其锥顶内径与所装炸药的炮孔直径相同，如炮孔直径为 14cm，则中圆锥筒的锥顶内径为 14cm，中圆锥筒的高度为 10~20cm。

（9）下料管为圆筒状，材质、厚度和中圆锥筒相同，下料管的内径与中圆锥筒锥顶内径相同，下料管的长度为 3~7cm。

（10）折边的内径大于下料管的外径 1~3mm，折边的高度为 1~2cm。

（11）细棒由金属材料制成，其直径为 2~4mm。

（12）卡子包括若干个呈 200°~300° 的圆弧件，圆弧件的开口方向朝向上圆筒。

（13）圆弧件由塑料制成，具有一定的弹性，其高度为 5~15mm；直径和导爆索的直径相同，为 5~7mm，导爆索每隔 2m 固定一点在圆弧件上。

（14）固定架呈矩形，由高强度材料构成，如金属等，其未固定卡子的一边固定在上圆筒的上部端口处。

9.2.2　使用材料

用自动装药装置装药使用器材如下。

（1）红外测温仪 1 台。

（2）GW 新型热电偶测温仪 1 台。

（3）测量杆 1 根。

（4）一次性自动装药装置若干（一个炮孔一个，不超过 8 个）。

（5）满足爆破需要的爆破器材（炸药、导爆索、电雷管等）。

（6）A 型导爆索隔热套筒若干，一般为六个。

一次性自动装药装置原材料来源广泛，可成批生产，价格实惠，具有大量使用的前提。其材质为环保材料，在高温炮区不会自燃和自爆，使用后不会对环境造成影响。

9.2.3　工艺流程

自动装药装置使用工艺流程如图 9-2 所示。

（1）测量炮孔深度和温度，计算所装炸药量和导爆索长度，导爆索长度大于炮孔 15 深度 0.5~1m 左右。

（2）导爆索穿入 A 型导爆索隔热套筒。

（3）将导爆索上端连接电雷管，导爆索下端捆绑一个石头，石头重量为 300~500g。

（4）在炮孔的旁边用细渣垫出高倾角斜槽，将石头放在斜槽上，并用纸板的挡住，使得石头无法落入炮孔，纸板的一边连接放炮用废弃炮线，炮线延伸至炮区以外。

（5）将支撑架放在炮孔上方，铁环中心正对炮孔中心，并用石块垫支腿以调节支腿高度，使得铁环水平稳定放置。

（6）将装药漏斗安放在支撑架上，下料管正对炮孔，滑轮位置朝向未有固定杆的两条支腿之间。

（7）将插销的未开孔端插入第一圆孔和第二圆孔，将盖板遮住下料管管口，插销的开孔端用细绳穿入，并将细绳固定在插销上，细绳的未固定端通过滑轮连接在离导爆索绑扎雷管端 2m 的导爆索位置上。

（8）将离导爆索捆绑石头端 2m 的导爆索位置固定在圆弧件上，然后每隔 2m 将导爆索的一部分固定在圆弧件上，直至导爆索长度小于 2m 或者接近细绳与导爆索的连接处。

（9）爆破作业时间，安排人员到各警戒点警戒，将警戒区内人员、设备撤离至安全区域，严禁任何行人车辆进入警戒区。

（10）提前连接好爆破网路，使用串并联电雷管网路，将起爆线拉至起爆点。

（11）起爆点到位后，爆区负责人安排现场装药人员将炸药倒入装药漏斗内，炮孔限制在 8 个，人员限制在 9 人，其中 1 人指挥，8 人装药。

（12）炸药全部倒入漏斗后，人员快速撤离至 50m 以外。

（13）装药时，爆破人员在炮区外拉炮线，拉出纸板，使得石头滑入炮孔。

（14）拉出炮线后，人员快速撤离至安全区域，人员安全后，立刻起爆。

（15）爆破完成后，使用无人机对炮区进行检查，无人机检查炮区安全后，再安排有经验爆破人员进入炮区检查，炮区检查合格后，解除警戒。

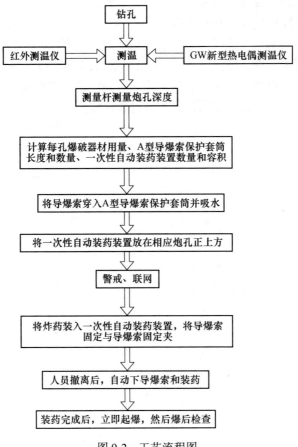

图 9-2　工艺流程图

9.3　小结

（1）自动装药系统实现了导爆索下落和装药无人化，在运用装药爆破优点的同时，又避免人工装药过程的危险，具有本质安全性。

（2）自动装药系统炮孔无须进行降温等处理，一方面保证了炮孔的完整性，另一方面解决了水源对炮孔数目的影响，规避了注水降温爆破的不利因素，可大范围进行爆破。

（3）自动装药系统装药量可根据炮孔深度而调节，对炮孔深度无限制，灵活性较强，有利于提高爆破效率和爆破质量。

（4）自动装药系统采用的原材料来源广泛，整体结构简单，可一次制造成型，价格便宜，经济效益明显。

（5）对于 10m 深炮孔，下放导爆索和装药时间只需要 12s，加上起爆时间，也即装药器从装药至起爆时间可控制在 15s 以内，远远低于目前人工操作所需的 5min，有利于保障爆破器材的安定性。

（6）通过制定自动装药系统工艺流程，包括测量炮孔深度和温度、计算所装炸药量和导爆索长度、导爆索穿入 A 型导爆索隔热套筒、导爆索下端捆绑重物、安放支撑架、警戒、联网、装药、堵塞等操作，有效保障了自动装药系统的标准化操作，有利于提高其实用性和爆破过程的安全。

第 10 章 前沿技术、发展方向

煤矿高温火区爆破除了注水降温爆破法、隔热保护爆破法、机械破碎、自动装药系统等之外，随着科学技术的不断发展，也不断出现新的方法，如现今的液态二氧化碳爆破的方法，既无须炸药，又绿色环保等。本章将对此类相关技术进行简单介绍。

10.1 液态二氧化碳爆破技术

液态二氧化碳爆破是利用液态二氧化碳在受热时迅速气化膨胀并释放足够的爆破能量，使岩体破裂爆破技术。液态二氧化碳取代了爆破过程中的爆破器材，避免了爆破器材在高温爆破中受温度高影响而造成的早爆、拒爆等危害，提高高温爆破安全性[194]。

10.1.1 液态二氧化碳爆破原理与构造

液态二氧化碳爆破与常规装药爆破不同，需要使用一定的机械设备[195]。

10.1.1.1 工作原理

液态二氧化碳爆破分为启动前准备和启动两个过程。

A 启动前准备

首先将密封圈、破裂片、加热棒装入高压钢管内，拧紧合金帽；其次将液态的二氧化碳通过填充器压缩至高压钢管内；最后用线路测试器检测高压钢管内气压是否达标，这样即完成了启动前的准备工作。

B 启动过程

将高压钢管放入事先钻好的炮孔内，并通过专门的部件固定好钢管；将起动器的电源与加热器相连接，当微电流通过加热棒时能瞬间将内部的液态二氧化碳加热使之转换为气体，管道内的二氧化碳气体体积可急剧膨胀扩大到 600 倍，当压力持续增大达到 275.8MPa（40000psi）时破裂片被击穿，随即通过泄压头以几何级当量释放出二氧化碳气体，从启动至结束整个过程仅为 4ms。

由于液态二氧化属于惰性气体，一方面整个作业过程中既不产生任何有害气体，也不产生电弧和火花，另一方面不受高温、高寒、高湿等气象条件的影响。

整个爆破在安全高效的过程中完成。

　　受液态二氧化碳爆破能量的限制和爆破质量的要求，液态二氧化碳爆破孔的孔径一般为 60mm 或 64mm，高压管直径 54mm，管长 800~1200mm，爆破深度一般不超过 2500mm。高压管在孔外的一端设有充放气阀，一端安设与起爆器连接的接线头，管内装有气体产生器，其电极与起爆器接线头连接。

　　固定套的固定机构随爆破启动，防止高压管从爆破孔中射出。高压管管体（结构如图 10-1 所示）由特种钢材制成，换上新的活化器切变盘，充入液态二氧化碳，气态 CO_2 释放体积 150 ~ 600L，反应时间约 40ms，爆破压力 150 ~ 270MPa。

图 10-1　高压管管体结构图

10.1.1.2　构造

　　液态二氧化碳爆破器材的主要结构由充气、爆破管、排气、加热器、切变盘等五个部分组成[196]。

　　（1）充气部分，包括六角定位锥形螺钉阀门和两个连接引燃导线的电极，该部分有充气、放气和接通电源功能。

　　（2）爆破管部分，是采用热处理的空心高强度的铬钢管构成，管道的两端设有注液孔和排放孔，本身强度可达 17×10^4 psi，其静态试验压力为 5×10^4 psi（标准释放压力为 68~131MPa）。

　　（3）排气部分，安装在爆破管前端，上有 8 个孔，以便 CO_2 气体逸出，其爆破方向力的大小由此孔决定。一般煤层，孔角度采用 45°，对其他采用 90°孔。

　　（4）加热器（加热元件）部分，安装在充气部分上面和两个电极相连，用于加热液态二氧化碳，当电极接通电流时，加热元件内的化学品爆发即刻使液态二氧化碳气化，使管内压力增大，它通电 9ms 起反应，温度可达 1000℃，所需的起爆电压为 1.5V，电流为 0.5A。

　　（5）切变盘部分，采用低碳钢制成，切变盘的作用是把二氧化碳密封在钢管内直至达到调定的压力时，切变盘破坏，从而使 CO_2 气体冲击，达到爆开被爆物的目的。根据不同的起爆压力来制成不同规格厚度的切变盘来满足不同压力条件下的需要（如在调定压力为 131MPa 时，制成厚度 3mm 的切变盘）。

10.1.2 液态二氧化碳气体爆破与炸药的比较

液态二氧化碳爆破和使用爆破器材爆破，主要有两点不同。

（1）爆破作用原理不同。液态二氧化碳爆炸平稳性和一般炸药相比，液态二氧化碳爆破是一种简单的定量液化气体膨胀，所产生的是一种缓慢的、像蒸汽机作用在活塞上的蒸汽一样的推动做功。炸药是在一种剧烈的化学反应下转化为气体，达到最大体积是在一瞬间反应完成，是一种剧烈、快速的做功。

（2）爆破持久性不同。液态二氧化碳虽然最大的压力为黑火药的1/3，硝铵炸药的1/6，但它的持久性远好于炸药，气体持续膨胀的过程中，直到全部压力都已耗尽时才达到其体积最大。可以说液态二氧化碳爆破是一种缓慢的、膨胀的、扩散及有剪切效果的过程，可以使释放的 CO_2 气体沿岩体的天然裂缝剪切开来，故对节理裂隙较为发育的岩石适用性更好。

从上分析可知，液态二氧化碳做功能力较小，爆炸过程较慢，对坚硬、裂隙较少岩石爆破效果较差。但煤矿高温火区由于高温作用，岩石一般较软，且裂隙发育，可知，液态二氧化碳爆破具有一定的应用优势和使用价值[197]。

10.1.3 液态二氧化碳爆破系统优势

液态二氧化碳爆破系统具有安全性高、经济适用等优势。

10.1.3.1 安全可靠

二氧化碳化学性质稳定，非常安全。因此，在整个爆炸过程中，只是从液态二氧化碳到气体二氧化碳，没有有害物质产生。相比氮气，从化学方面来看，氮气化学结构不稳定，例如爆炸时能与氧气进行化学反应，产生含氮氧化物等有毒有害气体。从物理角度来看，由于二氧化物临界温度较高，二氧化碳液化难度比氮气、空气，容易得多，因此二氧化碳运输储存就容易很多。

10.1.3.2 经济实用

液态二氧化碳爆破系统的优势体现在如下方面。

（1）液态二氧化碳可延时控制，特别是在特殊环境下，实施过程中无破坏性振动和短波，无尘荡，对周围环境无破坏性影响，具有本质安全性，此外从储存、运输、携带、使用、回收等方面均十分安全。

（2）液态二氧化碳灌注仅需1~3min，起动至结束仅需4ms，操作时间快速，爆破效率高。

（3）液态二氧化碳爆破过程基本无有毒气体产生和飞石等灾害，安全警戒距离短，安全隐患小。

（4）液态二氧化碳爆破使用的高压钢管可再次回收使用，且回收过程方便，可连续使用 3000 次以上。

（5）液态二氧化碳爆破管理简便、操作易学，现场实际爆破过程中操作人员较少，无须专业人员值守。

（6）液态二氧化碳爆破材料来源丰富，二氧化碳可就地取材，提高工效。

（7）液态二氧化碳爆破能量可调节，如为了获得较大当量的威力，可根据现场情况，把高压钢管并联使用[198]。

10.1.4　液体二氧化碳爆破系统构成

液态二氧化碳爆破系统由地面操作间装备和智能云系统平台两部分组成。其所用设备如表 10-1 所示。

表 10-1　液态二氧化碳爆破系统设备

序　号	设备名称	数　量	单　位
1	充装机	1	台
2	充装台	1	台
3	储液罐	1	台
4	拆装机	1	台
5	爆破管	300	根
6	智能云安全发爆器	1	台
7	智能云平台软件	1	套
8	90 型气动机	2	台

在爆破作业现场，液态二氧化碳爆破运用到的设备主要是爆破管、智能云安全发爆器、90 型风动凿岩机等。爆破管结构图如图 10-2 所示：

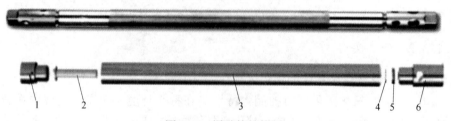

图 10-2　爆破管结构图

1—充装头；2—加热器；3—储液管；4—密封圈；5—爆破片；6—释放头

10.1.5　液态二氧化碳爆破基本操作步骤

液态二氧化碳爆破的步骤：在地面操作间组装-充装气体-采用皮卡车运输到

爆破地点—起爆—回收爆管—运输到地面车间—拆卸清洗—再组装。可见液态二氧化碳爆破分为地面间操作和爆破现场操作两部分。

10.1.5.1 地面操作间操作步骤

地面间操作主要是充装前准备、组装、充气等过程。

A 充装前的准备工作

（1）需要为充装机、拆卸机供应 380V 交流电。

（2）储液罐需要足够的液态二氧化碳。

（3）准备爆破管和相应的耗材（加热棒、爆破片、垫片）。

（4）准备万用表、钳子、扳手、内六角等工具。

B 组装

（1）将爆破管、储油罐放在陈列架上，将铁丝插入主管中，并使带钩从主管刻字的一端伸出。然后用铁丝钩住加热装置的导线并拉动铁丝使导线从储液罐的另一端伸出。

（2）将定压剪切装上密封垫，并与加热装置的导线连接在一起。然后拉出加热装置，使定压剪切片完全进入储液罐内。

（3）先拧紧释放管，再拧紧充阀，均拧到手无法拧动为止。

（4）将拧好的爆破管放在拆装机钳口上，并将充装阀一头插入拆装头里。然后顺时针旋转急停按钮，按下启动按钮以启动拆装机。

（5）按住夹紧按钮压力上升到 10MPa 以上后放开。然后夹住紧固按钮当压力上升至 10MPa 时，放开紧固按钮。

（6）按住松开按钮，然后将爆破管掉头。

（7）重复步骤（5）。

（8）测量电阻，电阻在 $1\sim2\Omega$ 为正常。

C 充气

（1）将爆破管放在充装台上对好充装孔，拧紧夹紧杆并用内六角扳手打开充装阀。然后打开爆破管所对应的球阀，关闭没有爆破管阀门。

（2）按下充装机上的清零键，将称重仪表清零。

（3）放气。每天首次工作前，需要放气，将整个管道排空。先打开充装台上的进口球阀和出口球阀。然后按下放气按钮，直到出口阀门连续不断的白色气体后，关闭出口阀门。

（4）洗管。按下放气按钮后，关闭进口球阀然后打开出口球阀，将致裂器内的二氧化碳放出，放出一大部分后关闭出口球阀。重复两到三次。

（5）充装。关闭出口球阀后，按下增压按钮，待爆破管充满后机器会自动停止。机器停止后，用内六角扳手将爆破管的充装阀关闭，然后关闭进口球阀，再打开出口球阀将多余气体放出。

（6）测试密封性。将爆破管的充装阀和释放管分别放入水中，确保没有大量气泡。

10.1.5.2　爆破现场操作步骤

爆破管长 1.5~2m，外径 73mm，充装液态二氧化碳后质量约为 25kg。储液管采用优质进口钢材加工而成，结实耐用，可重复使用 4000 次，除了接通电路能启动爆破外，磕碰、撞击、高温都不会对装置产生损坏。爆破现场操作主要有连接、爆破、回收等过程。

A　连接

（1）把装好气的爆破管和没装气的爆破管的 DC 插头连接。

（2）用销子把两个爆破管连接在一起，没装气的爆破管要安装上提拉头留着栓钢丝绳用。

（3）用万用表测量两端的电阻，如果电阻应该在 4Ω 左右，电阻太大或者电阻为零都不合格。

（4）把连接好的爆破管放到炮孔里面。

（5）用棉纱给爆破孔进行封孔。

（6）用 20 钢的钢丝绳把所有的爆破管进行固定，用 15 钢的钢丝绳把每个爆破管的头部拴起来。

（7）根据智能云安全发爆器功率将所有导线连接好。

B　爆破

（1）打孔。ϕ73mm 爆破管需要打 ϕ90mm 的孔，孔深 5m。

（2）将第一根爆破管和第二根爆破管先连接好，插好插销。依次连接，一共连接 5 根管，并将第一根管的 DC 插头剪短，把两个线缠在一起，并用绝缘胶布缠好，然后把锥头连上。

（3）先插入连接好的两根爆破管插入孔中，插入前先把提拉杆插到第二根爆破管的释放管中，然后插入孔中。

C　回收

（1）将使用后的爆破管用车运送到操作间，把爆破管放在拆装机钳口上，并将充装阀一头插入拆装头里。然后顺时针旋转急停按钮，按下启动按钮以启动拆装机。

（2）按住夹紧按钮压力上升到 10MPa 以上后放开。然后按住拆卸按钮，旋转一至两周后，放开拆卸按钮。

（3）按住松开按钮，然后将爆破管掉头[199]。

10.1.6 液态二氧化碳爆破技术案例

在某地区，使用液态二氧化碳爆破，其技术方案如下。

采用潜孔钻打 90mm 的垂直炮孔，孔深控制在 5~7m，孔网参数：孔距 2~3m、排间 2~2.5m。如孔距取 3m，排距 2m，孔深 7m，每个孔装 2 根爆破管，每根爆破管长 2.5m，堵塞 2.0m，台阶高度 6.5m，超深 0.5m。单孔爆破方量：3m×2m×6.5m＝39m^3。采用梅花形布孔，一个炮区 2 排，每排 15 个孔，则共计 30 个孔，则每个爆区爆破方量约为 1170m^3。可见，液态二氧化碳爆破，爆破效率完全可接受。

10.1.7 劳动组织与生产效率分析

A 劳动组织

地面工作车间，一个班 2 人，现场工作人员 4~5 人，每个班工作 8h。

B 生产效率分析

（1）地面装管：1~2min 装一根管，1h 充装 30~50 根，8h 可充装 240~400 根。

（2）连接管：连接管只需要把空管和装气连接即可，连接两根管需要 1min。

（3）下管：每个孔下管需要 10s。

（4）堵塞：每个孔需要 1min。

（5）固定：把每个爆破管用钢丝拴起来，每个爆区需要 3min。

（6）工程进度：每天预计爆破 5 个爆区，则总的爆破方量为 5850m^3。

上述爆破量并非最大爆破量，根据实际爆破需求，可相对提高作业人员数量，提高爆破方量，以满足挖装生产要求[200]。

10.1.8 应用于高温爆破所面临的问题

液态二氧化碳爆破虽然安全、高效，避免了使用爆破器材爆破的危险。但煤矿火区高温爆破，炮孔温度高于 60℃ 以上，与常温爆破不同，高温条件下，高温对爆破管进行加热，液态二氧化碳气化，从而导致压力增加，爆破管和切变盘能否抵抗压力增加，将是爆破能否安全、正常实施的前提。因此研究液态二氧化碳气体爆破是否能够安全、高效、经济的应用于高温火区爆破意义重大。

10.1.8.1 高温环境中对爆破管材料性能和壁厚的要求

（1）二氧化碳不同温度下液化压力如表 10-2 所示。

表 10-2　二氧化碳不同温度条件下液化压力

环境温度/℃	液化压力/MPa	环境温度/℃	液化压力/MPa	环境温度/℃	液化压力/MPa
0	3.4851	11	4.6149	22	6.0031
1	3.5783	12	4.7297	23	6.144
2	3.6733	13	4.8466	24	6.2877
3	3.7701	14	4.9658	25	6.4342
4	3.8688	15	4.0871	26	6.5837
5	3.9695	16	5.2108	27	6.7361
6	4.072	17	5.3368	28	6.8918
7	4.1765	18	5.4651	29	7.0809
8	4.2831	19	5.5958	30	7.2137
9	4.3916	20	5.7291	31	7.3465
10	4.5022	21	5.8648	32	7.4793

由表 10-2 可知，随着温度升高二氧化碳液化压力增加。也就是说，需要将二氧化碳在高温下保持液压状态，必须增加其压力。

（2）薄壁管允许最大承内压力 $[p]$ 计算公式。

$$[p] = 2[\sigma]\varphi S / (d + S)$$

式中　　$[\sigma]$——材料的许用应力；

φ——焊缝系数，对无缝管，$\varphi = 1$；

S——管子壁厚；

d——管子内径。

不同材质无缝钢管在不同温度下对应的许用应力见表 10-3。

表 10-3　不同材质无缝钢管在不同温度下对应的许用应力

钢号	标准号	使用状态	厚度/mm	常温强度指标		不同温度（℃）下的许用应力/MPa										
				σ_b/MPa	σ_s/MPa	≤20	100	150	200	250	300	350	400	425	450	475
16Mn	GB 6479 GB/T 8163	正火	≤15	490	320	163	163	163	159	147	135	126	119	93	66	43
			16~40	490	310	163	163	163	153	141	129	119	116	93	66	43
15MnV	GB 6479	正火	≤16	510	350	170	170	170	170	166	153	141	129	—	—	—
			17~40	510	340	170	170	170	170	159	147	135	126	—	—	—
09MnD	—	正火	≤16	400	240	133	133	128	119	106	97	88	—	—	—	—

钢号	标准号	使用状态	厚度/mm	常温强度指标		不同温度（℃）下的许用应力/MPa										
				σ_b/MPa	σ_s/MPa	≤20	100	150	200	250	300	350	400	425	450	475
12CrMo〕 12CrMoG〕	GB 6479〕 GB 5310〕	正火加回火	≤16	410	205	128	113	108	101	95	89	83	77	75	74	72
			17~40	410	195	122	110	104	98	92	85	79	74	72	71	69
12CrMo	GB 9948	正火加回火	≤16	410	205	128	113	108	101	95	89	83	77	75	74	72

从表 10-3 中可知温度从 20~300℃，厚度小于 16cm 时，钢号为 15MnV 的无缝钢管其许用应力值最大。因此材料取 15MnV 的无缝钢管。

爆破管外径为 73mm，壁厚取 10mm，爆破管内径则为 53mm，无焊缝所有 φ 取 1，从 20~200℃，15MnV 的爆破管对应的许用应力值为 170MPa，250℃对应的许用应力值为 166MPa，300℃对应的许用应力值为 153MPa。

各高温下爆破管能承受的最大压力值：

当 20~200℃时：$p_1 = 2 \times 170 \times 1 \times 0.01/(0.053 + 0.01) = 53.9MPa$

当 250℃时：$p_2 = 2 \times 166 \times 1 \times 0.01/(0.053 + 0.01) = 52.6MPa$

当 300℃时：$p_3 = 2 \times 153 \times 1 \times 0.01/(0.053 + 0.01) = 48.5MPa$

由结果可知，随着温度升高，爆破管承受的最大压力值减小，与二氧化碳液化压力规律相反。故在高温爆破过程中，为了保障液态二氧化碳爆破安全，爆破管必须特制管，以使其能够耐受特定高压。

10.1.8.2 应用于高温需要进一步解决和证实的问题

现有的二氧化碳气体爆破设备都是针对常温条件的，爆破管充满二氧化碳后放入孔内压比较低，一般不高于 7.2137MPa。如果应用于高温环境中，在高温孔的加热下，爆破管内部压力上升，一方面在高温下，爆破管所能承受最大压力减小，能否保持液态二氧化碳不气化需要关注；另一方面切变盘是否能够抵抗如此高的压力，或者切变盘抵抗住如此高的压力后，起爆加热装置是否能顺利激发爆破管正常起爆，则需要验证[150]。

受目前液态二氧化碳爆破设备的影响，目前还只用于常温爆破，尚未用于高温爆破。但未来，随着液态二氧化碳爆破技术的不断发展和成熟，耐高压、耐高温爆破管研制成功并运用，将对高温爆破技术发展具有促进意义；此外对高温炮孔，采用注水降温至常温后，也可试探用液态二氧化碳进行爆破。

10.2　大孔径爆破技术

在宁夏大石头煤矿火区爆破，使用的是潜孔钻进行钻孔，钻孔直径为140mm。孔网面积较小，若使用牙轮钻机，钻更大孔径炮孔，在相同单耗下，同样爆破方量会减少炮孔个数，以每次爆破 8 个孔计算，即降低了高温爆破次数，相对提高了火区爆破安全。

牙轮钻具有凿岩效率高（穿孔作业的劳动生产率高）、钻凿孔径大（延米爆破量大）、噪声低等优点，但有初始投资大、灵活性较差等缺点也较明显。故牙轮钻一般用于大型露天矿爆破能充分发挥其高效率、高劳动生产率的主要优点[163]。而对中小型露天矿山，矿体规模小、规整性差，且开采水平下降速度快。(1) 炮孔大易造成矿石岩石相混加大贫化损失；(2) 钻机要频繁地来回上下调动，降低了钻机生产率，不利于牙轮钻发挥其优点；(3) 体积大、爬坡能力差，对工作面道路要求高，而潜孔钻可以避免上述缺点。

由此可知，在大型露天矿火区爆破中使用牙轮钻效果更佳；而中小型矿山使用潜孔钻时，应适当加大钻孔直径。

10.3　注冰降温

在注水降温过程中，由于高温炮孔裂隙多，注入炮孔中水会从炮孔裂隙流走，导致注水降水源利用率较差，而在宁夏、新疆等地区，水资源缺乏，对炮孔长时间注水降温势必会影响降温炮孔个数，从而降低爆破效率。

若将水做成冰块，放入炮孔中由于冰的固体性能，一方面其熔化过程吸收热量对炮孔降温；另一方面其放入炮孔中冰至融化成水前不会流失，利用率高。故注冰降温具有一定的研究和应用前景，但需要注意的是，火区用冰降温，用冰量大，如何制冰、将冰变成小尺寸冰块、放入炮孔中等问题需要研究相应的技术和措施保障。

10.4　无人机检查炮区

煤矿火区高温爆破之后，若存在盲炮，人员在检查炮区过程中，若盲炮爆炸，则会对人员造成伤害。尤其当炮孔在炮区后排，或炮孔注水降温爆破后，炮区存在大量烟雾，远距离无法判断是否有盲炮时，人员进入炮区检查时危险更显得严重。

无人机摄像技术目前发展较快，若在煤矿火区高温爆破中，爆破之后先使用无人机检查炮区，确保安全后，人员再进入炮区复查，则使检查炮区程序安全性大大提高。但无人机摄像技术操作具有一定的难度，且价格较高，推广还需要一定的时间。

10. 5 盲炮探测技术

煤矿高温火区盲炮，表面可观察到的可以快速处理，但被爆堆覆盖的盲炮，却难以发现。未发现的盲炮，在挖装过程或附近有人员、设备时发生爆炸，则会发生安全事故，如宁夏大峰露天煤矿 2008 年 10 月 16 日发生的盲炮爆炸，造成 16 死 42 伤。被爆堆覆盖的盲炮如何检查一直是个难题，目前尚无相关技术，今后利用电磁感应等先进技术探索发明盲炮探测仪器，将是煤矿火区爆破的一个安全方向。

10. 6 拒爆或盲炮特殊情况处理技术

煤矿高温爆破过程中，装药过程若出现问题，如装药过量、炸药燃烧等，可通过加大警戒距离、停止装药人员立即撤离等方式，确保人员和设备的安全。若装药完成后，起爆过程出现网路不通拒爆或爆破后存在盲炮，虽然概率很低，但处理过程具有较大的难度和危险性。目前因网路发生拒爆，是采取人员在一定时间内检查网路，重现布置网路后再起爆，若一定时间内未解决，则人员全部撤离，加大警戒，直至炮孔内爆破器材消耗完全或失效，再通过打平行孔方式当成盲炮处理。个别盲炮的处理，一般采取两种措施，对温度较低炮孔，对炮孔进行洒水降温的同时钻平行孔爆破处理；对温度较高炮孔直接加强警戒，严禁任何行人车辆进入警戒区，直至盲炮内爆破器材消耗完全或失效。

上述可知，目前拒爆和盲炮的处理，除了人员冒险处理外，就是采取警戒封路让其自然消耗，这无疑影响施工进度。而通过机器人等智能设备代替人进行拒爆和盲炮处理，如同拆弹机器人一样，则避免了人员进入高温爆破爆区的危险，且不会因为时间和炮孔温度的原因而中断处理，很值得提倡。但机器人等智能设备受到技术发展和成本的制约，具有一定的难度仍有很长一段路要走。

10. 7 小结

（1）液态二氧化碳爆破首先对周围环境无破坏性影响，爆破过程基本无有毒气体、飞石等灾害，安全警戒距离短，安全隐患小，避免了使用爆破器材爆破的危险，具有本质安全性；其次从储存、运输、携带、使用、回收等方面均十分安全；再其次爆破使用的高压钢管可回收使用，且回收过程方便并可连续使用 3000 次以上；更其次爆破管理简便、操作易学，现场实际爆破过程中操作人员较少；最后爆破材料来源丰富，爆破能量可调节。

（2）液态二氧化碳做功能力较小，爆炸过程较慢，对坚硬、裂隙少的岩石爆破效果较差。但煤矿高温火区由于高温作用，岩石一般较软，且裂隙发育，因此液态二氧化碳爆破具有一定的应用优势和使用价值。

（3）煤矿火区高温影响下，爆破管内部压力上升，爆破管所能承受最大压力减小，而现有的液态二氧化碳爆破设备都是针对常温条件下的爆破，导致其应用于高温爆破具有一定的限制。但未来随着耐高压、耐高温爆破管研制成功和运用，将对高温爆破技术发展具有一定促进意义；此外对高温炮孔，注水降温至常温下后也可试探用液态二氧化碳进行爆破。

（4）在大型露天矿火区爆破中使用牙轮钻钻大直径炮孔，在中小型矿山提高潜孔钻钻孔直径，可增加炮孔孔网面积，从而降低高温爆破次数，相对提高火区爆破安全。

（5）使用冰块对炮孔降温，一方面其熔化过程吸收热量；另一方面其放入炮孔中至融化成水前，不会流失，可提高炮孔降温效果。但大量制冰或将冰变成小尺寸冰块放入炮孔等问题需要研究相应的技术和措施。

（6）用无人机检查炮区可确保炮区安全的前提下，人工再进入检查炮区，使得煤矿高温爆破检查炮区环节安全性更高，但无人机推广需一段时间；对盲炮实现探测，目前尚无相关技术借鉴，是今后一个研究方向；使用机器人等智能设备对拒爆和盲炮等处理，可避免人进入炮区的危险，且不会受时间和温度影响而中断，值得推崇与发展。

参 考 文 献

[1] 郑炳旭. 中国高温介质爆破研究现状与展望 [J]. 爆破, 2010, 27 (3): 13-17.

[2] 中国工程爆破协会. 爆破安全规程 (GB 6722—2014) [S]. 北京: 中国标准出版社, 2014.

[3] 费金彪, 孙宝亮. 攀枝花宝鼎矿区海宝菁片区 4 号煤层露头火灾综合治理 [J]. 煤炭技术, 2008, 27 (3): 83-85.

[4] 齐德香. 新疆轮台阳霞煤田灭火工程 2 号子火区高温大爆破工程 [J]. 中国煤炭, 2008, 34 (11): 88-90, 112.

[5] 蔡建德, 李战军, 傅建秋, 等. 硐室爆破时高温硐室装药的安全防护试验研究 [J]. 爆破, 2009, 26 (1): 92-95.

[6] 周俊峰. 露天矿火区爆破灭火降温方法 [J]. 露天采矿技术, 2004 (4): 8-9.

[7] 陈亚军, 陈宪. 铁长沟露天煤矿火区爆破安全性分析 [J]. 能源技术与管理, 2005 (1): 39-41.

[8] 廖明清, 李荣其, 邹素珍. 硫化矿高温采区的爆破技术 [J]. 矿业研究与开发, 1987, 7 (3): 64-71.

[9] 王国利. 硫化矿爆破安全技术的发展 [J]. 工程爆破, 1997, 3 (2): 65-68.

[10] 王学忠, 谷建伟. 应用套管爆炸整形法治理墨西哥湾油井漏油 [J]. 应用基础与工程科学学报, 2010 (18): 101-110.

[11] Fleming P B, Behrmann J, Davies T, et al. Gulf of Mexico hydrogeology-overpressure and fluid prcesses in the deepwater Gulf of Mecico: slope stability, seeps, and shallow-water flow [J]. IODP Sci Prosp, 2005: 308.

[12] Weatherl M H, Chevron North America E&P Co. Encountering an unexpected tar formation in a deepwater gulf of Mexico Exploration Well [R]. SPE/IADC Drilling Conference, 2007.

[13] 张运福, 高育滨, 莫仲华. 高温金属 (钢铁) 控制爆破的探讨 [J]. 采矿技术, 2007, 7 (3): 139-140, 146.

[14] 李建彬. 高温钢筋混凝土基础爆破拆除 [J]. 工程爆破, 2007, 13 (1): 66-68.

[15] 徐晨, 李克民, 李晋旭, 等. 露天煤矿高温火区爆破的安全技术探究 [J]. 露天采矿技术, 2010 (4): 73-75.

[16] 齐俊德. 宁夏煤田火灾的危害及综合治理研究 [J]. 能源环境保护, 2007, 21 (2): 36-39.

[17] 武军. 内蒙古东胜煤田火区特征及着火原因分析 [J]. 内蒙古科技与经济, 2010 (10): 52-53.

[18] 王德明, 章永久, 张玉良, 等. 高瓦斯矿井特大火区治理的新技术 [J]. 采矿与安全工程学报, 2006, 23 (1): 1-5.

[19] Adanus A. Review of the use of nitrogen in mine fires [J]. Transactions of the Institution of Mining and Metallurgy: Mining Technology (Section A), 2002, 111: 89-98.

[20] Singh R V, Tripathi D D. Fire fighting expertise in Indian coal mines [J]. Journal of Mines,

Metals & Fules，1996，44（6）：210-212.

[21] 杜保平. 煤矿火区爆破安全评价体系研究 [D]. 包头：内蒙古科技大学，2012.

[22] Kariuki，S. G，K. Lowe. Integrating human factors into process hazard analysis [J]. Reliab. Eng.

[23] A. Rosema，H. Guan，H. Veld. Simulation of spontaneous combustion to study the causes of coal fires in the Rujigou Basin [J]. 2001，80（2）：7-16.

[24] Petr Konicek，Mani Ram Saharan，Hani Mitri. Distress Blasting in Coal Mining State of the Art Review [J]. Proscenia Engineering [J]. 2011（26）：179-194.

[25] Lu Guodong，Zhou Xinquan，JiangIJie. A Mathematical Model of the Temperature in a coalfield Fire Area [J]. Journal of China University of mining and Technology，2008，18（3）：358-361.

[26] E. Borgonovo. An application to basic event，groups and SSCS in event trees and binary decision diagrams [J]. Reliability Engineering & System Safety，2007，92（10）：1458-1467.

[27] 吴穹，许开立. 安全管理学 [M]. 北京：煤炭工业出版社，2002.

[28] 田震. 企业安全管理模式的发展及其比较 [J]. 工业安全与环保，2006，32（9）：63-64.

[29] Honkasalo A. Occupational health and safety and environmental management systems [J]. Environmental Science and Policy，2000，3（1）：39-45.

[30] 王建利. 建筑施工企业安全管理的现状及其改进措施 [J]. 建筑安全，2010（9）：24-26.

[31] 汪旭光. 爆破设计与施工 [M]. 北京：冶金工业出版社，2011.

[32] 孙佩和. 新岭煤矿露天北采场火区综合治理 [J]. 山东煤炭科技，2010（2）：218-219.

[33] 张加权，王丽萍. 采空区、火区爆破作业的安全管理 [J]. 露天采矿技术，2012（2）：110-111.

[34] 蔡建德. 露天煤矿高温区爆破安全作业技术研究 [J]. 工程爆破，2013，19（2）：92-95.

[35] 付震. 浅谈露天煤矿中防灭火技术及安全措施 [J]. 黑龙江科技信息，2011（23）：18.

[36] 廖明清，周云卿. 高硫矿床火区开采中的高温爆破技术 [J]. 湖南有色金属，1987（5）：3-6.

[37] 张国彦. 灌浆灭火技术在神东矿区大面积采空区自燃火灾中的应用 [J]. 内蒙古煤炭经济，2008（5）：61-62.

[38] 王文才，李忠东. 露天开挖火区法在浅地表自燃煤层火区灭火中的应用 [J]. 内蒙古科技大学学报，2007，26（4）：289-292.

[39] 周俊峰. 大峰露天煤矿羊齿采区综合灭火方案的研究 [J]. 露天采矿技术，2012（3）：104-106.

[40] 牛进忠. 宁夏汝箕沟煤田火区灭火工程治理及监测 [J]. 神华科技，2010，8（4）：33-36.

[41] 陈寿如，柳健康，史秀志，等. 高温控制爆破中新型隔热材料的试验研究 [J]. 爆破器材，2002，31（5）：32-35.

[42] 史秀志，谢本贤，鲍侠杰. 高温控制爆破工艺及新型隔热材料的试验研究 [J]. 矿业研究与开发，2005，25（1）：68-71.

[43] 李战军，郑炳旭. 矿用火工品耐热性现场试验 [J]. 合肥工业大学学报（自然科学版），2009, 32 (10): 1498-1500.

[44] 陈寿如，徐国元，李夕兵. 硫化矿中炸药自爆判据的简化及应用 [J]. 中南工业大学学报，1995, 26 (2): 167-171.

[45] 孟廷让，吴超，谢永铜. 高硫矿床开采中炸药自爆危险性及安全装药评价法研究 [J]. 中南矿冶学院学报，1994, 25 (1): 19-23.

[46] 刘顺有，邵海目，索书英，等. 石油井壁耐热取芯药 [P]. 中国专利：CN87101660, 1989-09-14.

[47] 张锦云，胡瑞江，陈博仁，等. 高爆速耐热混合炸药 [P]. 中国专利：CN87101421.1, 1989-05-31.

[48] 孙国祥，张雅珍，杨培进，等. 普通射孔弹用高聚物黏结炸药 [P]. 中国专利：CN89108047.3, 1991-05-15.

[49] 孙国祥，张雅珍，杨培进，等. 高温射孔弹用高聚物黏结炸药 [P]. 中国专利：CN89108046.5, 1991-05-15.

[50] 符全军，郭锐，夏安良，等. 超高温射孔弹用耐热黏结炸药 [P]. 中国专利：CN01104017.3, 2002-09-18.

[51] 赵省向，戴致鑫，张成伟，等. 油田用耐热混合炸药 [P]. 中国专利：CN200510059302.7, 2005-09-21.

[52] 刘永刚，蒋跃强，聂福德，等. 普通射孔弹用高聚物黏结炸药 [P]. 中国专利：CN201310122157.7, 2012-07-17.

[53] 胡继红，张玲香. 油气井耐高温爆破炸药 [J]. 火工品，2000 (2): 27-31.

[54] 廖明清，聂辉成，李荣其，等. 自然硫化矿用安全炸药及制造工艺 [P]. 中国专利：CN92107110.8, 1994-03-02.

[55] 吕早生，汪铁. 耐热炸药1,3-二（3'-氨基，2',4',6'-三硝基苯胺基）-2,4,6-三硝基苯的合成研究 [J]. 爆破，2004, 21 (2): 21-24.

[56] 颜事龙，陈锋，马志刚. 乳化炸药基质燃烧机理的研究 [J]. 爆破器材，2009, 35 (6): 7-10.

[57] 马平，李国仲. 粉状乳化炸药热分解动力学研究 [J]. 爆破器材，2006, 38 (3): 1-3.

[58] Shen Zhaowu, Ma Hong-hao. The key technique of high-precision high-safe non-precise delay detonator [M]. Rock Fragmentation by Blasting-Sachidran (ed), 2009: 147-153.

[59] 杨耀华，崔勇，宋春梅，等. 煤矿许用耐温电雷管可燃气安全性研究 [J]. 煤矿爆破，2001, 53 (2): 6-8.

[60] 刘家纯. 露天煤矿施工组织设计编制要点 [J]. 煤炭工程，2012 (S2): 188-189.

[61] 杨永军. 温度测量技术现状和发展概述 [J]. 计量技术，2009, 29 (4): 62-65.

[62] 张洁，王中宇，杨永军，等. 黑体式光电高温计的研制 [J]. 计量技术，2008, 28 (3A): 35-38.

[63] 刘媛，雷涛，张勇，等. 油井分布式光纤测温及高温标定实验 [J]. 山东科学，2008, 21 (6): 40-44.

[64] 马春武，姜斌，陈复扬. 示温漆温度自动判读与数字图像处理系统 [J]. 航空发电机，2007，33 (2)：12-14.

[65] 陈燕琼，张子勇. 胆甾型液晶的合成及显色示温液晶组成 [J]. 化学世界，2003 (7)：373-376.

[66] 宋秀玲. 热敏电阻与光敏电阻 [J]. 科技情报开发与经济，2006，16 (16)：256-258.

[67] 付明，于增强，李晓. 声波测量技术应用研究 [EB/OL]. http：//www. paper. edu. cn.

[68] 黄志洵，曲敏. 微波衰减测量技术的进展 [J]. 中国传媒大学学报（自然科学版），2010，17 (1)：1-11.

[69] 姚学军. 红外测温原理与测温技术 [J]. 中国仪器仪表，1999 (1)：10-13.

[70] 胡艳玲，王兴英. 亮度式光纤高温测量仪的研制 [J]. 自动化与仪器仪表，2001 (5)：55-56.

[71] 李磊，刘庆明，汪建平. 比色高温传感器参数分析及其在爆炸场中的应用 [J]. 光谱学与光谱分析，2013，33 (9)：2466-2471.

[72] Ranc N, Pina V, Sutter G, et al. Journal of Heat Transfer，2004，126 (6)：931.

[73] Lavieille P, Lemoine F, Lavergne G, et al. [J]. Experiments in Fluids [J] 2001，31 (a)：45.

[74] 孙晓刚，原桂彬，戴景民. 基于遗传神经网络的多光谱辐射测温法 [J]. 光谱学与光谱分析，2007，27 (2)：213-216.

[75] 杨联弟. 利用激光干涉法实现温度的测量 [J]. 吕梁学院学报，2013，3 (2)：58-60.

[76] 宋耀祖. 激光散斑照相及其在传热学研究中的应用 [D]. 北京，清华大学，1988.

[77] 周昊，吕小亮，李清毅，等. 应用背景纹影技术的温度场测量 [J]. 中国电机工程学报，2011，31 (5)：63-67.

[78] 高令飞，王海涛，张鸣，等. 激光干涉仪反射镜三维温度场的快速多极边界元分析 [J]. 工程力学，2012，29 (11)：365-369.

[79] 涂娟. 激光全息干涉法测量液相扩散系数及图像处理研究 [D]. 大连：大连交通大学，2008.

[80] 郑尧邦，陈力，苏铁，等. 滤波瑞利散射测温技术研究 [A]. 中国空气动力学会测控技术专委会第六届四次学术交流会论文集 [C]. 2013.

[81] 赵玉明，李长忠，翟延忠，等. 基于拉曼散射分布式光纤测温系统的理论分析 [J]. 计量学报，2007，28 (3A)：15-18.

[82] 郝海霞，李春喜，王江宁，等. 推进剂火焰烟尘对 CARS 测温精确度的影响 [J]. 火炸药学报，2005，28 (2)：23-25.

[83] 彭利军，杨坤涛，章秀华. 光学测温技术中的物理原理 [J]. 红外，2006，27 (10)：1-4.

[84] 王旭. 铠装热电偶在化工中常见故障及处理 [J]. 化工设计通讯，2010，36 (2)：20-21.

[85] 田晓华. 内蒙古桌子山煤田火区特征及灭火方法探讨 [J]. 中国煤炭地质，2008，20 (11)：12-14.

[86] 张九零. 注惰对封闭火区气体运移规律的影响研究 [D]. 北京：中国矿业大学，2009.

[87] 邓军，孙宝亮，费金彪，等. 胶体防灭火技术在煤层露头火灾治理中的应用 [J]. 煤炭科学技术，2007，35（11）：58-60.

[88] 邢俊杰，吴彬. 三相泡沫防灭火技术在新集矿区的应用及其在乌兰煤矿的应用 [J]. 山东煤炭科技，2012（5）：165-166.

[89] 王振平，王洪权，宋先明，等. 惰气泡沫防灭火技术在兴隆庄煤矿的应用 [J]. 煤矿安全，2004，35（12）：26-28.

[90] 马超. 高倍微胶囊阻化剂泡沫防灭火技术在煤矿的应用 [J]. 煤矿安全，2010（9）：48-50.

[91] 杨怀玉，张青松. 注浆防灭火技术规范不合理性分析 [J]. 中国煤炭，2013（11）：100-102.

[92] 李相泽. 东胜煤田剥离方式灭火设计思路 [J]. 内蒙古煤炭经济，2010（5）：83-85.

[93] 原芝泉，万鹿贵. 液氮防灭火系统在煤矿中的应用 [J]. 煤炭工程，2013，45（3）：60-62.

[94] 李入林，黄若峰，赵龙涛. 化工原理 [M]. 长沙：国防科技大学出版社，2009.

[95] 周廷扬，赵晓东. 汝箕沟煤矿山地浅埋煤层矿压特征及上覆岩层运动规律研究 [J]. 西北煤炭，2008（3）：7-9.

[96] 张春华，王继仁，张子明，等. 液态二氧化碳防灭火装备及其工程应用 [J]. 科技导报，2013，31（18）：44-48.

[97] A lois A damus, Min E, Review of nitrogen as an inert gas in underground mines [J]. Journal of The Mine Ventilation Society of South Africa 2001.

[98] Joseph A. Senecal Flame extinguishing in the cupburner by inert gases [J]. Fire Safety Journal, 2005（40）：579-591.

[99] 杨旗，彭红. 薄层阻隔型外墙隔热涂料的功能材料筛选及掺量优化 [J]. 煤炭技术，2013（11）：163-164.

[100] 吴春蕾，杨本意，刘莉，等. 纳米二氧化硅绝热材料研究进展 [J]. 材料研究与应用，2010，4（4）：491-494.

[101] 陆洪彬，陈建华. 隔热涂料的隔热机理及其研究进展 [J]. 材料导报，2005，19（4）：71-73.

[102] 赵一搏，杨汝平，邱日尧，等. 多层隔热结构研究进展 [J]. 宇航材料工艺，2013（4）：29-34.

[103] 陈金静，于伟东. 轻薄柔性多层隔热材料研究进展 [J]. 材料导报，2008，22（6）：41-44.

[104] 李健芳，何飞，郝晓东. 新型耐高温多层隔热结构研究 [J]. 材料科学与工艺，2009，17（4）：531-534.

[105] 田晶晶，张秀华，田志宏，等. 耐火材料导热系数的影响因素 [J]. 工程与试验，2010，50（3）：41-42.

[106] Wakeham W A, Nagashima A, Sengers J V. Experimental Thermodynamics Vol. Ⅲ: Meas-

urement of the Transport Properties of Fluids [M]. Blackwell Scientific Publications, 1991.

[107] 刘晓燕, 郑春媛, 黄彩凤. 多孔材料导热系数影响因素分析 [J]. 低温建筑材料, 2009
(9): 121-122.

[108] Vaz M F, Fortes M A. Characterization of deformation hands in the compression of cellular materials [J]. Mater Sci Lett, 1993, 12: 1408-1410.

[109] E. Tsotsas. H. Martin. Thermal conductivity of pack e beds: A review [J]. Chem. Eng
Process, 1987, 22: 19-37.

[110] 邓朝晖. 建筑材料导热系数的影响因素及测定方法 [J]. 质量检测, 2008 (4): 15-18.

[111] 黄文尧, 颜事龙. 炸药化学与制造 [M]. 北京: 冶金工业出版社, 2009.

[112] 田宇. 工业炸药中硝酸铵热稳定性影响综述 [J]. 煤矿爆破, 2011 (1): 23-26.

[113] 王光龙, 许秀成. 硝酸铵热稳定的研究 [J]. 郑州大学学报 (工学版), 2003, 24
(1): 47-50.

[114] 张为鹏, 张亦安, 赵省向. 杂质的影响及硝铵生产中爆炸事故的预防 [J]. 化肥工业,
2000, 27 (1): 40-43.

[115] 刘连生, 胡勇辉. 水分含量对改性铵油炸药性能的影响 [J]. 工程爆破, 2012, 18
(1): 86-90.

[116] Oommen C, Jain S R. Amonium Nitrate: A Promising Rocket Propellant Oxidizer [J].
Journal of Hazardous Materials, 1995, 253-281.

[117] 刘勇, 徐文智, 黄文苏, 等. 油相材料的物化性质对粉状乳化炸药贮存稳定性的影响
[J]. 贵州化工, 2010, 35 (5): 3-4.

[118] 徐鹏. 改性铵油炸药复合油相的研究 [D]. 淮南: 安徽理工大学, 2009.

[119] 徐志祥, 胡毅亭, 刘大斌, 等. 油相材料对乳化炸药热稳定性的影响 [J]. 火炸药学
报, 2009, 32 (4): 34-37.

[120] Jimmie C O, James L, et al. Ammonium nitrate: thermal stability and explosivity modifiers
[J]. Thermochimica Acta, 2002 (384): 23-45.

[121] Sosnin V A, Cabdullin R K. Study of the thermal stability of a poremit emulsion [J]. Combustion, Explosion and Shock Waves, 1994, 30 (6): 810-816.

[122] 鲁凯. 乳化炸药中典型组分对其热分解行为影响的研究 [D]. 南京: 南京理工大
学, 2009.

[123] 郭子如, 尹利, 王小红. 木粉与硝酸铵混合物热分解动力学分析 [J]. 爆破器材,
2005, 34 (5): 12-14.

[124] 曾贵玉. 炸药微观结构对性能的影响研究 [D]. 南京: 南京理工大学, 2008.

[125] 宋锦泉, 汪旭光. 乳化炸药的稳定性探讨 [J]. 火炸药学报, 2002 (1): 36-40.

[126] 薛艳, 刘吉平, 欧育湘, 等. 乳化炸药储存稳定性研究 [J]. 火炸药学报, 1999 (3):
42-44.

[127] 周新利, 刘祖亮, 吕春绪. 岩石乳化炸药绝热分解安全性的加速量热法分析 [J]. 火炸
药学报, 2003, 26 (2): 62-65.

[128] 王小红. 硝酸铵与乳化炸药典型组分混合物的热分解特性研究 [D]. 淮南: 安徽理工

大学，2005.

[129] 张兴明，倪欧琪. 岩石粉状乳化炸药的微观结构与其安全性的关系 [J]. 爆破器材，2003，32（1）：8-11.

[130] 吴牡丹，龚红峰. 煤矿许用粉状乳化炸药安全性探究 [J]. 中小企业管理与科技，2009（11）：233.

[131] 马志刚，周易坤，王瑾. 乳化炸药基质含水量对其热分解的影响及动力学参数的计算 [J]. 火炸药学报，2009，32（1）：44-47.

[132] 王瑾，马志刚，刘治兵. 水胶炸药的热分解动力学 [J]. 火炸药学报，2007，30（3）：52-54.

[133] 崔鑫. 乳化炸药热稳定性研究 [D]. 淮南：安徽理工大学，2007.

[134] 黄亚峰，王晓峰，冯晓军，等. 高温耐热炸药的研究现状与发展 [J]. 爆破器材，2012，41（6）：1-4.

[135] Urbanski T，Vasudeva S K. Heat Resitant Explosives [J]. J. Scient. Ind. Res，1978（37）：250-255.

[136] 吴晓青，萧忠良，刘幼平. 发射药中黏结剂对耐热安全性的影响 [J]. 火炸药学报，1999（3）：19-20.

[137] 孙亚斌，周集义. 含能增塑剂研究进展 [J]. 化学推进剂与高分子材料，2003，1（5）：20-25.

[138] 曹霞，向斌，张朝阳. 炸药分子和晶体结构与其感度的关系 [J]. 含能材料，2012，20（5）：643-649.

[139] Agrawal J. P. Past. Present & Future of Thermally Stable Explosives [J]. Central European Journal of Energetic Materials，2012，9（3）：273-290.

[140] 吕春绪. 耐热炸药分子结构分析与合成研究 [J]. 含能材料，1993，1（4）：13-18.

[141] 张同来，武碧栋，杨利，等. 含能配合物研究新进展 [J]. 含能材料，2013，21（2）：137-151.

[142] Giles J. Green explosives：Collateral damage [J]. Nature，2004，427（6975）：580-581.

[143] 陈朗，王沛，冯长根. 考虑相变的炸药烤燃数值模拟计算 [J]. 含能材料，2009，17（5）：568-573.

[144] 孙国祥，梁永贞，党兰. 油气井射孔弹用炸药 [J]. 测井技术，1996，20（4）：297-302.

[145] 李国新，焦清介，劳允亮，等. 180℃/48h 耐高温导爆索技术 [P]. 中国专利：CN200510066438.0，2006-11-1.

[146] 汪佩兰，周宝庆，严楠，等. 油井用耐温耐压安全电雷管 [P]. 中国专利：CN200510063364.5，2006-10-18.

[147] 廖明清，聂辉成，李荣其，等. 自然硫化矿用安全炸药及制造工艺 [P]. 中国专利：CN1083036A [P]. 1994-3-2.

[148] 文虎，徐精彩，李莉，等. 煤自燃的热量积累过程及影响因素分析 [J]. 煤炭学报，2003，28（4）：370-374.

[149] 李艺，惠君明．几种添加剂对硝酸铵热稳定性的影响［J］．火炸药学报，2005，28（1）：76-80.

[150] 陈晨，吴国群，王铭锋，等．影响二氧化碳致裂器起爆可靠性因素分析［J］．煤矿爆破，2017（4）：13-15.

[151] 孙昱东，杨朝合，韩忠祥，等．乳化重油高温稳定性及催化裂化反应性能研究［J］．石油大学学报（自然科学版），2002，26（4）：74-76.

[152] 聂森林，周叔良．解决硫化矿爆破安全问题的途径［J］．冶金安全，1984（3）：26-30.

[153] 陈玲，舒远杰，徐瑞娟，等．含能低共熔物研究进展［J］．含能材料，2013，21（1）：108-115.

[154] 郭子如，王小红．AN 和硝酸钠混合物热分解的动力学分析［J］．含能材料，2004，12（6）：361-363.

[155] 安徽理工大学弹药工程与爆炸技术系．炸药爆炸理论［R］.2009.

[156] 谢铮辉．炸药爆发点检测方法及系统研究［D］．绵阳：西南科技大学，2012.

[157] T. Mori. Linear system with commensurate time delay：stability and stabilization independent of delay. IEEE, Tran. Automat. 1982, 27（2）：367-375.

[158] 刘子如，岳璞，任晓宁，等．热爆发活化能研究［J］．火炸药学报，2011，34（6）：58-63.

[159] 常海，郑亚峰，刘子如，等．RDX 基含铝炸药的热爆炸活化能及动力学补偿效应［J］．火炸药学报，2011，34（6）：38-40.

[160] 郑亚峰，常海，张修博，等．RDX 基含铝炸药的特性落高能与热爆发参数的关系［J］．含能材料，2012，20（6）：754-757.

[161] Friedman M H. A correlation of impact sensitivities by means of the hot spot model［C］II 9th（intern-ational）Symposium on Combustion, New York：Aeademie Press Ine 1963：294-302.

[162] 王国利，李建军，汪旭光．采用 DTA 测试及热力学计算评价乳化炸药的安全性［J］．矿冶，1996，5（4）：1-6.

[163] 冯海宾．提高钻机生产效率的措施［J］．露天采矿技术，2014（12）：85-87.

[164] MT/T 982-2006. 炸药热感度试验 铁板加热法［S］.

[165] 张锦，张旭．铁板实验法研究消焰剂对煤矿许用炸药热分解特性的影响［J］．煤矿爆破，2012，96（1）：18-21.

[166] 冯长根，张蕊，都振华．热烤试验研究进展［J］．科技导报，2012，30（33）：68-73.

[167] Kent R, Rat M. Explosion thermique（cook-off）des propergols solides［J］. Propellant, Explosive & Pyrotechnical, 1982, 7：129-135.

[168] 安强，胡双启．装药密度对钝化黑索今快速烤燃特性的影响［J］．四川兵工学报，2010，31（10）：64-66.

[169] 代晓淦，黄毅民，吕子剑，等．不同升温速率热作用下 PBX-2 炸药的响应规律［J］．含能材料，2010，18（3）：282-285.

[170] 赵孝彬，李军，程立国，等．固体推进剂慢速烤燃特性的影响因素研究［J］．含能材料，2011，19（6）：669-672.

[171] 王红星，王晓峰，罗一鸣，等．DNAN 炸药的烤燃实验［J］．含能材料，2009，17（2）：183-186.

[172] 何志伟，刘祖亮．2，6-二氨基-3，5-二硝基吡啶-1-氧化物为基的耐热混合炸药性能［J］．含能材料，2010，18（1）：97-101.

[173] 陈致远．金属矿山生产系统的安全分析与评价［D］．武汉：武汉科技大学，2009.

[174] Hatherly P, Luo X, Dixon R, McKavanagh B, Barry M, Jecny Z, Bugden C. ACARP C3067 roof and goafing monitoring for strata control in longwall mining. CSIRO EMReport 189F, October 1995.

[175] CHARSLEY P. Hazop and risk assessment［J］. DNV Loss Control Management，1999，（4）：5-10.

[176] Joyce Fortune Geoff, Poters. Learning from failure of the system approach［J］.1997，（7）：50-53.

[177] 张景林，崔国璋．安全系统工程［M］．北京：煤炭工业出版社，2002.

[178] 秦彦磊，陆愈实，王娟．系统安全分析方法的比较研究［J］．中国安全生产科学技术，2006，2（3）：64-67.

[179] 何纹．房屋建筑工程施工安全评价方法研究［J］．甘肃科技，2010，26（13）：146-147.

[180] 北京土木建筑学会．建筑工程施工组织设计与施工方案（第三版）［M］．北京：经济科学出版社，2008.

[181] 郑炳旭，王永庆，李萍丰．建设工程台阶爆破［M］．北京：冶金工业出版社，2005.

[182] 周志鸿，司爱国，张康雷，等．液压破碎锤术语辨析及其型号含义诠释［J］．凿岩机械气动工具，2005（1）：5-9.

[183] 朱建新，邹湘伏，陈欠根，等．国内外液压破碎锤研究开发现状及其发展趋势［J］．凿岩机械气动工具，2001（4）：33-38.

[184] 许同乐，夏明堂．液压破碎锤的发展与研究状况［J］．机械工程师，2005（6）：20-21.

[185] 周志鸿，高丽稳，徐同乐，等．液压破碎锤的型号及选型研究［J］．工程机械，2004（6）：66-68.

[186] 张定军．国内液压破碎锤的现状及分类［J］．江苏冶金，2008，36（3）：4-6.

[187] 叶德游．液压破碎器的结构原理及其应用［J］．流体传动与控制，2007（2）：31-34.

[188] 任荣存．液压破碎锤使用经验介绍［J］．建筑机械，2004（11）：94-95.

[189] 李云云，王明，廉杰．液压破碎锤在采矿中的应用［J］．现代矿业，2013（4）：116-117.

[190] 姜凌宇．液压破碎锤在调压井砾岩开挖中的应用［J］．中国水运，2016，16（11）：150-151.

[191] 宋炬．浅谈液压破碎锤在石方开挖工程中的应用［J］．大众科技，2012，14（3）：69-70.

[192] 杨国平．液压破碎锤用液压油的使用与选择［J］．科技创新导报，2008（1）：42-43.

[193] 杨国平．液压破碎锤常见的故障及排除措施［J］．建筑机械，2008（1）：117-118.

[194] 王军，肖永胜．用二氧化碳爆破技术开采某石灰石矿的大理石材［J］．现代矿业，2015

（6）：15-17.

［195］郭杨霖．液态二氧化碳相变致裂机理及应用效果分析［D］．焦作：河南理工大学，2017.

［196］李付涛．二氧化碳爆破增透技术的试验应用［J］．煤，2016（1）：16-18.

［197］张东川，王东虎，张栋．CO_2 碳爆破技术在石方开挖中的应用［J］．中国设备工程，2017（24）：185-186.

［198］代锦谷．低透气煤层二氧化碳预裂增透技术［J］．煤炭与化工，2016（8）：75-76.

［199］夏军，陶良云，李必红，等．二氧化碳液-气相变膨胀破岩技术及应用［J］．工程爆破，2018（3）：50-54.

［200］唐鹏春，陈良标．浅谈路改工程中二氧化碳爆破技术［J］．中国新技术新产品，2017（9）：76-77.